實戰Python
Flask 開發

佐藤昌基、平田哲也 [著] · 寺田學 [監修]
衛宮紘 [譯]

基礎知識 X 物件偵測
X 機器學習應用

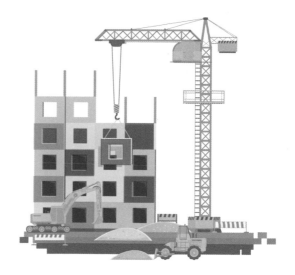

*　　*　　*

Python Flask による Web アプリ開発入門

(Python Flask ni Yoru Web Apuri Kaihatsu Nyumon : 6646-9)

© 2022 Masaki Sato/Tetsuya Hirata/Manabu Terada

Original Japanese edition published by SHOEISHA Co.,Ltd.

Traditional Chinese Character translation rights arranged with SHOEISHA Co.,Ltd.

through JAPAN UNI AGENCY, INC.

Traditional Chinese Character translation copyright © 2022 by GOTOP INFORMATION INC.

序

Flask 是 Python Web 微型框架，是 Armin Ronacher 於 2010 年 4 月 1 日作為愚人節玩笑所發表的，之後在 Python 使用者之間廣受歡迎。根據 2018 年 Python 開發人員的調查，Flask 獲選為最受歡迎的網路框架，至今依舊受到歡迎。

本書的目的是幫助你藉由透過 Flask 實作網路應用程式（下稱應用程式）的過程，**學會自行製作應用程式**。

從建立**最簡單的應用程式**開始，逐步製作**諮詢表單**、**資料庫應用程式**、**驗證功能**，學習 Flask 開發應用程式的基礎知識。接著，建立由圖片資料（照片）識別物體的**物件偵測應用程式**，學習如何製作實際可用的應用程式後，再講解如何將該功能**轉為網路 API**。

Flask 是一種微型框架，不同於其他受限於重重規範的大型框架，可以相當靈活的運用。而且，由於框架本身內建的功能不多，具備自行思考實作的餘裕、自由度，是適合用來學習應用程式開發的網路框架。

在商務領域上，模擬實證試驗、開發概念展示產品等小規模專案，框架部分經常採用 Flask 微型框架。此外，在開發機器學習等運用資料的產品時，往往也是採用 Flask 將機器學習的實作程式碼嵌入產品，作成通用的網路 API 提供服務。由於運用資料的產品開發歷史尚淺，如何將機器學習嵌入產品發布成應用程式的範本並不多。有鑑於此，本書的分析腳本題材採用易於瞭解機器學習運作的手寫文字辨識，詳細解說**如何將機器學習嵌入應用程式**。

對於今後想用 Flask 開發應用程式、欲將機器學習嵌入應用程式的各位讀者，期望本書能夠帶來幫助。

佐藤 昌基、平田 哲也

CONTENTS

序 iii

第 0 篇　緒論　　　1

第 0 章　Flask的概要與環境架設　　　3

0.1 Flask的設計思維 ························· 4

0.2 為何要使用Flask ······················ 5

0.3 Python網路框架的比較 ················· 6
- Django 6
- Bottle 7
- FastAPI 8

0.4 環境架設 ···························· 9
- 安裝Python 9
- 在本地電腦建立虛擬環境 10
- 安裝Flask 11
- flask指令 13
- 安裝Visual Studio Code 16
- 使用程式碼檢查器、格式器 18
- 使用VSCode套用Python虛擬環境 23
- .gitignore 24

第 1 篇　Flask入門　　　25

第 1 章　建立最基礎的應用程式──Flask的基礎知識　27

1.1 MVT（Model、View、Template）模型 ······ 28

1.2 建立最基礎的應用程式 ················· 29
- 建立工作目錄 29
- 啟動應用程式 30
- 何謂除錯模式？ 33

使用 .env 設定環境變數 34

應用程式路由 35

使用路由建置 39

使用模板引擎 43

使用 url_for 函數產生網址 46

使用靜態檔案 48

應用程式內文與請求內文 49

1.3 建立諮詢表單 ・・・・・・・・・・・・・・・・・・・・・ **53**

諮詢表單的規格................................. 53

PRG 模式...................................... 54

請求與重新導向................................. 54

Flash 訊息.................................... 61

日誌記錄（Logging）........................... 66

傳送郵件...................................... 68

1.4 Cookie ・・・・・・・・・・・・・・・・・・・・・・・・ **76**

1.5 Session ・・・・・・・・・・・・・・・・・・・・・・・ **77**

1.6 Response ・・・・・・・・・・・・・・・・・・・・・ **78**

本章總結....................................... 80

第2章 建立資料庫應用程式 83

2.1 目錄架構 ・・・・・・・・・・・・・・・・・・・・・・・ **85**

2.2 啟動應用程式——使用 Blueprint ・・・・・・・・・ **86**

❶建立 CRUD 應用程式的模組 86

❷修改環境變數 FLASK_APP 的路徑 91

❸建立端點 91

❹建立模板 92

❺建立靜態檔案 92

❻模板加載 CSS 93

❼確認運作情況 93

2.3 設置 SQLAlchemy ・・・・・・・・・・・・・・・・ **96**

安裝擴充功能 96

flask-sqlalchemy 與 flask-migrate 的使用準備 .. 97

2.4 操作資料庫 ・・・・・・・・・・・・・・・・・・・・・ **99**

定義模型 99

資料庫的初始化與遷移........................... 101

SQLAlchemy 基本的資料操作 104

2.5 建立使用資料庫的 CRUD 應用程式 ・・・・・・・・ **112**

使用表單的擴充功能 112

新增使用者 113

　　　　　顯示使用者列表.. 121

　　　　　編輯使用者 124

　　　　　刪除使用者 128

　　2.6 **模板的通用化與繼承** ・・・・・・・・・・・・ **130**

　　　　　建立通用的模板.. 130

　　　　　修改使用者列表頁面 131

　　　　　修改新增使用者頁面與編輯使用者頁面 132

　　2.7 **設定組態** ・・・・・・・・・・・・・・・・・ **134**

　　　　　使用 from_object 的方法 134

　　　　　其他加載組態的方法 137

　　本章總結... 140

第 **3** 章　　**建立驗證功能**　　　　　　　　　　　　　　**141**

　　3.1 **準備建立的驗證功能與目錄架構**・・・・・・・・・ **143**

　　3.2 **應用程式登錄驗證功能**・・・・・・・・・・・・・ **144**

　　　　　使用 Blueprint 登錄驗證功能 144

　　　　　建立驗證功能的端點 145

　　　　　建立確認驗證功能的模板 145

　　　　　建立「確認驗證頁面內容」的頁面 146

　　　　　確認運作情況 146

　　3.3 **建立註冊功能**・・・・・・・・・・・・・・・ **147**

　　　　　聯動 flask-login... 147

　　　　　建立註冊功能的表單類別 148

　　　　　修改 User 模型 149

　　　　　建立註冊功能的端點 151

　　　　　建立註冊功能的模板 153

　　　　　修改為必須登入 crud 應用程式 154

　　　　　確認運作情況 155

　　3.4 **建立登入功能**・・・・・・・・・・・・・・・ **156**

　　　　　建立登入功能的表單類別 156

　　　　　建立登入功能的端點 157

　　　　　建立登入功能的模板 158

　　　　　確認運作情況 158

　　3.5 **建立登出功能**・・・・・・・・・・・・・・・ **160**

　　　　　確認運作情況 160

　　　　　顯示登入狀態 160

　　本章總結... 161

第 **2** 篇　**Flask** 實踐① 開發物件偵測應用程式　**163**

如果從第 2 篇開始閱讀 165

第 **4** 章　應用程式的規格與準備　**167**

4.1 物件偵測應用程式的規格 ············· 168

圖片列表頁面 168

驗證頁面 169

圖片上傳頁面 169

物件偵測頁面 170

圖片搜尋頁面 171

自訂錯誤頁面 172

4.2 目錄架構 ····························· 173

4.3 登錄物件偵測應用程式 ··············· 174

建立圖片列表頁面的端點 174

建立圖片列表頁面的模板 175

確認運作情況 179

本章總結 179

第 **5** 章　建立圖片列表頁面　**181**

5.1 建立 **UserImage** 模型 ··············· 183

5.2 建立圖片列表頁面的端點 ············· 185

5.3 建立圖片列表頁面的模板 ············· 186

5.4 **SQLAlchemy** 的表格連結與關聯性建立 ····· 187

使用 SQL 連結表格 187

確認 SQL 的事前準備 188

關聯性建立 190

本章總結 194

第 **6** 章　建立註冊與登入頁面　**195**

6.1 修改註冊頁面的端點 ················· 197

6.2 建立通用標頭 ······················· 198

6.3 修改註冊頁面的模板 ················· 200

6.4 修改登入頁面的端點 ················· 202

6.5 修改登入頁面的模板 ················· 203

6.6 確認註冊／登入頁面的運作情況 ········ 204

本章總結 205

第**7**章　**建立圖片上傳頁面**　　**207**

7.1　指定圖片上傳目的地 ・・・・・・・・・・・・・・ 209
7.2　建立顯示圖片的端點 ・・・・・・・・・・・・・・ 210
7.3　圖片列表頁面增加
　　　圖片上傳頁面的連結與圖片列表・・・・・・・・ 212
7.4　建立圖片上傳頁面的表單類別 ・・・・・・・・・ 213
7.5　建立圖片上傳頁面的端點 ・・・・・・・・・・・ 214
7.6　建立圖片上傳頁面的模板 ・・・・・・・・・・・ 216
7.7　確認圖片上傳頁面的運作情況 ・・・・・・・・・ 217

本章總結 218

第**8**章　**建立物件偵測功能**　　**219**

8.1　建立 `UserImageTags` 模型・・・・・・・・・・ 221
8.2　建立物件偵測功能的表單類別 ・・・・・・・・・ 223
8.3　設置物件偵測功能的程式庫・・・・・・・・・・ 224
8.4　建立物件偵測功能的端點 ・・・・・・・・・・・ 226
8.5　在圖片列表頁面顯示標記訊息 ・・・・・・・・・ 232
8.6　在圖片列表頁面顯示【檢測】按鈕與標記訊息 ・・ 234
8.7　確認物件偵測功能的運作情況 ・・・・・・・・・ 236
8.8　建立圖片刪除功能・・・・・・・・・・・・・・ 237
　　　建立圖片刪除功能的表單類別 237
　　　建立圖片刪除功能的端點 237
　　　圖片列表頁面的端點增加刪除表單 238
　　　圖片列表頁面顯示【刪除】按鈕 239
　　　確認圖片刪除功能的運作情況 241

本章總結 241

第**9**章　**建立搜尋功能**　　**243**

9.1　建立圖片搜尋功能的端點 ・・・・・・・・・・・ 245
9.2　建立圖片搜尋功能的模板 ・・・・・・・・・・・ 248
9.3　確認圖片搜尋功能的運作情況 ・・・・・・・・・ 250

本章總結 251

第 10 章 建立自訂錯誤頁面　　253

10.1 建立自訂錯誤頁面的端點 ・・・・・・・・・・・・ 255

10.2 建立自訂錯誤頁面的模板 ・・・・・・・・・・・・ 257

10.3 確認自訂錯誤頁面的顯示內容 ・・・・・・・・・・ 259

本章總結 ・・・・・・・・・・・・・・・・・・・・・・・・・・・・・・・260

第 11 章 建立單元測試　　261

11.1 嘗試使用 pytest ・・・・・・・・・・・・・・・ 263

安裝 pytest ・・・・・・・・・・・・・・・・・・・・・・・・・ 263

目錄架構與命名規則 ・・・・・・・・・・・・・・・・・・・・・ 263

執行測試 ・・・・・・・・・・・・・・・・・・・・・・・・・・・ 264

確認未通過測試時的運作情況 ・・・・・・・・・・・・・・・・ 265

僅執行 1 個測試 ・・・・・・・・・・・・・・・・・・・・・・・ 266

11.2 pytest 的 fixture 夾具 ・・・・・・・・・・・・ 268

以 conftest.py 共用 fixture ・・・・・・・・・・・・・・・ 269

11.3 建立物件偵測應用程式的測試 ・・・・・・・・・・ 271

設定測試用的圖片上傳目錄 ・・・・・・・・・・・・・・・・ 272

修改測試 fixture ・・・・・・・・・・・・・・・・・・・・・・ 272

測試圖片列表頁面 ・・・・・・・・・・・・・・・・・・・・・・ 274

測試圖片上傳頁面 ・・・・・・・・・・・・・・・・・・・・・・ 276

測試物件偵測與標記搜尋功能 ・・・・・・・・・・・・・・・ 279

測試圖片刪除功能 ・・・・・・・・・・・・・・・・・・・・・・ 280

測試自訂錯誤頁面 ・・・・・・・・・・・・・・・・・・・・・・ 281

輸出測試覆蓋率 ・・・・・・・・・・・・・・・・・・・・・・・ 281

以 HTML 格式輸出測試覆蓋率 ・・・・・・・・・・・・・・・ 282

本章與第 2 篇的總結 ・・・・・・・・・・・・・・・・・・・・・・・283

第 3 篇　Flask 實踐② 建立／部署物件偵測功能的 API　　285

第 12 章 網路 API 的概要　　287

12.1 World Wide Web（WWW）與 API 的意義 ・・・・・ 289

客戶端與伺服器 ・・・・・・・・・・・・・・・・・・・・・・・ 289

API 與 JSON ・・・・・・・・・・・・・・・・・・・・・・・・ 291

12.2 表示資源位置的網址功用 ・・・・・・・・・・・・ 294

URL ・・・・・・・・・・・・・・・・・・・・・・・・・・・・・ 294

URI 295

URN 296

12.3 HTTP方法的CRUD資源操作 ‧‧‧‧‧‧‧‧ **298**

本章總結 299

第13章 物件偵測API的規格　　　　　301

13.1 物件偵測API的處理流程 ‧‧‧‧‧‧‧‧ **303**

13.2 安裝PyTorch與儲存已學習模型 ‧‧‧‧‧‧‧‧ **305**

安裝PyTorch.. 305

儲存已學習模型 307

本章總結 308

第14章 實作物件偵測API　　　　　309

14.1 物件偵測API的目錄架構與模組 ‧‧‧‧‧‧‧‧‧ **311**

__int__.py 312

14.2 準備實作 ‧‧‧‧‧‧‧‧‧‧‧ **314**

14.3 實作1｜編寫API的啟動程式碼 ‧‧‧‧‧‧‧‧ **316**

加載組態並建立Flask應用程式 316

編寫通用的設定內容 318

確認運作情況 319

**14.4 實作2｜編寫資料準備／前處理／後處理的
程式碼** ‧‧‧‧‧‧‧‧‧ **321**

準備資料.. 321

前處理 322

後處理 322

14.5 實作3｜編寫已學習模型的執行程式碼 ‧‧‧‧ **325**

14.6 實作4｜實作路由建置 ‧‧‧‧‧‧‧‧ **327**

確認運作情況 328

本章總結 330

第15章 部署物件偵測應用程式　　　　　331

15.1 Docker的概要 ‧‧‧‧‧‧‧‧‧‧‧ **333**

虛擬化技術 333

15.2 Cloud Run的概要 ‧‧‧‧‧‧‧‧‧ **336**

特徵 336

15.3 Docker的使用準備 ‧‧‧‧‧‧‧‧ **338**

安裝Docker Desktop........................... 338

啟動Docker Desktop........................... 338

15.4 Cloud Run的使用準備 · · · · · · · · · · · · · **340**
　❶建立Google Cloud免費帳戶 · · · · · · · · · · · · · · · 340
　❷建立Google Cloud的專案 · · · · · · · · · · · · · · · · 341
　❸啟用Cloud Run API與Container Registry API 343
　❹安裝Cloud SDK · 347

15.5 步驟1｜Google Cloud的configuration
　　　初始設定 · **348**

15.6 步驟2｜製作Dockerfile · · · · · · · · · · · · · **350**

15.7 步驟3｜建置Docker映像檔 · · · · · · · · · · **353**
　確認建立的映像檔 · 354

15.8 步驟4｜將Docker映像檔加入GCR · · · · · · · **355**
　確認上傳情況 · 355

15.9 步驟5｜部署至Cloud Run · · · · · · · · · · · **357**

本章總結 · 362

第**4**篇　開發機器學習API　　　　　　　　　**363**

第**16**章　機器學習的概要　　　　　　　　　　**365**

16.1 機器學習的相關概念 · · · · · · · · · · · · · · · **367**

16.2 機器學習處理的資料 · · · · · · · · · · · · · · · **369**

16.3 機器學習處理的任務 · · · · · · · · · · · · · · · **371**
　統計（Statistics） · 371
　機器學習（Machine Learning） · · · · · · · · · · · · · 371

16.4 演算法的數學式和程式碼表達 · · · · · · · · · **373**

16.5 機器學習利用的Python程式庫 · · · · · · · · · **376**
　程式庫與軟體框架 · 376

16.6 以Python程式庫實踐邏輯迴歸 · · · · · · · · · **381**
　邏輯迴歸 · 381
　S型函數的數學式 · 382
　交叉熵誤差（cross entropy error）的數學式 · · · · · 383
　梯度下降法的數學式 · 384
　使用NumPy的邏輯迴歸 · · · · · · · · · · · · · · · · · · · 384
　使用scikit-learn的邏輯迴歸 · · · · · · · · · · · · · · · 393

本章總結 ·394

17.1 選定最佳的機器學習演算法／模型 ・・・・・・・・ 397

17.2 實作機器學習演算法／模型 ・・・・・・・・・・・ 400
　　實作程序 400

17.3 機器學習 API 的規格 ・・・・・・・・・・・・・ 406

17.4 準備開發 ・・・・・・・・・・・・・・・・・・・ 407
　　安裝程式庫 407
　　確認目錄 408

17.5 實作程序 1｜編寫分析腳本的產品程式碼 ・・・・・ 410
　　1.1 程式碼解讀／程式碼文字敘述 410
　　1.2 函數劃分／模組劃分 417
　　1.3 重新構建 426

17.6 實作程序 2｜建立產品程式碼的 API ・・・・・・・ 437
　　2.1 路由建置——制定網址（端點）的命名規則 439
　　2.2 錯誤檢查——定義錯誤碼與錯誤訊息 441
　　2.3 請求檢查——實作驗證程式碼 445

17.7 確認正常運作的情況 ・・・・・・・・・・・・・・ 450

17.8 由機器學習 API 到機器學習的
　　基礎設施、MLOps 452

本章總結 454

索引 455
作者／監修者簡介 462

Column　未指定 FLASK_ENV 時的警告 32
Column　何謂 CSRF ？ 56
Column　類別與物件的關係 81
Column　如何修改 migrations 目錄的位置？ 101
Column　模型物件 106
Column　自行製作驗證器的方法 116
Column　何謂虛擬碼？ 375
Column　關於 PEP1、PEP8、PEP20、PEP257、PEP484 402
Column　大泥球 404

範例檔案的取得方式

本書的範例檔案可由下列網址下載：
https://github.com/ml-flaskbook

第 **0** 篇

緒論

本篇內容

第 **0** 章　Flask 的概要與環境架設

本書將會使用 Python 網路框架「Flask」，學習開發網路應用程式的基礎與核心知識。

藉由 Flask，僅需要數行程式碼就可啟動網路應用程式。有別於幾乎內建應用程式開發所需功能的全端框架（full stack framework），Flask 沒有固定的目錄架構，可自由地決定應用程式的構成。

然而，也因為自由沒有限制，讓人不知從何處下手。關於這個部分，可依應用程式的製作容易度、修改容易度、擴充容易度等，自身想要製作的應用程式內容、規模來決定。

本書會從最簡單的範例應用程式開始，逐漸擴充相關的內容，最終再製作實際可用的應用程式。關於 Flask 最大煩惱源頭之一的應用程式架構，也會盡可能解說得簡單易懂。

期望讀者在 Flask 的網路應用程式開發上，可經由本書找到最佳實踐的提示。

在第 0 篇的學前準備，先來看 Flsak 的概要、如何架設 Flask 的使用環境。

第 **0** 章

Flask 的概要與
環境架設

本章內容

0.1 Flask 的設計思維
0.2 為何要使用 Flask
0.3 Python 網路框架的比較
0.4 環境架設

0.1　Flask 的設計思維

Flask 是 Python **微型網路框架**。何謂微型網路框架？它是「保有核心功能並具備擴充性的框架」，「微型」並非功能不齊全的意思。

Flask 是預設不含資料庫等功能、僅提供基礎功能的框架。雖有一些基本的規範，但可自由決定應用程式的架構。

如上所述，Flask 是簡易的框架，支援資料庫等眾多擴充功能，可如 Flask 本身內建的功能般簡單利用。

Flask 可視需要增加各種擴充功能，從小型到大型網路應用程式開發，設計成能夠因應不同的情境。

0.2 為何要使用 Flask

思考一下為何現今要使用 Flask。在 2000 ～ 2010 年中左右，Web 應用程式開發採用功能完整的全端框架是件理所當然的事情。

然而，隨著時代演進，微型服務與時俱進、前端技術急速發展，從伺服器端傳回 API，以 JavaScript、TypeScript 處理前端的作法蔚為主流。人們對於伺服器的要求，也轉向精簡、低學習成本，像 Flask 這樣能夠馬上上手的框架，而不再是完整的技術棧。

因此，在 Python 的網路開發上，Flask 如今儼然成為實作時的最佳選擇。

0.3 Python 網路框架的比較

除了 Flask 外，還有許多 Python 網路框架。在新的開發專案中，可能會猶豫該選哪個框架才好。

其中，經常拿來與 Flask 比較的有 Django、Bottle、FastAPI，現在就來看一下有哪些 Python 網路框架吧（表 0.1）。

表 0.1　Python 網路框架

框架	官方網站	憑證	初期開發人員	首次發布時間	模板引擎[1]	物件關聯對映[2]
Django	https://www.djangoproject.com/	BSD License	Adrian Holovaty, Simon Willison	2005 年	Django Template	Django 物件關聯對映
Flask	https://palletsprojects.com/p/flask/	BSD license	Armin Ronacher	2010 年	Jinja2	無
Bottle	https://bottlepy.org/docs/dev/	MIT License	Marcel Hellkamp	2009 年	Simple Template Engine	無
FastAPI	https://fastapi.tiangolo.com/	MIT License	Sebastian Ramirez	2018 年	Jinja2	無

Django

在 Python 網路框架當中，**Django** 是最為有名的框架。

Django 常用於架設中型以上的網路應用程式，內建諸多開發所需的功能，堪稱為全端框架。

安裝 Django 後，可利用下述常見功能：

※1　合成並輸出模板（雛形）與輸入資料的功能。
※2　綁定物件導向語言物件與資料庫資料（記錄）的機制。

- 使用者驗證
- 物件關聯對映
- 網址分配器
- Django 模型實體的序列化機制
- 嵌入式伺服器[※3]
- HTML 表單驗證系統
- 快取框架
- 管理頁面
- 多語言化機制
- 模板引擎功能擴充機制

另外，增加安裝 Django REST framework（DRF）後，除了網路應用程式外，也可簡單製作 REST API（RESTfull API）。

Bottle

在製作 Python 網路應用程式的框架中，**Bottle** 是最簡易的框架。

Bottle 由「`bottle.py`」單一檔案構成，設計成僅依賴 Python 標準程式庫。

Bottle 也是一種微型網路框架，但比 Flask 更「簡易」、「快速」、「輕量」。

不過，Bottle 僅有最低必要限度的功能，數行程式碼就可利用下述功能：

- 路由建置[※4]
- 模板
- 嵌入式伺服器

製作多功能應用程式時，選擇 Flask 比較適當，可利用劃分模組方便管理的 `Blueprint`[※5]。

Bottle 框架適合製作待辦清單等小型應用程式。

※3　開發時用來測試的伺服器。當然，Flask 也有這項功能。
※4　網路傳送資料時建置適當路徑的機制。關於Flask的路由建置，留到第1章1.2節說明。
※5　留到第2章2.2節說明。

 FastAPI

開發網路 API 的時候，**FastAPI** 經常拿來與 Flask 比較。

FastAPI 是容易實作非同步處理的 Python 網路框架，可非常快速地處理請求。除此之外，FastAPI 還有下述特徵：

- 根據 OpenAPI[6] 自動產生 JSON Schema 模型
- 透過 Python 的 ASGI[7] 框架 Uvicorn[8] 提高效能
- 可利用 Pydantic[9] 定義模型的形態、驗證（validation）
- 定義 API 後，可藉由 Swagger UI[10]、Redoc[11] 自動產生文件
- 支援 GraphQL[12]、WebSocket[13]

開發網路 API 時原本需要自行從頭設計的功能，已經事前組進 FastAPI 框架當中。

然後，FastAPI 是以 Starlette[14] 編寫的框架，本身繼承了諸多功能，適合用來開發小型 API。

以上是常與 Flask 做比較的 Django、Bottle、FastAPI 概要。最後，統整一下 0.1 節提到的 Flask 特徵。

- 提供最基礎的標準功能，學習成本低（初學者也可立即使用）
- 支援資料庫等多樣的擴充功能，從小型網路應用程式到網路 API 皆可開發

本書主要講解使用 Flask 的網路應用程式開發，下節開始將會說明 Flask 的環境架設。

※6　RESTful 網路服務的描述規格之一。https://swagger.io/specification/
※7　在 Python 中用於連接網路伺服器和網路應用程式的規格，支援 WSGI（Web Server Gateway Interface）非同步處理的規格。https://asgi.readthedocs.io/en/latest/
※8　https://www.uvicorn.org/
※9　https://pydantic-docs.helpmanual.io/
※10　在 JSON 中用於描述 RESTful API 的規格。https://swagger.io/tools/swagger-ui/
※11　https://github.com/Redocly/redoc
※12　API 用的查詢語言（query language）與執行環境。https://graphql.org/
※13　用於網路伺服器端與客戶端雙向通訊的技術。
※14　https://www.starlette.io/

0.4　環境架設

那麼，架設 Flask 的使用環境吧。

安裝 Python

本書使用的是 Python 3.9.7。

https://www.python.org/downloads/

請前往上述網址，下載並安裝支援自身電腦的檔案。

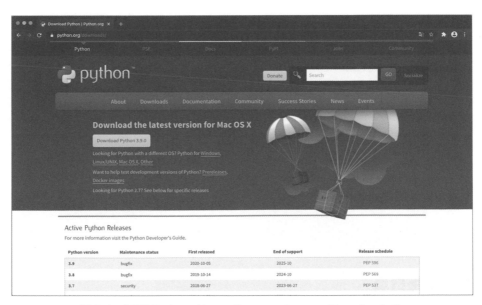

圖 0.1　下載 Python（https://www.python.org/downloads/）

在本地電腦建立虛擬環境

使用 Python 開發的時候，依照開發專案建立專屬執行環境後，可切換不同的環境來使用。開發上暫時建立的執行環境，稱為**虛擬環境**。

在本地電腦進行開發時，會先使用 venv 模組建立虛擬環境。venv 是 Python 標準搭載的虛擬環境用模組。藉由 venv 可建立分離的 Python 執行環境，依照專案安裝獨立的 Python 套件集。

在實際建立虛擬環境之前，先來確認指令的用法。

建立虛擬環境

建立虛擬環境的時候，在任意目錄執行下述指令。

● Mac/Linux

開啟終端機，執行下述指令：

```
$ python3 -m venv venv
```

● Windows（PowerShell）

為了執行腳本（script），在 Windows PowerShell（以下稱 PowerShell）執行下述指令，更改執行策略。

```
> PowerShell Set-ExecutionPolicy RemoteSigned CurrentUser
```

更改執行策略後，執行下述指令：

```
> py -m venv venv
```

啟用虛擬環境

建立後得啟用虛擬環境，才可安裝套件進行開發。

使用下述指令啟用虛擬環境：

● **Mac/Linux**的情況

在終端機執行下述指令：

```
$ source venv/bin/activate
```

● **Windows（PowerShell）**的情況

在 PowerShell 執行下述指令：

```
> venv\Scripts\Activate.ps1
```

停用虛擬環境

停用後，可脫離虛擬環境。使用下述指令停用虛擬環境：

```
deactivate
```

安裝 Flask

那麼，實際建立虛擬環境，嘗試安裝 Flask 吧。

建立工作目錄與虛擬環境

首先，建立範例程式用的工作目錄（資料夾）和虛擬環境。

● **Mac/Linux**的情況

在終端機執行下述指令：

```
$ mkdir flaskbook          ──────── 建立工作目錄
$ cd flaskbook             ──────── 移動至工作目錄
$ python3 -m venv venv     ──────── 建立虛擬環境
$ source venv/bin/activate ──────── 啟用虛擬環境
```

● **Windows（PowerShell）的情況**

在 PowerShell 執行下述指令：

```
> mkdir flaskbook          ————————建立工作目錄
> cd flaskbook             ————————移動至工作目錄
> py -m venv venv          ————————建立虛擬環境
> venv\Scripts\Activate.ps1  ———— 啟用虛擬環境
```

安裝 Flask

建立工作目錄、啟用虛擬環境後，接著安裝 Flask。本書使用的是 2021 年 5 月官方發布的 Flask version 2。

執行 `pip install` 指令，安裝 Flask：

```
(venv) $ pip install flask
```

這樣就完成安裝 Flask 了。

Flask 使用的套件

安裝 Flask 後，也要安裝 Flask 使用的套件（表 0.2）。使用 `pip list` 指令，確認已安裝的套件[15]。

```
(venv) $ pip list
click         8.0.3
Flask         2.0.2
itsdangerous  2.0.1
Jinja2        3.0.3
MarkupSafe    2.0.1
pip           21.1.3
setuptools    57.0.0
Werkzeug      2.0.2
```

---

[15] 執行結果取決於安裝時的關聯性，輸出最新的版本內容。

表 0.2　Flask 使用的套件列表

套件	說明
click	指令列的框架。用於使用 Flask 自訂指令的時候
itsdangerous	安全地簽署資料，確保資料的一致性。用於保護 Flask 的 Session 和 Cookie
Jinja2	預設的 HTML 模板引擎。也可使用其他的模板引擎
MarkupSafe	為了迴避注入攻擊（Injection Attack），成像（Rendering）模板時排除（escape）不可信任的輸入
Werkzeug	在 WSGI 工具箱中，以 Werkzeug[16] 完成 Flask 的核心實作

 flask 指令

安裝 Flask 後，可使用 flask 指令。使用 flask 或者 flask--help 指令，確認選項（Options）：

```
(venv) $ flask
Usage: flask [OPTIONS] COMMAND [ARGS]...

  A general utility script for Flask applications.

  Provides commands from Flask, extensions, and the application. Loads the
  application defined in the FLASK_APP environment variable, or from a
  wsgi.py file. Setting the FLASK_ENV environment variable to 'development'
  will enable debug mode.

    $ export FLASK_APP=app.py
    $ export FLASK_ENV=development
    $ flask run

Options:
  --version  Show the flask version
  --help     Show this message and exit.
Commands:
  routes  Show the routes for the app.
  run     Run a development server.
  shell   Run a shell in the app context.
```

※16 https://werkzeug.palletsprojects.com/

flask run 指令

flask run 是開發時執行 Flask 嵌入式伺服器的指令，本身具有眾多的選項（表 0.3），可以執行 flask run --help 指令確認細節。

```
(venv) $ flask run --help
Usage: flask run [OPTIONS]

  Run a local development server.

  This server is for development purposes only. It does not provide the
  stability, security, or performance of production WSGI servers.

  The reloader and debugger are enabled by default if FLASK_ENV=development
  or FLASK_DEBUG=1.

Options:
  -h, --host TEXT                 The interface to bind to.
  -p, --port INTEGER              The port to bind to.
  --cert PATH                     Specify a certificate file to use HTTPS.
  --key FILE                      The key file to use when specifying a
                                  certificate.

  --reload / --no-reload          Enable or disable the reloader. By default
                                  the reloader is active if debug is enabled.

  --debugger / --no-debugger      Enable or disable the debugger. By default
                                  the debugger is active if debug is enabled.

  --eager-loading / --lazy-loader
                                  Enable or disable eager loading. By default
                                  eager loading is enabled if the reloader is
                                  disabled.

  --with-threads / --without-threads
                                  Enable or disable multithreading.
  --extra-files PATH              Extra files that trigger a reload on
                                  change.
                                  Multiple paths are separated by ':'.

  --help                          Show this message and exit.
```

執行 flask run 指令後，

http://127.0.0.1:5000/

會以 http://127.0.0.1:5000/ 啟動瀏覽器。藉由 `--host`、`--port` 選項，也可指定主機（伺服器）和連接埠（沒有 Flask 應用程式時，無法執行）。

表 0.3　flask run 指令常見的選項列表

選項	內容
`-h` 或者 `--host`	指定主機
`-p` 或者 `--port`	指定連接埠
`--reload` `--no-reload`	開啟／關閉自動載入。編輯程式碼時，欲自動套用則選擇開啟。除錯模式時預設為開啟
`--debugger` `--no-debugger`	開啟／關閉除錯（debug）。除錯模式時預設為開啟
`--help`	顯示指令選項

flask routes 指令

`flask routes` 指令可輸出應用程式的路由資訊。路由建置（routing）是指，綁定請求目的地的網址和實際處理的函數。

增加路由並執行 `flask routes` 指令，確認新增路由的綁定情況（沒有 Flask 應用程式時，無法執行）。

```
(venv) $ flask routes
Endpoint  Methods  Rule
--------  -------  ----------------------
index     GET      /
static    GET      /static/<path:filename>
```

Endpoint（端點）一般是指訪問 API 的網址，但在 **Flask 是指已綁定網址的函數名稱，或者函數本身的名稱**（表 0.4）。

表 0.4　flask routes 指令的執行結果說明

項目	說明
`Endpoint`	訪問網址時執行的函數或者函數本身的名稱。`static` 是靜態檔案的常駐端點
`Methods`	允許訪問的 HTTP 方法（Method）。未指定時預設為 GET
`Rule`	訪問網址的規則

flask shell 指令

執行 flask shell 指令，可以在 Flask 應用程式的內文（執行環境）使用 Python 互動模式。在除錯、測試的時候，該指令非常有幫助（沒有 Flask 應用程式時，無法執行）。

```
(venv) $ flask shell
Python 3.9.7 (tags/v3.9.7:1016ef3, Aug 30 2021, 20:19:38)
[Clang 6.0 (clang-600.0.57)] on darwin
App: app [production]
Instance: /path/to/flaskbook/instance
>>>
```

安裝 Visual Studio Code

本書鑑於「免費使用」、「功能豐富」、「立即使用」，開發時的編輯器使用 Visual Studio Code（以下稱 VSCode）。若平時已有慣用的編輯器、IDE，可跳過此步驟（請使用習慣的工具）。

請前往下述的網址，下載並安裝支援自身作業系統的檔案（圖 0.2）。

https://code.visualstudio.com/download

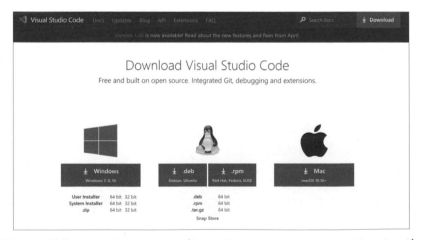

圖 0.2　下載 Visual Studio Code（https://code.visualstudio.com/download）

安裝 Python 擴充套件

安裝 VSCode 後，安裝 Python 的擴充功能。點擊 VScode 的擴充功能圖示 ，在搜尋欄位輸入「python」，選擇安裝 Python 擴充套件（圖 0.3）。

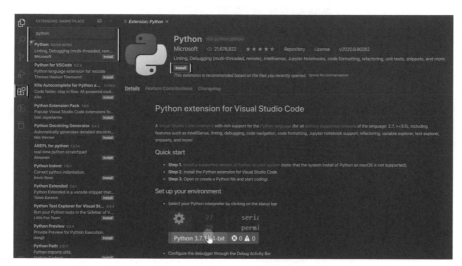

圖 0.3　安裝 Python 擴充套件

完成安裝後，使用 VSCode 開啟 p.11 ～ p.12 建立的工作目錄 flaskbook。由 VSCode 選單選取 [File] → [Open] 或者 [Open Folder...]（圖 0.4），指定 flaskbook 資料夾。

圖 0.4　開啟工作目錄

指定後，VSCode 會如圖 0.5 顯示工作目錄 flaskbook。

圖 0.5　VSCode 顯示工作目錄

 使用程式碼檢查器、格式器

程式碼檢查與格式工具是檢查原始碼是否符合 Python 程式碼格式指引 PEP8[17]、自動調整格式的工具程式。它們可統整程式碼的格式，方便開發、預覽原始碼。

安裝後可於 VSCode 設定使用，本書亦會用到這些程式庫。

※17 https://pep8-ja.readthedocs.io/ja/latest/

安裝程式庫

首先，在終端機、PowerShell 執行下述指令，安裝程式庫（表 0.5）。

```
(venv) $ pip install flake8 black isort mypy
```

表 0.5　程式碼檢查器、格式器

程式庫名稱	用途
flake8	自動檢查程式碼是否符合 PEP8 格式
black	自動將程式碼調整為 PEP8 格式
isort	自動將匯入述句調整成 PEP8 格式
mypy	自動檢查型態提示

完成安裝後，使用 VSCode 設定程式庫。

點擊 VSCode 的 🔧（Manage）按鈕，選擇 [Settings]（圖 0.6）開啟設定頁面。

圖 0.6　開啟 VSCode 的設定頁面

選擇 Workspace 頁籤（圖 0.7），設定僅套用該專案的內容。

圖 0.7　Workspace 頁籤

在 Workspace 頁籤，設定下述程式庫。

設定 flake8

設定自動檢查程式碼是否遵循 PEP8 格式。

● 啟用 Lint 功能

在頂部的搜尋欄位輸入「Python > Linting: Enabled」，顯示程式碼檢查器 Lint 功能的設定項目。如圖 0.8 所示，全部皆為啟用（勾選）狀態，不需要其他操作。

圖 0.8　勾選 Linting: Enabled

● 停用 Pylint

因為要使用 flake8，故需要停用 Pylint[18]。在搜尋欄位輸入「Python > Linting: Pylint Enabled」，勾除顯示的設定項目（圖 0.9）。

Python › Linting: **Pylint Enabled**
　　Whether to lint Python files using pylint.

圖 0.9　勾除 Pylint Enabled

※18 跟 flake8 一樣，Pylint 也是檢查 Python 程式碼的程式庫。
　　https://pypi.org/project/pylint/

● 啟用 **flake8**

在搜尋欄位輸入「`Python > Linting：Flake8 Enabled`」，勾選顯示的設定項目（圖 0.10）。

```
Python › Linting: Flake8 Enabled
✓  Whether to lint Python files using flake8
```

圖 0.10　勾選 Flake8 Enabled

● 更改單行最大字元數

單行最大字元數的預設值，flake8 為 79 個字元、black 為 88 個字元，當超過 79 個字元時，VSCode 會顯示警告。本書選擇配合 black 的預設值，在搜尋欄位輸入「`Flake8 Args`」，於顯示的設定項目輸入「`--max-line-length=88`」，將最大字元數的預設更改為 88 個字元（圖 0.11）。

圖 0.11　輸入「--max-line-length=88」將最大字元數更改為 88

設定 black

設定自動將程式碼調整為 PEP8 格式。

● 將格式器更改為 **black**

在搜尋欄位輸入「`Python > Formatting: Provider`」，下拉顯示的設定項目，將格式器更改為「`black`」（圖 0.12）。

```
Python › Formatting: Provider
Provider for formatting. Possible options include 'autopep8', 'black', and 'yapf'.
    black                                              ∨
```

圖 0.12　將格式器更改為「black」

● **啟用檔案儲存時自動格式化的功能**

在搜尋欄位輸入「Editor: Format On Save」，勾選顯示的設定項目（圖 0.13）。

> Editor: **Format On Save**
> ✓ Format a file on save. A formatter must be available, the file must not be saved after delay, and the editor must not be shutting down.

圖 0.13　勾選 Format On Save

設定 isort

設定自動將匯入程式碼調整成 PEP8 格式。

● **設定檔案儲存時自動執行 isort（排序）**

在搜尋欄位輸入「Editor: Code Actions On Save」，點擊設定項目中的 [Edit in settings.json] 連結。

然後，如下修改 editor.codeActionsOnSave（圖 0.14）。

圖 0.14　設定 isort

```
"editor.codeActionsOnSave": {
    "source.organizeImports": true
}
```

設定 mypy

設定啟用檢查型態提示。在搜尋欄位輸入「Python > Linting: Mypy Enabled」，勾選顯示的設定項目（圖 0.15）。

Python › Linting: **Mypy Enabled**
✓　Whether to lint Python files using mypy.

圖 0.15　勾選 Mypy Enabled

`.vscode/settings.json` 的最終內容如下：

```json
{
    "python.linting.flake8Enabled": true,
    "python.formatting.provider": "black",
    "editor.formatOnSave": true,
    "editor.codeActionsOnSave": {
        "source.organizeImports": true
    },
    "python.linting.mypyEnabled": true,
    "python.linting.flake8Args": [
        "--max-line-length=88",
    ],
}
```

 ## 使用 VSCode 套用 Python 虛擬環境

VSCode 設定成使用 **Python** 的虛擬環境（**venv**）。

使用 **VSCode** 開啟 **Flaskbook** 後，若專案資料夾中沒有 **Python** 檔案，則無法加載虛擬環境，需要製作任意的 ***.py** 檔案。VSCode 讀取製作的檔案後，會自動加載 Python 直譯器（interpreter）（EXPLORER 底下顯示 `./venv/bin/python`）。

若未自動設定為 `./venv/bin/python`，點擊左下角的狀態列，會顯示「選擇直譯器（Select Interpreter）」下拉式選單，選擇「`./venv/bin/python`」（圖 0.16）。

圖 0.16　下拉選擇「./venv/bin/python」

 .gitignore

使用 Git 管理版本的時候，得建立 .gitignore 檔案，並將特定檔案自提交物件（commit object）排除。此時，可利用服務產生 .gitignore 檔案 gitignore. io，非常方便。

https://www.toptal.com/developers/gitignore

gitignore.io 輸入程式語言、框架後，會輸出包含 .gitignore 檔案的內容列表。

執行下述指令，產生 .gitignore 檔案。

```
(venv) $ curl -L http://www.gitignore.io/api/python,flask,vscode > .gitignore
```

若無法使用 curl 指令，請在瀏覽器輸入

http://www.gitignore.io/api/python,flask,vscode

在 flaskbook 底下建立 .gitignore 檔案後，儲存輸出的內容。
這樣就準備好以 Flask 進行開發。下一章將會逐步說明 Flask 的開發方法。

第 **1** 篇

Flask 入門

本篇內容

第**1**章　建立最基礎的應用程式──Flask的基礎知識
第**2**章　建立資料庫應用程式
第**3**章　建立驗證功能

第 1 篇將會分成以下三個階段，邊製作邊學習 Flask 的基礎知識：

❶ 建立最基礎的應用程式（第 1 章）
❷ 建立資料庫應用程式（第 2 章）
❸ 建立驗證功能（第 3 章）

第 1 章會建立最基礎的應用程式，然後製作一個不使用資料庫的諮詢表單，學習**使用 Flask 開發網路應用程式的基礎知識**。

第 2 章會建立使用資料庫的 CRUD 應用程式，學習**資料庫的基礎知識**。CRUD 是 Create、Read、Update、Delete 的簡稱，在資料庫製作使用者表格，實作新增使用者、使用者列表、修改使用者、刪除使用者等功能。

第 3 章會學習建立網路應用程式的**驗證功能**，實作註冊、登入、登出、登入狀態等功能。

第 **1** 章

建立最基礎的應用程式——Flask 的基礎知識

本章內容

1.1 MVT（Model、View、Template）模型

1.2 建立最基礎的應用程式

1.3 建立諮詢表單

1.4 Cookie

1.5 Session

1.6 Response

1.1 MVT（Model、View、Template）模型

Flask 採用 **MVT**（Model、View、Template）設計模式，實作具有使用者介面的應用程式（圖 1.1）。

Model、View、Template 分別負責下述任務：

❶ **Model**　　：負責商務邏輯
❷ **View**　　：根據輸入控制 Model 和 Template
❸ **Template**：負責輸出入

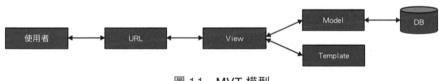

圖 1.1　MVT 模型

一般來說，MVC 模型更為有名，MVT 的 View 相當於 MVC 的 Controller；MVT 的 Template 相當於 MVC 的 View（圖 1.2）。彼此有細微上的差異，但整體而言差異不大。

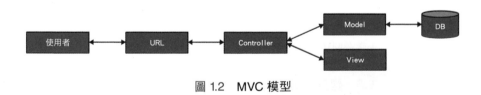

圖 1.2　MVC 模型

下一節將會解說如何使用 Flask 開發（建立）網路應用程式，若尚未完成虛擬環境、工作目錄、安裝 Flask 等的環境架設，請先參閱 0.4 節（p.9）的內容操作。

1.2 建立最基礎的應用程式

那麼,來建立具備最基礎功能的應用程式 minimalapp。

首先,執行下述指令,確認當前狀態:

```
(venv) $ pwd ———顯示當前的工作目錄
/path/to/flaskbook
(venv) $ ls ———顯示目錄內部的資訊
venv
```

在 flaskbook 工作目錄啟用虛擬環境,裡頭僅有 venv 目錄。

建立工作目錄

準備應用程式 minimalapp 的工作目錄。建立 apps/minimalapp 目錄,以便後續在 flaskbook 工作目錄新增多組應用程式。

```
(venv) $ mkdir -p apps/minimalapp
```

以如圖 1.3 的目錄架構建立應用程式。

圖 1.3　目前的目錄架構

啟動應用程式

啟動 Flask 應用程式的步驟，如下所示：

❶ 編寫 Python 腳本（程式碼）
❷ 設定環境變數
❸ 執行 `flask run` 指令

❶編寫 Python 腳本（程式碼）

使用 VSCode，在 `apps/minimalapp` 底下建立 `app.py`（圖 1.4），再於 `app.py` 裡頭編寫範例 1.1 的程式碼（圖 1.5）[※1]。

圖 1.4　建立檔案

圖 1.5　在 app.py 中編寫程式碼

※1　若檔案名稱取為 `flask.py`，會與 Flask 本體相衝而無法啟動，需要小心留意。

範例 1.1　apps/minimalapp/app.py

```python
# 匯入 Flask 類別
from flask import Flask

# 建立 Flask 類別的實體（instance）
app = Flask(__name__)

# 配對網址和執行的函數
@app.route("/")
def index():
    return "Hello, Flaskbook!"
```

❷設定環境變數

啟動應用程式前，得先設定環境變數 **FLASK_APP** 和 **FLASK_ENV**（表 1.1）。

表 1.1　設定環境變數

環境變數	設定的值
FLASK_APP	應用程式的位置
FLASK_ENV	指定 development 或者 production。指定 development 後，會開啟除錯模式

由控制台（終端機或者 PowerShell）設定環境變數。

首先，執行下述指令，移動至 app.py 所在的目錄。

```
(venv) $ cd apps/minimalapp
```

完成後，執行下述指令，設定環境變數。

● **Mac/Linux** 的情況

```
(venv) $ export FLASK_APP=app.py
(venv) $ export FLASK_ENV=development
```

● **Windows**（**PowerShell**）的情況

```
> (venv) $env:FLASK_APP="app.py"
> (venv) $env:FLASK_ENV="development"
```

❸執行 flask run 指令

設定環境變數後，在 apps/minimalapp 目錄下，執行 **flask run** 指令，啟動應用程式。若 FLASK_ENV 為 development，則自動開啟除錯模式。在開發 Flask 應用程式時，需要開啟除錯模式。

```
(venv) $ pwd
/path/to/flaskbook/apps/minimalapp

(venv) $ flask run
 * Serving Flask app "app.py" (lazy loading)
 * Environment: development
 * Debug mode: on
 * Running on http://127.0.0.1:5000/ (Press CTRL+C to quit)
 * Restarting with stat
 * Debugger is active!
```

使用瀏覽器開啟下述網址，會顯示「Hello, Flaskbook!」(圖 1.6)。

http://127.0.0.1:5000/

圖 1.6　flask tun 的執行結果

未指定FLASK_ENV時的警告

Column

若未指定 FLASK_ENV，執行 **flask run** 指令時，會跳出如下的警告內容。這是 Flask 應用程式嘗試以正式模式執行時所顯示的內容，附屬 Flask 的嵌入式伺服器主要用來開發，不適用於正式環境。

```
* Serving Flask app "app.py"
* Environment: production
   WARNING: This is a development server. Do not use it in a ↵
production deployment.
   Use a production WSGI server instead.
* Debug mode: off
Usage: flask run [OPTIONS]
```

何謂除錯模式？

不使用 Flask 的嵌入式伺服器，而將環境變數 FLASK_ENV 指定為
production，則也可於正式環境開發。不過，指定 development 模式並開啟
除錯模式，具有下述優點：

- 網頁會顯示錯誤訊息（圖 1.7）
- 自動載入會開啟，編輯程式碼時自動套用至應用程式（不需要手動重新啟動）

圖 1.7　除錯時的錯誤資訊

在編輯器（這裡使用 VSCode）修改 app.py 的程式碼，Flask 的嵌入式伺服器
會自動載入，於控制台輸出下述內容：

```
* Detected change in '/path/to/flaskbook/apps/minimalapp/app.py', ⏎
reloading
* Restarting with stat
* Debugger is active!
* Debugger PIN: 140-347-940
```

使用 .env 設定環境變數

前面使用 export 指令設定環境變數，不過以該指令設定的變數，登出控制台後
會跟著消失。雖然也可永久更改控制台的環境變數，但每次切換應用程式都得再
更改環境變數。

有鑑於此，這裡建議使用 **.env** 檔案，以應用程式為單位更改環境變數。
事先建立 .env 檔案並編寫環境變數的值，再由應用程式加載環境變數。另
外，**.flaskenv** 檔案同樣也可加載環境變數，但兩者是不一樣的檔案，選擇一
種利用即可。

加載 .env 或者 .flaskenv 時，需要 **python-dotenv** 套件，一般得先編寫使
用 python-dotenv 的程式碼，才能夠利用該套件加載檔案。然而，Flask 的核
心（Flask 內部）已有載入 python-dotenv，僅需以 pip install 安裝就可
利用。

安裝 python-dotenv 與建立 .env 檔案

那麼，嘗試安裝 python-dotenv，加載 .env 檔案的值當作環境變數。

執行下述指令，安裝 python-dotenv。

```
(venv) $ pip install python-dotenv
```

在 minimalapp 底下建立 .env 檔案並設定環境變數（範例 1.2、圖 1.8）。

範例 1.2　apps/minimalapp/.env

```
FLASK_APP=app.py
FLASK_ENV=development
```

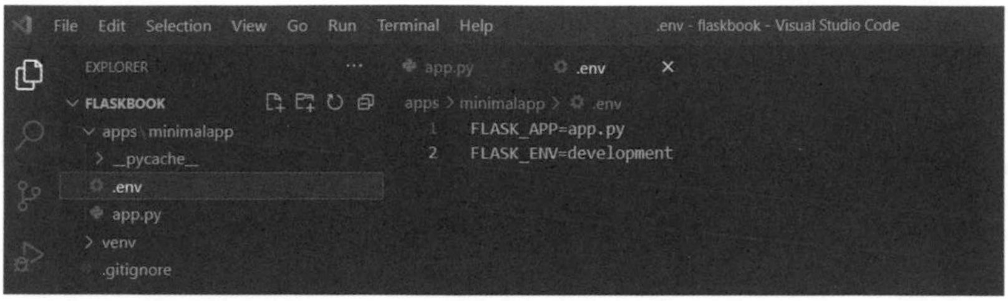

圖 1.8　建立 apps/minimalapp/.env

為了確認是否成功加載 .env 檔案，請在未使用 export、$env: 指定環境變數的控制台，或者重新啟動的控制台，執行 flask run 指令。

執行 flask run 後，確認應用程式的啟動細節。

```
(venv) $ flask run
 * Serving Flask app "app.py" (lazy loading)
 * Environment: development
 * Debug mode: on
 * Running on http://127.0.0.1:5000/ (Press CTRL+C to quit)
 * Restarting with stat
 * Debugger is active!
 * Debugger PIN: 619-621-965
```

應用程式路由

應用程式路由（application root）是指執行該程式的目錄，決定加載模組、套件的路徑[2]。

Flask 是在內部呼叫 python-dotenv 套件、安裝 python-dotenv，應用程式路由會因有無 .env 檔案而異。

---

[2]　模組是指集結函數、類別的 .py 檔案，而套件是指集結模組的模組集。

- 無 .env 檔案的情況 ➡ 應用程式路由是**執行 flask run 指令的目錄**
- 有 .env 檔案的情況 ➡ 應用程式路由是**含有 .env 檔案的目錄**

雖然前面列出兩種情況，但有 .env 檔案的時候，是**在 minimalapp 目錄底下配置 .env 檔案**，執行 flask run 指令。因此，兩種情況的應用程式路由相同（apps/minimalapp）。

下面來看無 .env 檔案和有 .env 檔案的情況吧。

無 .env 檔案的情況

執行 flask run 指令後，取得環境變數 FLASK_APP 的值，檢測工作目錄中是否有與該值同樣名稱的模組（圖 1.9）。若有該模組的話，從中取得並執行 Flask 應用程式。

圖 1.9　無 .env 檔案的情況

有 .env 檔案的情況（已安裝 python-dotenv）

執行 flask run 指令後，搜尋 .env 檔案並以該檔案位置為應用程式路由（圖 1.10）。

取得 .env 檔案的 FLASK_APP 值，檢測工作目錄中是否有與該值同樣名稱的模組。若有該模組的話，從中取得並執行 Flask 應用程式。

在 apps/minimalapp 目錄下執行 flask run 指令

```
(venv) $ flask run
```

↓ 搜尋 .env 檔案

flaskbook/.env　→　**應用程式路由**

FLASK_APP=apps.minimalapp.app.py　**路徑是以「.」(句點)連接來描述**

↓ 檢測應用程式路由的路徑中是否有
apps/minimalapp/app.py

flaskbook/apps/minimalapp/app.py

↓ 檢測 app.py 中是否有 flask 應用程式

app = FLASK(__name__)

圖 1.10　有 .env 檔案的情況

更改應用程式路由

首先，先確認當前的應用程式路由，如圖 1.11 讓 minimalapp 變成應用程式路由。

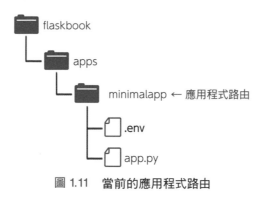

圖 1.11　當前的應用程式路由

將應用程式路由更改為 flaskbook，這樣在開發其他的應用程式時，不需要每次都切換 VSCode 視窗。為此，需要將 apps/minimalapp 中的 .env 檔案，移動到 flaskbook 目錄（圖 1.12）。

圖 1.12　更改應用程式

移動 .env 檔案的時候，得於 .env 檔案中的 FLASK_APP 將 minimalapp 應用
程式的位置，

```
apps.minimalapp.app.py
```

以「.」連起來指定（範例 1.3）：

範例 1.3　更改應用程式路由（.env 或者 flaskbook/.env）

如此一來，應用程式路由就變成 flaskbook。請移動至 flaskbook 目錄，重
新執行 flask run 指令，使用瀏覽器訪問下述網址：

http://127.0.0.1:5000/

跟前面一樣，畫面會顯示 Hello, Flaskbook!。

這樣就準備好於本地電腦啟動並開發 Flask 應用程式，接著解說 Flask 的網路開
發基礎。

使用路由建置

路由建置是指，綁定請求目的地的網址[3]和實際處理的函數。

藉由在前面加上**裝飾器（decorator）**函數 **@app.route()**，Flask 能夠增加路由。

在 app.py 增加輸出「Hello, World!」的路由（範例 1.4）。

範例 1.4　增加路由（apps/minimalapp/app.py）

```python
from flask import Flask

app = Flask(__name__)

@app.route("/")
def index():
    return "Hello, Flaskbook!"

@app.route("/hello")
def hello():
    return "Hello, World!"
```
❶ 增加

如此一來，使用瀏覽器訪問下述網址，畫面會顯示「Hello, World！」（圖 1.13）。

http://127.0.0.1:5000/hello

圖 1.13　http://127.0.0.1:5000/hello 的執行結果

※3　http://127.0.0.1:5000/ ～的「～」部分表示瀏覽器（客戶端）對伺服器端請求的目標資源。

以 flask routes 指令確認路由資訊

使用 **flask routes** 指令，確認路由資訊。flask routes 非常便利，後續也會頻繁用來確認資訊。

```
(venv) $ flask routes
Endpoint   Methods   Rule
--------   -------   ----------------------
hello      GET       /hello
index      GET       /
static     GET       /static/<path:filename>
```

在 HTML 表單使用的 HTTP 方法

HTTP 方法（method）是客戶端對伺服器發送請求時，傳達希望伺服器執行的操作。

雖然 HTTP 方法有好幾種，但 HTML 表單[4] 僅會用到 **GET 方法**、**POST 方法**。

GET 方法用於獲取資源，如搜尋等操作。除了使用表單外，平常的網路瀏覽也是 GET 方法。

POST 方法用於登錄或者修改表單的值，如登入、提交查詢等操作。

然後，除了 GET 和 POST 外，網路 API 還會用到 PUT、DELETE 等 HTTP 方法，細節留到第 12 章的「HTTP 方法的 CRUD 資源操作」解說。

Flask 的端點命名

Endpoint（端點）一般是指訪問 API 的網址，但在 **Flask 是指已綁定網址的函數名稱，或者函數本身的名稱。**後面將會講解 Flask 中的端點。

端點名稱預設為裝飾 @app.route 的函數名稱，但也可如下取任意名稱：

```
@app.route("/", endpoint="endpoint-name")
```

---

[4] HTML 表單的規格是，由客戶端輸入、選擇資料，再傳送給處理 HTML 表單的網路伺服器。

例如,假設端點名稱取為 hello-endpoint,如範例 1.5 修改剛才 app.py 新增的部分(範例 1.4 ❶),端點當作 Flask 內部的設定值,使用 p.46 說明的 url_for 等名稱。

範例 1.5 hello 端點名稱取為 hello-endpoint(apps/minimalapp/app.py)

```
... 省略 ...

@app.route("/hello",
  methods=["GET"],
  endpoint="hello-endpoint")
def hello():
    return "Hello, World!"
```
增加

執行 flask routes 指令,確認端點名稱是否改變(圖 1.14)。

```
(venv) $ flask routes
Endpoint        Methods     Rule
--------------  ---------   ----------------------
hello-endpoint  GET         /hello
index           GET         /
static          GET         /static/<path:filename>
```

圖 1.14 flask routes 的端點、方法與規則

指定允許的 HTTP 方法

@app.route 裝飾器可指定允許的 HTTP 方法,如下在 methods 指定 HTTP 方法名稱(範例 1.6):

```
@app.route("/", methods=["GET", "POST"])
```

未做任何指定時，預設的方法為 GET。另外，Flask 版本 2.0 後，可直接省略 route( ) 寫成：

```
@app.get("/hello")
@app.post("/hello")
```

範例 1.6　HTTP 方法指定 GET 和 POST 的情況

```
@app.route("/hello", methods=["GET", "POST"])
def hello():
    return "Hello, World!"

# 自 Flask 2 版本後，可寫成 @app.get("/hello")、@app.post("/hello")
# @app.get("/hello")
# @app.post("/hello")
# def hello():
#     return "Hello, World!"
```

如上在 methods 指定 HTTP 方法後，該函數可接受 GET 和 POST 方法的請求。

在 Rule 指定變數

在 @app.route 裝飾器中的 Rule（規則），可以 < 變數名稱 > 的形式指定變數。

將 app.py 範例 1.5 的一部分，如範例 1.7 修改程式碼。

範例 1.7　在網址 Rule 指定 <name> 變數（apps/minimalapp/app.py）

```
... 省略 ...

@app.route("/hello/<name>",                                        修改
  methods=["GET", "POST"],
  endpoint="hello-endpoint")
def hello(name):                                                   修改
    # 自 Python 3.6 導入以 f-string 定義字串
    return f"Hello, {name}!"                                       修改
```

在瀏覽器網址列，如下將 /hello/<name> 的 <name> 部分指定任意字串（例如 ichiro），執行後會顯示該字串（圖 1.15）。

http://127.0.0.1:5000/hello/ichiro

圖 1.15　http://127.0.0.1:5000/hello/ichiro 的執行結果

選項的部分使用轉換器（converter）的類型定義（表 1.2），寫成 **< 轉換器：變數名稱 >** 來指定變數的資料類型。藉由轉換器檢測類型，當類型不相符時會顯示錯誤。

表 1.2　轉換器

轉換器的類別	說明
string	沒有斜線的內文
int	正的整數
float	正的浮點小數
path	允許帶有斜線的內文
uuid[※5]	UUID 字串

🏠 使用模板引擎

模板引擎是指，合成名為模板的雛形和資料，並輸出成果文件的軟體（圖 1.16）。Flask 的預設模板引擎是 Jinja2，安裝 Flask 時會一併安裝 Jinja2。藉由 render_template，使用模板引擎產生（成像）HTML。

※5　UUID（Universally Unique Identifier）是指，軟體上唯一辨別物件的識別碼。

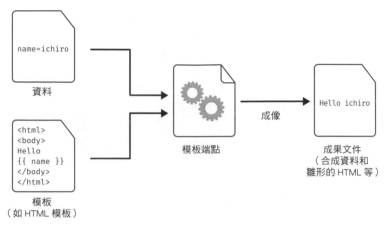

圖 1.16　模板引擎的規格

建立模板後，僅需將模板名稱和關鍵字引數，當作變數傳給 render_template 函數，即可於應用程式端利用。嘗試使用 render_template 函數使用模板吧。

首先，建立 HTML 檔案當作所需的成像模板。啟動 VSCode 軟體，在 minimalapp 底下建立 templates 目錄，並於該目錄製作 index.html（範例 1.8）。

模板中編寫 {{ 變數名稱 }} 的地方，Jinja2 會展開變數進行成像。在 index. html 增加 {{ name }}（❶），以便顯示變數的值。

範例 1.8　模板（apps/minimalapp/template/index.html）

```
<!DOCTYPE html>
<html lang="ja">
  <head>
    <meta charset="UTF-8" />
    <title>Name</title>
  </head>

  <body>
    <h1>Name: {{ name }}</h1>              ❶ 編寫{{ name }}
  </body>
</html>
```

然後，將 apps/minimalapp/app.py 如範例 1.9 修改程式碼：

範例 1.9　使用模板（apps/minimalapp/app.py）

```
# 增加匯入 render_template
from flask import Flask, render_template        ── 修改

... 省略 ...

# 建立 show_name 端點
@app.route("/name/<name>")
def show_name(name):
    # 將變數傳給模板引擎
    return render_template("index.html", name=name)   ── 增加
```

在瀏覽器網址列，如下將 /name/<name> 的 <name> 部分指定任意字串（例如 ichiro），執行後 index.html 會加載並顯示指定的字串。

http://127.0.0.1:5000/name/ichiro

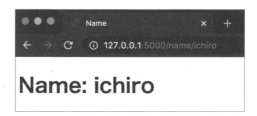

圖 1.17　http://127.0.0.1:5000/name/ichiro 的執行結果

Jinja2 的用法

這裡來說明 Jinja2 常用的「輸出變數值」、「if 與 for 的用法」。

輸出變數值

想要顯示變數的值時，程式碼編寫 {{ }}。在 render_template 第 2 個引數的後面，藉由設定的關鍵字引數或者字典物件（dictionary object），使用指定的變數名稱。

```
<h1>Name: {{ name }}</h1>
```

if 條件述句的用法

使用 if 條件述句時，程式碼編寫 {% %} ※6。

```
{% if name %}
<h1>Name: {{ name }}</h1>
{% else %}
<h1>Name:</h1>
{% endif %}
```

for 迴圈述句的用法

使用 for 迴圈述句時，程式碼編寫 {% %}。

```
<ul>
  {% for user in users %}
  <li><a href="{{ user.url }}">{{ user.username }}</a></li>
  {% endfor %}
</ul>
```

使用 url_for 函數產生網址

藉由 url_for 函數可方便利用端點的網址。HTML 檔案、View 檔案通常會編寫 /name，但也可寫成 url_for("name")。

如此一來，即便改變端點對應的 Rule，也不必更改 HTML 檔案、View 中的網址。

實際使用 url_for 函數，輸出路由資訊吧。

首先，使用 flask routes 指令，確認當前的路由資訊。

```
(venv) $ flask routes
Endpoint          Methods       Rule
--------------    ---------     -----------------------
hello-endpoint    GET, POST     /hello/<name>
index             GET           /
show_name         GET           /name/<name>
static            GET           /static/<path:filename>
```

※6　句法細節請參閱官方文件：
https://jinja.palletsprojects.com/en/3.0.x/templates/

然後，使用 **test_request_context** 函數，以 **url_for** 函數輸出（print）
當前的路由資訊。

如範例 1.10 修改、增加 app.py 的程式碼。flask_request_context 是
Flask 的測試函數，實際使用時不需發出請求，即可確認應用程式的運作。

範例 1.10　輸出路由資訊（apps/minimalapp/app.py）

```
# 增加匯入 url_for
from flask import Flask, render_template, url_for ————————— ❶ 修改


... 省略 ...


with app.test_request_context(): ———————————————————————— ❷
    # /
    print(url_for("index")) ———————————————————————————— ❸
    # /hello/world
    print(url_for("hello-endpoint", name="world")) ————— ❹
    # /name/ichiro?page=1
    print(url_for("show_name", name="ichiro", page="1")) ————— ❺
```

❶ 增加匯入 url_for。

❷ 在 app.py 最底部增加 with app.test_request_context():，準備
輸出 url_for()。

❸ url_for 的第 1 個引數指定端點，以便執行 flask run 時讓控制台輸出
網址。

❹ 在網址規則的變數設定值時，於第 2 個引數以 key=value 的形式指定。

❺ 在網址規則的變數設定值時，於後面的引數指定 key=value，會變成 GET
參數。

執行 flask run 指令，確認以 url_for 指定的端點值。

```
(venv) $ flask run
/
/hello/world
/name/ichiro?page=1
```

使用靜態檔案

除了 HTML 外，網站也會使用圖片、JavaScript、CSS（Cascading Style Sheets）。由於不受請求影響總是維持相同的內容，故稱為**靜態檔案**。CSS 的用途是統整 HTML 外觀；JavaScript 的用途是對 HTML 添增功能等。雖然 JavaScript 也可用於伺服器端，但這裡請理解成客戶端的腳本。

Flask 利用這類靜態檔案時，預設配置於 static 目錄。跟 templates 一樣，static 目錄與應用程式執行的模組並列，或者建立於套件底下。

那麼，來確認使用 VSCode 建立 static 目錄後，如何製作 style.css 檔案並加載至 HTML 上（圖 1.18）。

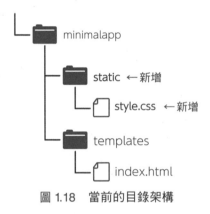

圖 1.18　當前的目錄架構

利用靜態檔案時，得使用前面 flask routes 指令的執行結果也有出現的 static 端點。如下指定 static 內部的檔案：

```
url_for("static", filename="style.css")
```

底下接著輸入：

```
url_for("static", filename="style.css")
> /static/style.css
```

在 templates/index.html 增加讀取樣式表的程式碼，以便 HTML 加載 static 中的 style.css（範例 1.11）。

範例 1.11　加載樣式表（apps/minimalapp/templates/index.html）

```html
<!DOCTYPE html>
<html lang="ja">
  <head>
    <meta charset="UTF-8" />
    <title>Name</title>
    <link
      rel="stylesheet"
      href="{{ url_for('static', filename='style.css') }}"
    />
  </head>

  <body>
    <!-- 加入 {{ name }}-->
    <h1>Name: {{ name }}</h1>
  </body>
</html>
```

加載
style.
css

此程式碼會產生下述結果：

```html
<link rel="stylesheet" href="/static/style.css" />
```

應用程式內文與請求內文

Flask 中有兩種程式碼內容，分別為應用程式內文（App Context）和請求內文
（Request context）。

應用程式內文

應用程式內文是指，請求期間可使用應用程式級別資料的上下文。應用程式級別
的資料有 current_app 和 g（表 1.3）。

表 1.3　應用程式內文

應用程式內文名稱	說明
current_app	啟動應用程式（執行中的應用程式）的實體
g	僅於請求期間可利用的全域暫時（臨時）領域，會隨著請求一併重置

前面只要連接 app = Flask(__name__) 取得的 app，就可訪問應用程式的實體，但應用程式擴增後容易產生迴圈，形成互相參照的循環參考（circular reference），造成 Flask 端發生錯誤。此時，Flask 不要直接參考應用程式實體的 app，而是存取 current_app 來解決問題。

應用程式內文中的 current_app，會在 Flask 開始處理請求時加入堆疊（stack），變成能夠存取 current_app 屬性。

應用程式內文可手動獲取，加入（push[7]）堆疊當中。確認看看範例 1.12 的內容（此程式碼僅供理解 Flask 內部規格之用，平時不會如此編寫）。

範例 1.12　確認應用程式內文（apps/minimalapp/app.py）

```python
# 增加匯入 current_app 和 g
from flask import Flask, render_template, url_for, current_app, g
... 省略 ...

# 此處呼叫會發生錯誤
# print(current_app)

# 獲取應用程式內文並加入堆疊
ctx = app.app_context()
ctx.push()

# 變成可存取 current_app
print(current_app.name)
# >> apps.minimalapp.app

# 在全域的暫時領域設定值
g.connection = "connection"
print(g.connection)
# >> connection
```

由應用程式內文加入堆疊後，變成何處皆可存取 current_app。

※7　堆疊（暫時儲存資料的資料結構）裝進資料稱為 push（加入）；取出資料稱為 pop（移除）。

g 僅可於請求期間利用的全域暫時領域，同樣也可由應用程式內文加入堆疊來使用。g 的常見例子有連接（connection）資料庫，前頁示範的是 g.connection 裝進並輸出 connection 字串。在同一請求期間，何處皆可存取 g 中設定的值。

請求內文

請求內文是，請求期間可使用請求級別資料的上下文。請求級別的資料有 request 和 session。

手動取得請求內文並加入堆疊時，需要使用 p.46「使用 url_for 函數產生網址」提及的 test_request_context 函數（範例 1.13）。

範例 1.13　確認請求內文（apps/minimalapp/app.py）

```
# 增加匯入 request                                          修改
from flask import Flask, current_app, g, render_template, url_for, request

... 省略 ...
with app.test_request_context("/users?updated=true"):      增加
    # 輸出 true
    print(request.args.get("updated"))
```

關於 request 和 session，留到下一節解說。

內文的生命週期

內文的建立、刪除遵循下述生命週期（圖 1.19）：

❶ 開始請求處理
❷ 建立應用程式內文（加入堆疊）
❸ 建立請求內文（加入堆疊）
❹ 結束請求處理
❺ 刪除請求內文（自堆疊移除）
❻ 刪除應用程式內文（自堆疊移除）

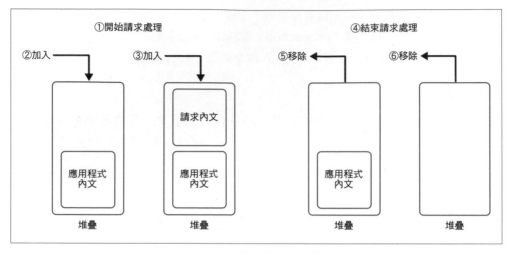

圖 1.19　內文的生命週期

1.3 建立諮詢表單

在 Flask，完成最基礎的網路應用程式 `minimalapp`。接著再進一步延伸，在 `minimalapp` 建立「諮詢表單」，同時解說基本功能的用法。

諮詢表單的規格

完成的諮詢表單由兩個頁面構成（圖 1.20）：

- 「諮詢表單」頁面
- 「諮詢完成」頁面

在不使用資料庫的情況下，由「諮詢表單」頁面提交問題後，對輸入的郵件位址發送諮詢內容，並顯示「諮詢完成」的頁面。

圖 1.20 　諮詢表單的規格

 PRG 模式

在建立諮詢表單之前，先來討論 **PRG 模式**。PRG 模式是 POST/REDIRECT/GET 模式的簡稱，意為 POST（提交）表單資料後 REDIRECT（重新導向），並顯示 GET（取得）的頁面。

若不使用 PRG 模式的話，提交表單資料後重新載入，可能再次傳送原本提交的內文，發生重複提交表單資料的情況。

為了避免這個問題，多數情況皆會使用 PRG 模式。這次建立的諮詢表單也採用 PRG 模式。

❶ 顯示「諮詢表單」頁面（GET）
❷ 以郵件寄送諮詢內容（POST）
❸ 重新導向「諮詢完成」頁面（REDIRECT）
❹ 顯示「諮詢完成」頁面（GET）

路由資訊如表 1.4 所示：

表 1.4　諮詢表單（contact）與諮詢完成（contact_complete）的路由資訊

Endpoint	Methods	Rule
contact	GET	/contact
contact_complete	GET, POST	/contact/complete

請求與重新導向

取得請求資訊的時候，需要由 flask 模組匯入請求（request）物件（範例 1.14、表 1.5），使用 redirect 函數重新導向其他的端點。

範例 1.14　匯入請求物件（apps/minimalapp/app.py）

```
# 增加匯入 redirect                                                    修改
from flask import Flask, current_app, g, render_template, request, url_for, redirect
```

表 1.5 請求物件（request）常見的屬性、方法[8]

屬性、方法	說明
method	請求的方法
form	請求的表單
args	查詢參數
cookies	請求的 Cookie
files	請求的檔案
environ	環境變數
headers	請求的標頭
referrer	請求的參照位址（原連結頁面）
query_string	請求的查詢字串
Scheme	請求的通訊協定（http/https）
url	請求的網址

建立資訊表單的端點

在 apps/minimalapp/app.py 增加下述程式碼（範例 1.15）：

- 顯示「諮詢表單」頁面的端點
- 傳送郵件後顯示「諮詢完成」頁面的端點

傳送郵件留到最後再處理，這裡僅先編寫註解的內容。

範例 1.15 加入端點（apps/minimalapp/app.py）

```
... 省略 ...

@app.route("/contact")                                        ❶
def contact():
    return render_template("contact.html")

@app.route("/contact/complete", methods=["GET", "POST"])      ❷
def contact_complete():
    if request.method == "POST":                              ❸
        # 傳送郵件（最後實作）

        # 重新導向 contact 端點
        return redirect(url_for("contact_complete"))
                                                              ❹
    return render_template("contact_complete.html")
```

增加

---

[8] 尚有其他的屬性、方法，細節參閱官方的 API 參考文件：
https://flask.palletsprojects.com/en/2.0.x/api/

❶ 建立回傳「諮詢表單」頁面的 contact 端點。

❷ 處理諮詢表單、建立回傳「諮詢完成」頁面的 contact_complete 端點。@app.toute 裝飾器的第 2 個引數指定為 methods=["GET","POST"]，允許 GET 和 POST 方法。

❸ 利用 request.method 屬性檢測請求的方法。

❹ 若為 GET 方法，則回傳「諮詢完成」頁面（contact_complete.html）；若為 POST 方法，則重新導向「諮詢完成」端點（contact_complete）。

Flask 本身有表單用的擴充功能 flask-wtf，可簡單實踐 CSRF 對策，但這裡僅是確認 Flask 的功能，不會用到該功能。細節留到 2.5 節的「使用表單的擴充功能」講解。

何謂CSRF？

CSRF 是**跨站請求偽造**（Cross-Site request Forgery）的簡稱，一種網路應用程式的漏洞。

攻擊者會引導使用者的瀏覽器連結攻擊用的網站，再對伺服器傳送非有意的請求。若網路應用程式未對使用者防範 CSRF，則會被當成合法的請求（圖 1.A）。

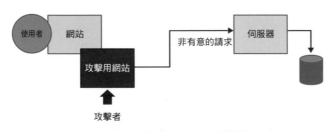

圖 1.A　未防範 CSRF 的情況

防範 CSRF 的工作原理是，伺服器回傳表單資料時，產生並儲存隨機的 token（訊標），當使用者提交請求的時候，檢查產生的 token 和請求的 token 是否一致，藉此判斷是否為合法的請求（圖 1.B）。

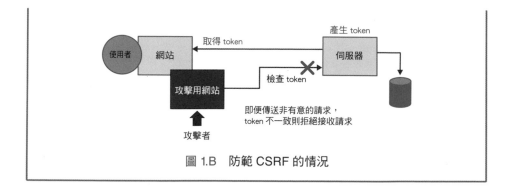

圖 1.B　防範 CSRF 的情況

建立諮詢表單的模板

在 templates 目錄底下建立「諮詢表單」頁面（contact.html）和「諮詢完成」頁面（contact_complete.html）。

「諮詢表單」頁面

準備 3 個輸入欄位「使用者名稱」、「郵件位址」、「諮詢內容」和 1 個按鈕（範例 1.16）。

範例 1.16　「諮詢表單」頁面（apps/minimalapp/templates/contact.html）

```
<!DOCTYPE html>
<html lang="ja">
  <head>
    <meta charset="UTF-8" />
    <title> 諮詢表單 </title>
    <link
      rel="stylesheet"
      href="{{ url_for('static', filename='style.css' ) }}"
    />
  </head>

  <body>
    <h2> 諮詢表單 </h2>
    <form
      action="{{ url_for('contact_complete') }}"
      method="POST"
      novalidate="novalidate"
    >
      <table>
        <tr>
```

```
      <td> 使用者名稱 </td>
      <td>
        <input
          type="text"
          name="username"
          value="{{ username }}"
          placeholder=" 使用者名稱 "
        />
      </td>
    </tr>
    <tr>
      <td> 郵件位址 </td>
      <td>
        <input
          type="text"
          name="email"
          value="{{ email }}"
          placeholder=" 郵件位址 "
        />
      </td>
    </tr>
    <tr>
      <td> 諮詢內容 </td>
      <td>
        <textarea name="description" placeholder=" 諮詢內容 ">↵
{{ description }}</textarea>
      </td>
    </tr>
  </table>
  <input type="submit" value=" 諮詢 " />
  </form>
  </body>
</html>
```

「諮詢完成」頁面

顯示「諮詢完成」的固定訊息（範例 1.17）。

範例 1.17 「諮詢表單」頁面（apps/minimalapp/templates/contact_complete.html）

```html
<!DOCTYPE html>
<html lang="ja">
  <head>
    <meta charset="UTF-8" />
    <title> 諮詢完成 </title>
    <link
      rel="stylesheet"
      href="{{ url_for('static', filename='style.css' ) }}"
    />
  </head>

  <body>
    <h2> 諮詢完成 </h2>
  </body>
</html>
```

這樣就完成諮詢表單的架構。使用 `flask routes` 指令，確認路由資訊。

```
(venv) $ flask routes
Endpoint           Methods      Rule
----------------   ---------    -----------------------
contact            GET          /contact
contact_complete   GET, POST    /contact/complete
... 省略 ...
```

由上可知，端點新增了 contact 和 contact_complete，contact_complete 的方法變成 GET、POST。

確認頁面

雖然尚未實作完成，但由瀏覽器訪問下述網址，會顯示「諮詢表單」頁面（圖 1.21）。

http://127.0.0.1:5000/contact

圖 1.21 「諮詢表單」頁面

點擊「提交表單」按鈕後，會跳轉至「諮詢完成」頁面（圖 1.22）：

http://127.0.0.1:5000/contact/complete

圖 1.22 「諮詢完成」頁面

取得提交的表單值

使用 request 的 form 屬性，取得提交的表單值。在 apps/minimalapp/ app.py，修改 contact_complete 端點（範例 1.18）。

範例 1.18 修改 contact_complete 端點（apps/minimalapp/app.py）

```
... 省略 ...

@app.route("/contact/complete", methods=["GET", "POST"])
def contact_complete():
    if request.method == "POST":
        # 使用 form 屬性取得表單值
        username = request.form["username"]
        email = request.form["email"]
        description = request.form["description"]
```

增加

```
    # 傳送郵件（最後實作）

    return redirect(url_for("contact_complete"))

  return render_template("contact_complete.html")
```

Flash 訊息

Flash 訊息（快閃訊息）是動作執行後顯示簡單訊息的功能，用於完成執行、發生錯誤等想要顯示暫時訊息的時候。

增加驗證

在「諮詢表單」頁面增加驗證（輸入檢測處理），檢查後發現錯誤的時候，使用 Flash 訊息暫時顯示錯誤資訊。

Flash 訊息使用 flash 函數來設定，在模板使用 get_flashed_messages 函數，取得並顯示訊息。使用 Flash 訊息時需要 Session[9]，故得設定組態（config）的 SECRET_KEY。

組態是使用應用程式時的必要設定，如下指定組態的值：

```
app.config["config_key"] = config_value
```

另外，組態有好幾種設定方法，細節留到第 2 章「設定組態」解說。

設定 SECRET_KEY

使用 Session 的時候，得設置隨機值的密鑰（SECRET_KEY），以便保護資安上的相關資訊。

在 apps/minimalapp/app.py，設定組態中的 SECRET_KEY 值（範例 1.19）。

---

[9]　在伺服器儲存使用者的登入資訊等，常態執行一連串處理的機制。細節留到 1.5 節解說。

範例 1.19　設定 SECRET_KEY 值（apps/minimalapp/app.py）

```
... 省略 ...

app = Flask(__name__)
# 增加 SECRET_KEY
app.config["SECRET_KEY"] = "2AZSMss3p5QPbcY2hBsJ" ─────── 增加
```

接著，增加 POST 值的輸入檢測。另外，為了檢查郵件位址（email）的格式是否正確，事前需要安裝 email-validator 套件。

```
(venv) $ pip install email-validator
```

在 apps/minimalapp/app.py，修改 contact_complete 端點（範例 1.20）。

範例 1.20　增加輸入檢測（apps/minimalapp/app.py）

```
from email_validator import validate_email, EmailNotValidError ─┐
# 換行縮短匯入述句的長度                                        ❶ 增加
from flask import (
    Flask,
    current_app,
    g,
    redirect,
    render_template,
    request,
    url_for,
    flash, ─────────────────────────────────────────────── ❷ 增加
)
... 省略 ...

@app.route("/contact/complete", methods=["GET", "POST"])
def contact_complete():
    if request.method == "POST":
        username = request.form["username"]
        email = request.form["email"]
        description = request.form["description"]
```

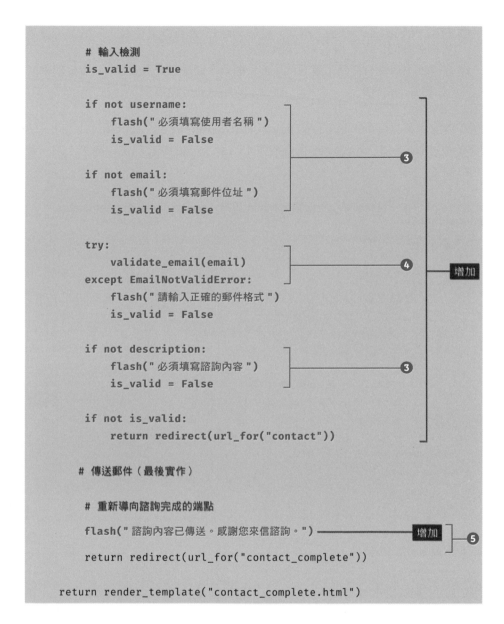

```
    # 輸入檢測
    is_valid = True

    if not username:
        flash(" 必須填寫使用者名稱 ")
        is_valid = False

    if not email:
        flash(" 必須填寫郵件位址 ")
        is_valid = False

    try:
        validate_email(email)
    except EmailNotValidError:
        flash(" 請輸入正確的郵件格式 ")
        is_valid = False

    if not description:
        flash(" 必須填寫諮詢內容 ")
        is_valid = False

    if not is_valid:
        return redirect(url_for("contact"))

# 傳送郵件（最後實作）

# 重新導向諮詢完成的端點
flash(" 諮詢內容已傳送。感謝您來信諮詢。")

return redirect(url_for("contact_complete"))

return render_template("contact_complete.html")
```

❸ 增加

❹ 增加

❺ 增加

❶ 匯入 validate_email 和 EmailNotValidError，以便檢查郵件位址的格式。

❷ 增加匯入 flash。

❸ 使用者名稱、郵件位址、諮詢內容欄位漏填時，在 Flash 訊息 ※10 設定錯誤訊息。

※10 需要注意的是，雖然可設定多組 Flash 訊息，但當超過瀏覽器、網路伺服器的 Cookie 個數限制時，會無法顯示內容。

❹ 使用 `validate_email` 函數，檢測 email 是否為郵件格式。格式不符屬
於例外情況，故以 `try-except` 圍起來。

❺ 當 POST 值沒有問題，讓 Flash 訊息顯示「感謝您來信諮詢。」並重新導向
「諮詢完成」頁面。

在「諮詢表單」頁面的 apps/minimalapp/templates/contact.html，使
用 `get_flashed_messages` 函數取得 flash 設定的錯誤訊息（範例 1.21、圖
1.23）。

範例 1.21　在「諮詢表單」頁面顯示 Flash 訊息（apps/minimalapp/templates/
contact.html）

```
... 省略 ...

  <body>
    <h2> 諮詢表單 </h2>

    {% with messages = get_flashed_messages() %}
    {% if messages %}
    <ul>
      {% for message in messages %}
      <li class="flash">{{ message }}</li>
      {% endfor %}
    </ul>
    {% endif %}
    {% endwith %}
    ... 省略 ...
  </body>
```

增加

如下編寫 with 述句：

```
{% with messages = get_flashed_messages() %}
```

將 `messages` 變數的可利用範圍，限制於 with 述句內部。

圖 1.23　輸入檢測的 Flash 訊息

在「諮詢完成」頁面的 apps/minimalapp/templates/contact_complete.
html，也增加 Flash 訊息（範例 1.22、圖 1.24）。

範例 1.22　在「諮詢完成」頁面顯示 Flash 訊息
　　　　　（apps/minimalapp/templates/contact_complete.html）

```
... 省略 ...

  <body>
    <h2> 諮詢完成 </h2>

    {% with messages = get_flashed_messages() %}        ┐
    {% if messages %}                                   │
    <ul>                                                │
      {% for message in messages %}                     │
      <li>{{ message }}</li>                             ├── 增加
      {% endfor %}                                      │
    </ul>                                               │
    {% endif %}                                         │
    {% endwith %}                                       ┘
  </body>
</html>
```

圖 1.24　諮詢完成的 Flash 訊息

日誌記錄（Logging）

開發、運行上遇到非預期的錯誤時，**日誌記錄器（logger）**能夠幫助釐清應用程式發生什麼問題。在控制台、檔案利用日誌記錄器，輸出**應用程式日誌**（應用程式運作情況）。

日誌記錄器有不同的**日誌級別**（表 1.6），僅會輸出比指定級別更高的日誌內容。例如，日誌級別設定 ERROR 時，僅會輸出 ERROR、CRITICAL 級別的日誌內容。開發時的日誌級別設定 DEBUG；正式環境的日誌級別設定 ERROR，根據情況更改日誌級別。

表 1.6　日誌級別列表

級別	概要	說明
CRITICAL	嚴重的錯誤	伴隨程式異常關閉等的錯誤資訊
ERROR	錯誤	執行不如預期的錯誤資訊
WARNING	警告	近似錯誤現象等的次正常資訊
INFO	資訊	確認正常運作時的必要資訊
DEBUG	除錯資訊	開發時的必要資訊

Flask 使用 Python 標準的 `logging` 模組[11]。

在 apps/minimalapp/app.py 中，使用 `app.logger.setLevel` 函數設定日誌級別（範例 1.23）。

範例 1.23　設定日誌級別（apps/minimalapp/app.py）

```
# 匯入 logging
import logging                                                    增加

... 省略 ...

app = Flask(__name__)
app.config["SECRET_KEY"] = "2AZSMss3p5QPbcY2hBsJ"
# 設定日誌級別
app.logger.setLevel(logging.DEBUG)                                增加
```

如下指定輸出日誌：

---

[11] `logging` 模組的細節請參閱官方文件：
https://docs.python.org/3/library/logging.html#module-logging

```
app.logger.critical("fatal error")
app.logger.error("error")
app.logger.warning("warning")
app.logger.info("info")
app.logger.debug("debug")
```

安裝 flask-debugtoolbar

使用 Flask 進行開發時，flask-debugtoolbar 是相當方便的模組。藉由 Flask 的 flask-debugtoolbar 擴充功能，可於瀏覽器上確認 HTTP 請求的資訊、flask routes 的執行結果、資料庫發行的 SQL。

使用下述指令，安裝 flask-debugtoolbar：

```
(venv) $ pip install flask-debugtoolbar
```

在 apps/minimalapp/app.py 增加使用 flask-debigtoolbar 的程式碼（範例 1.24）。

範例 1.24　使用 flask-debugtoolbar（apps/minimalapp/app.py）

```
... 省略 ...
from flask_debugtoolbar import DebugToolbarExtension ────────① 增加


app = Flask(__name__)
app.config["SECRET_KEY"] = "2AZSMss3p5QPbcY2hBsJ"
app.logger.setLevel(logging.DEBUG)
# 避免中斷重新導向
app.config["DEBUG_TB_INTERCEPT_REDIRECTS"] = False ──────②
# 在 DebugToolbarExtension 設置應用程式              ┤ 增加
toolbar = DebugToolbarExtension(app) ──────────────③
```

❶ 匯入 DebugToolbarExtension。
❷ 設定組態，避免中斷重新導向。
　　重新導向後，無法以 flask-debugtoolbar 確認請求值，故預設為 True（中斷重新導向）。
❸ 在匯入的 DebugToolbarExtension，設置應用程式。

使用瀏覽器訪問下述網址,畫面右側會顯示除錯工具列(圖 1.25)。

http://127.0.0.1:5000/contact

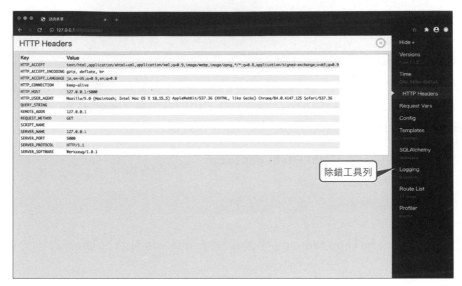

圖 1.25　除錯工具列

🏠 傳送郵件

製作自「諮詢表單」頁面提交時傳送郵件的功能,使用 Flask 的 `flask-mail`擴充功能來實踐。

```
(venv) $ pip install flask-mail
```

安裝 `flask-mail` 後設定組態(表 1.7),範例會使用 Gmail 帳戶來操作。若尚未有 Gmail 帳戶的話,請先創建一個新帳號。

表 1.7　基本的 flask mail 設定

設定	預設值	說明
`MAIL_SERVER`	`localhost`	郵件伺服器的主機名稱
`MAIL_PORT`	`25`	郵件伺服器的連接埠
`MAIL_USE_TLS`	`False`	是否啟用 TLS
`MAIL_USE _SSL`	`False`	是否啟用 SSL
`MAIL_DEBUG`	`app.debug`	除錯模式
`MAIL_USERNAME`	`None`	寄件人郵件位址
`MAIL_PASSWORD`	`None`	寄件人郵件位址的密碼
`MAIL_DEFAULT_SENDER`	`None`	郵件的寄件人名稱與郵件位址

使用 Gmail 自應用程式傳送郵件

使用 Gmail 自應用程式傳送郵件的時候，得先前往「兩步驟驗證機制」設定完成操作。

https://myaccount.google.com/signinoptions/two-step-verification/enroll-welcome

然後，前往下述「應用程式密碼」頁面，取得應用程式用的密碼。

https://security.google.com/settings/security/apppasswords

取得應用程式密碼的步驟

❶ 由「選取應用程式」選擇「其他（自訂名稱）」（圖 1.26）。

圖 1.26　應用程式密碼──選取應用程式

❷ 輸入任意名稱（圖 1.27）。範例是輸入「Flaskbook」。

圖 1.27 應用程式密碼──輸入名稱

❸ 點擊【產生】按鈕，複製系統產生的密碼（圖 1.28）。然後，在「MAIL_ PASSWORD」設定該密碼。

圖 1.28 應用程式密碼──產生密碼

實作傳送郵件功能

完成設定 Gmail 後，實作傳送郵件功能。

使用 **flask-mail**

首先，在 apps/minimalapp/app.py 增加使用 flask-mail 的程式碼（範例 1.25）。

範例 1.25　增加使用 flask-mail 的程式碼（apps/minimalapp/app.py）

```python
import logging
import os                                                    ❶ 增加

... 省略 ...

from flask_mail import Mail                                  ❷ 增加

app = Flask(__name__)
... 省略 ...

# 增加 Mail 類別的組態
app.config["MAIL_SERVER"] = os.environ.get("MAIL_SERVER")
app.config["MAIL_PORT"] = os.environ.get("MAIL_PORT")
app.config["MAIL_USE_TLS"] = os.environ.get("MAIL_USE_TLS")    ❸ 增加
app.config["MAIL_USERNAME"] = os.environ.get("MAIL_USERNAME")
app.config["MAIL_PASSWORD"] = os.environ.get("MAIL_PASSWORD")
app.config["MAIL_DEFAULT_SENDER"] = os.environ.get("MAIL_↩
DEFAULT_SENDER")

# 登錄 flask-mail 擴充套件
mail = Mail(app)                                             ❹ 增加
```

❶ 匯入作業系統，取得環境變數。

❷ 匯入 Mail 類別。

❸ 由環境變數取得 Mail 類別的組態。

❹ 在應用程式登錄 flask-mail 擴充套件。

增加組態的設定值

接著，在 .env 檔案中增加 flask-mail 組態的設定值（範例 1.26）。

範例 1.26　增加 flask-mail 組態的設定值（apps/minimalapp/.env）

```
FLASK_APP=apps.minimalapp.app.py
FLASK_ENV=development

# 設定 flask-mail 組態
MAIL_SERVER=smtp.gmail.com                ❶
MAIL_PORT=587                             ❷    增加
MAIL_USE_TLS=True                         ❸
MAIL_USERNAME=[Gmail 的郵件位址 ]          ❹
```

```
MAIL_PASSWORD=[ 完成兩步驟驗證後產生的 Gmail 密碼 ]     ——————⑤     增加
MAIL_DEFAULT_SENDER=Flaskbook <Gmail 的郵件位址 >     ——————⑥
```

❶ `MAIL_SERVER` 設定 Gmail 的寄件伺服器 `smtp.gmail.com`。

❷ `MAIL_PORT` 設定接埠號 587，以便使用 TLS（STARTTLS：郵件加密）。

❸ `MAIL_USE_TLS` 設定 `True`，以便啟用 TLS。

❹ `MAIL_USERNAME` 設定這次使用的 Gmail 郵件位址。

❺ `MAIL_PASSWORD` 設定新產生的應用程式密碼[12]。

❻ `MAIL_DEFAULT_SENDER` 設定郵件的寄件人名稱「`Flaskbook <Gmail 的郵件位址 >`」。

傳送郵件

然後，在 apps/minimalapp/app.py 的「諮詢完成」端點 contact_complete 增加傳送郵件的程式碼。

範例 1.27　在 contact_complete 增加傳送郵件的程式碼（apps/minimalapp/app.py）

```
... 省略 ...

# 由 flask_mail 增加匯入 Message
from flask_mail import Mail, Message     ——————❶  修改

... 省略 ...

@app.route("/contact/complete", methods=["GET", "POST"])
def contact_complete():
    if request.method == "POST":
        ... 省略 ...

        # 傳送郵件
        send_email(
            email,
            " 感謝您來信諮詢。",
            "contact_mail",                       ❷  增加
            username=username,
            description=description,
        )

        ... 省略 ...
```

---

[12] 在 p.69「取得應用程式密碼的步驟」產生的密碼。

```
    return render_template("contact_complete.html")

def send_email(to, subject, template, **kwargs):
    """ 傳送郵件的函數 """
    msg = Message(subject, recipients=[to])
    msg.body = render_template(template + ".txt", **kwargs)
    msg.html = render_template(template + ".html", **kwargs)
    mail.send(msg)
```

❸ 增加

❶ 由 flask_mail 增加匯入 Message。

❷ 在傳送郵件方面，增加呼叫傳送郵件函數的程式碼。

❸ 增加傳送郵件的函數，同時建立並傳送純文字郵件和 HTML 郵件，當 HTML 郵件遭到拒收時，改成傳送純文字郵件。

建立郵件的模板

在 apps/minimalapp/templates 目錄下建立純文字郵件的模板 contact_mail.txt（範例 1.28），使用 {{ }} 指定更改變數之處。

範例 1.28　純文字郵件的模板（apps/minimalapp/templates/contact_mail.txt）

```
{{ username }} 您好

感謝您來信諮詢。您諮詢的內容如下：

諮詢內容

{{ description }}
```

同樣地，在 apps/minimalapp/templates 目錄下，也建立 HTML 郵件的模板 contact_mail.html（範例 1.29），使用 {{ }} 指定更改變數之處。

範例 1.29 HTML 郵件的模板（apps/minimalapp/templates/contact_mail.html）

```html
<!DOCTYPE html>
<html lang="ja">
  <head>
    <meta charset="UTF-8" />
    <title> 諮詢完成 </title>
  </head>

  <body>
    <p>{{ username }} 您好 </p>
    <p> 感謝您來信諮詢。您諮詢的內容如下：</p>
    <p> 諮詢內容 </p>
    <p>{{ description }}</p>
  </body>
</html>
```

以上是傳送郵件的程式碼。這樣就完成實作諮詢表單功能。

確認諮詢表單的運作情況

那麼，確認諮詢表單是否正常運作。使用瀏覽器訪問下述網址：

http://127.0.0.1:5000/contact

顯示「諮詢表單」頁面（圖 1.29）後，輸入內容並點擊【提交表單】按鈕。

圖 1.29　諮詢表單

跳轉「諮詢完成」頁面（圖 1.30）。

圖 1.30　諮詢完成

同時會傳送郵件至表單中輸入的郵件位址（圖 1.31）。請前往 Gmail 進行確認。

圖 1.31　傳送的郵件

這樣就完成諮詢表單。

雖然實作諮詢表單時未使用，但常用的 HTTP 功能還有 Cookie、Session、Response。後面將會一一解說其用法。

1.4 Cookie

Cookie 是指，在用戶瀏覽器和網路伺服器之間，用來管理狀態的「瀏覽器儲存的資訊」與機制。瀏覽器儲存的 Cookie 資訊，後續會與請求一併傳送至同一伺服器。

Flask 取得 Cookie 的值時，需要使用請求物件（`request`）。然後，設定 Cookie 的值時，使用 `make_response` 取得回應物件（`response`）。

下面簡單介紹 Flask 中 Cookie 的使用方式，具體例子留到 1.6 節講解。

取得 **Cookie** 的值

```
from flask import request

# 指定 key
username = request.cookies.get("username")
```

設定 **Cookie** 的值

```
from flask import make_response, render_template

response = make_response(render_template("contact.html"))
# 設定 key 和 value
response.set_cookie("username", "ichiro")
```

刪除 **Cookie** 的值

```
from flask import make_response, render_template, response

response = make_response(render_template("contact.html"))
# 指定 key
response.delete_cookie("username")
```

1.5　Session

Session 是讓伺服器儲存使用者的登入資訊，常態執行一連串處理的機制。

HTTP 採用無狀態（stateless）協議[13]，沒有辦法儲存狀態，但可藉由 Cookie 的 Session 管理機制，讓使用者常態執行一連串的程式碼。

❶ 使用者進行登入。

❷ 伺服器產生 Session ID，綁定並儲存使用者資訊。

❸ 將 Session ID 存至瀏覽器的 Cookie。

❹ 後續請求時再從 Cookie 取得 Session ID，藉此取得綁定的使用者資訊。

❺ 經過必要的處理後，回傳資訊。

Flask 使用 Session 的時候，需要匯入 `session`。然後，如 1.3 節的「Flash 訊息」（p.61）所述，使用 Session 時得設定組態的 `SECRET_KEY`。

下面簡單介紹 Flask 中 Session 的使用方式。

設定 **Session** 的值

```
from flask import session

session["username"] = "ichiro"
```

取得 **Session** 的值

```
from flask import session

username = session["username"]
```

刪除 **Session** 的值

```
from flask import session

session.pop("username", None)
```

※13（伺服器未儲存用戶資訊）網路伺服器端無法管理狀態。

1.6 Response

Response 是瀏覽器接收請求後，伺服器對客戶端回傳的應答。

Flask 通常如下編寫程式碼，回傳必要的值當作 Response：

```
return render_template("contact_complete.html")
```

當遇到設定 Cookie 的值等，需要修改 Response 內容的時候，使用 `make_response` 函數（表 1.8）。

表 1.8　回應物件（response）常見的屬性、方法

屬性、方法	說明
`status_code`	Response 狀態碼
`headers`	Response 標頭
`set_cookie`	設定 Cookie
`delete_cookie`	刪除 Cookie

在諮詢表單的端點中，增加取得回應物件（`response`）的程式碼，並確認運作情況（範例 1.30）。

範例 1.30　取得回應物件（apps/minimalapp/app.py）

```
... 省略 ...

from flask import (
    Flask,
    current_app,
    flash,
    g,
    redirect,
    render_template,
```

```
    request,
    url_for,
    make_response, ————————————————————
    session, ———————————————————————————— ① 增加
)
... 省略 ...

@app.route("/contact")
def contact():
    # 取得 Response 物件
    response = make_response(render_template("contact.html")) ②

    # 設定 Cookie
    response.set_cookie("flaskbook key", "flaskbook value") ③

    # 設定 Session                                              增加
    session["username"] = "ichiro" ————————————————————— ④

    # 回傳 Response 物件
    return response ——————————————————————————————————— ⑤
```

❶ 增加匯入 make_response 和 session。

❷ 將 render_cookie 傳給 make_response 函數，取得 Response 物件。

❸ 在 set_cookie 函數的 key，設定 flaskbook key；
在函數的 value，設定 flaskbook value。

❹ 設定 session["username"] 的值。

❺ 回傳 Response 物件。

那麼，確認運作情況。使用瀏覽器訪問下述網址，開啟除錯工具列的「Request Vars」、「SESSION Variables」項目欄會顯示已設定的 Session 資訊（圖 1.32）。

http://127.0.0.1:5000/contact

在第 1 次的請求結果，伺服器僅寫入 Cookie 和 Session 後回傳 Response，故 Cookie 不會顯示 Session ID 和設定的 Cookie 資訊。

圖 1.32 第 1 次的請求結果

由於瀏覽器接收 Response 並設定 Cookie 的值，在第 2 次以後的請求結果，
Cookie 會顯示 Session ID 和設定的 Cookie 資訊。

再次使用瀏覽器訪問下述網址，開啟除錯工具列的「Request Vars」，確認是否
顯示設定的值（圖 1.33）。

http://127.0.0.1:5000/contact

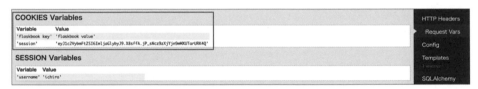

圖 1.33 第 2 次的請求結果

本章總結

本章先建立最基礎的應用程式，再對該程式增加諮詢表單的功能，同時解說使用
Flask 開發網路應用程式的流程、Flask 的基本功能（表 1.9）。

表 1.9 本章安裝的擴充功能、套件

擴充功能、套件	說明
python-dotenv	載入 .env 檔案的環境變數
email-validator	檢測郵件位址的格式
flask-debugtoolbar	Flask 應用程式開發的輔助工具
flask-mail	傳送郵件

下一章將會學習如何建立資料庫應用程式。藉由資料庫增加、修改、刪除資料
等，進一步拓展開發的應用程式種類。

第 1 章於 `minimalapp` 建立了最基礎的應用程式——諮詢表單,而本章將會另外製作使用資料庫的 CRUD 應用程式(圖 2.1)。專案沿用第 1 章完成的 `flaskbook`。

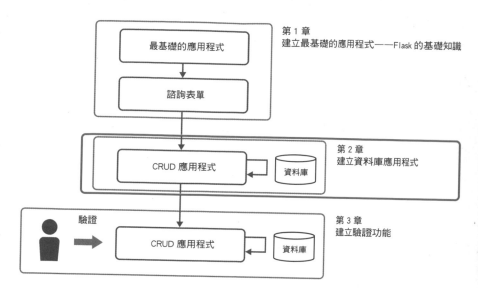

圖 2.1　第 1 篇製作的應用程式

| Column | 類別與物件的關係 |

Python 是一種物件導向語言,可將資料、程式碼統整成類別,再根據類別產生物件(表 1.A、圖 1.C)。

表 1.A　類別的相關術語

術語	說明
類別	統整資料、處理程序的程式碼,根據類別產生物件
物件	建立類別的實體,交由程式操作、處理的資料
建立實體	產生類別的物件
建構子(constructor)	建立實體時的初始化處理

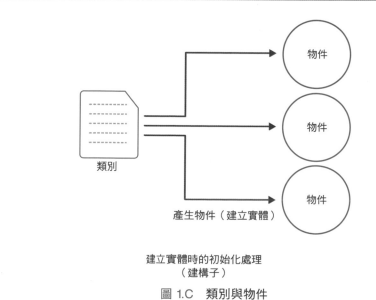

圖 1.C　類別與物件

第 **2** 章

建立資料庫應用程式

本章內容

2.1 目錄架構

2.2 啟動應用程式——使用 Blueprint

2.3 設置 SQLAlchemy

2.4 操作資料庫

2.5 建立使用資料庫的 CRUD 應用程式

2.6 模板的通用化與繼承

2.7 設定組態

2.1 目錄架構

本章預計建立使用資料庫的 CRUD 應用程式，其目錄架構如圖 2.2 所示，後面章節將會依序完成此架構。**CRUD** 是 Create（建立資料）、Read（加載）、Update（修改）、Delete（刪除）的簡稱，操作資料庫時最基礎的必要功能。

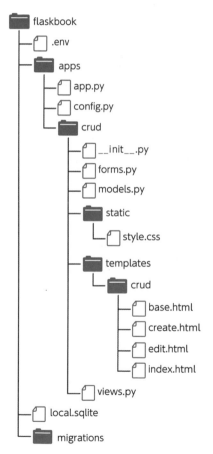

```
flaskbook
├── .env
├── apps
│   ├── app.py
│   ├── config.py
│   └── crud
│       ├── __init__.py
│       ├── forms.py
│       ├── models.py
│       ├── static
│       │   └── style.css
│       ├── templates
│       │   └── crud
│       │       ├── base.html
│       │       ├── create.html
│       │       ├── edit.html
│       │       └── index.html
│       └── views.py
├── local.sqlite
└── migrations
```

圖 2.2　CRUD 應用程式的目錄架構

2.2 啟動應用程式——使用 Blueprint

完成下述處理，啟動應用程式：

❶ 建立 CRUD 應用程式的模組
❷ 修改環境變數的 FLASK_APP 的路徑
❸ 建立端點
❹ 建立模板
❺ 建立靜態檔案
❻ 模板加載 CSS
❼ 確認運作情況

❶ 建立 CRUD 應用程式的模組

跟前章完成的 minimalapp 一樣，建立 Flask 的實體取得 app。兩者不同之處在於，後者使用 create_app 函數取得 app。create_app 函數是，產生 Flask 應用程式的函數。

藉由 create_app 函數可簡單切換環境，如開發環境、預備環境（測試環境）、正式環境等，具有容易進行單元測試（程式檢測）的優點。

在 apps 目錄下建立 app.py，使用 create_app 函數如範例 2.1 編寫程式碼。

範例 2.1　apps/app.py

```
from flask import Flask

# 建立 create_app 函數
def create_app():                                    ❶
    # 建立 Flask 實體
    app = Flask(__name__)                            ❷
```

```
# 由 crud 套件匯入 views
from apps.crud import views as crud_views ──────────── ❸

# 使用 register_blueprint,將 views 的 crud 登錄至應用程式
app.register_blueprint(crud_views.crud, url_prefix="/crud") ── ❹

return app
```

❶ 建立 `create_app` 函數。

❷ 建立 Flask 實體。

❸ 由後續製作的 crud 套件匯入 `views`。

❹ 使用 Blueprint 功能(`app.register_blueprint` 函數),登錄 crud 應用程式。在 `url_prefix` 指定 `/crud`,讓 `view` 端點所有的網址皆以 crud 為開頭。

前面提及的 Blueprint,是使用 Flask 時非常重要的功能。

何謂 Blueprint?

Blueprint 是劃分應用程式的 Flask 功能,即便應用程式的規模龐大,也可藉此保持簡潔狀態、提升維護性。

Blueprint 的特徵與使用方式

Blueprint 具有下述特徵:

- 可劃分應用程式。
- 可指定網址的前置詞、子網域,與其他的應用程式路由區別。
- 可以 Blueprint 單位劃分模板。
- 可以 Blueprint 單位劃分靜態檔案。

使用 Blueprint 的時候,得先產生 Blueprint 物件(Blueprint 應用程式),使用 `register_blueprint` 登錄至 Flask 應用程式的 app 實體(圖 2.3)。

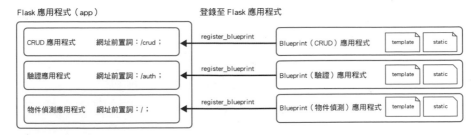

圖 2.3　Blueprint

Blueprint 類別常見的建構子，如表 2.1 所示。

表 2.1　Blueprint 類別常見的建構子

引數	說明
name	Blueprint 應用程式的名稱，加於各個端點名稱的前面。 例：crud.index
import_name	Blueprint 應用程式的套件（apps.crud.views）名稱。 通常指定 __name__
static_folder	Blueprint 應用程式的靜態檔案資料夾。預設無效
template_folder	Blueprint 應用程式的模板檔案目錄。預設無效。 Blueprint 模板的優先度低於應用程式本身的模板目錄
url_prefix	加於 Blueprint 應用程式所有網址的開頭，與其他應用程式路由區別的路徑
subdomain	將 Blueprint 當作子網域時指定

下面是產生 Blueprint 物件的範例。

```
# 產生 Blueprint 物件
# 未指定 template_folder 和 static_folder 時，
# 無法使用 Blueprint 應用程式的模板和靜態檔案
sample = Blueprint(
    __name__,
    "sample",
    static_folder="static",
    template_folder="templates",
    url_prefix="/sample",
    subdomain="example",
)
```

產生的 Blueprint 物件，如下使用 register_blueprint 函數（表 2.2）登錄。

```
app.register_blueprint(sample, url_prefix="/sample",
subdomain="example")
```

表 2.2　app.register_blueprint 常見的引數

引數	說明
blueprint	登錄的 Blueprint 應用程式，指定 Blueprint 類別的物件
url_prefix	加於 Blueprint 應用程式所有網址的開頭，與其他應用程式路由區別的路徑
subdomain	將 Blueprint 當作子網域時指定

app.register_blueprint 和 Blueprint 類別指定的參數重複時，優先使用 app.register_blueprint 的值。

```
# 傳給 Blueprint 物件（url_prefix 優先採用 sample2）
app.register_blueprint(sample, url_prefix="/sample2")
```

使用 Blueprint 劃分應用程式的粒度

使用 Blueprint 劃分應用程式的粒度沒有限制，可細緻劃分也可粗略劃分，亦可不劃分應用程式。

理想情況是以適合應用程式的粒度劃分，如下考慮功能比較容易決定基準：

- 想要以網址前置詞、子網域劃分嗎？
- 想要以頁面的樣式劃分嗎？

以 Yahoo! 等入口網站（portal site）為例，首頁有各種網站的連結，造訪後會分別跳轉至子網域、樣式迥異的頁面。然而，不同子網域、樣式的頁面有通用的登入功能，可使用相同的登入 ID。

此時，使用 Blueprint 劃分子網域、不同樣式的網站，有助於開發各網站獨自的功能。另一方面，即便以 Blueprint 劃分，仍可使用登入等通用功能。

以多組 Blueprint 使用模板時的注意事項

使用 Blueprint 登錄的應用程式模板時，得於 Blueprint 的建構子指定
`template_folder` 參數。

```
crud = Blueprint("crud", __name__, template_folder="templates")
```

不過，多組 Blueprint 使用同一相對模板路徑時，最先登錄的 Blueprint
模板會優先於其他的 Blueprint 模板，不顯示第 2 個以後的 Blueprint 模
板。若想要避免這個問題的話，得在 templates 目錄和 HTML 檔案之間，插入
Blueprint 登錄的應用程式名稱目錄（圖 2.4）。

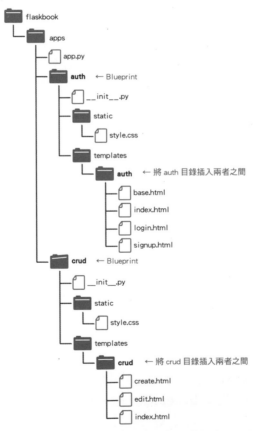

圖 2.4　templates 底下增加完成登錄的應用程式名稱目錄

在 templates 和 HTML 檔案之間，插入應用程式名稱的目錄，讓 Flask 可明確
解釋劃分的路徑。

❷ 修改環境變數 FLASK_APP 的路徑

minimalapp 的 app 位 於 apps/minimalapp/app.py 當 中， 本 章 是 以 apps/app.py 的 create_app 函數製作 CRUD 應用程式，故需要修改 .env 檔案的 FLASK_APP 環境變數值（範例 2.2）。

範例 2.2　修改環境變數 FLASK_APP 的路徑（flaskbook/.env）

```
# FLASK_APP=apps.minimalapp.app.py
FLASK_APP=apps.app:create_app                          修改
FLASK_ENV=development

... 省略 ...
```

產生應用程式的是函數時，程式碼需要寫成「**模組：函數**」。若產生應用程式的函數名稱為 create_app，Flask 會自動呼叫 create_app 函數，不指定函數名稱僅寫成 apps.app.py 也可啟動。

❸ 建立端點

建立 apps/crud/views.py，並於此建立 crud 應用程式的端點（範例 2.3）。

範例 2.3　建立 crud 應用程式的端點（apps/crud/views.py）

```
from flask import Blueprint, render_template              ❶

# 使用 Blueprint 建立 crud 應用程式
crud = Blueprint(
    "crud",
    __name__,
    template_folder="templates",                          ❷
    static_folder="static",
)

# 建立 index 端點並回傳 index.html
@crud.route("/")                                          ❸
def index():
    return render_template("crud/index.html")
```

❶ 匯入 Blueprint 和 render_template。

❷ 使用 Blueprint 產生 crud 應用程式。指定 template_folder 和 static_folder 後，可使用 crud 目錄內部的 templates 和 static。

❸ 建立 index 端點並回傳 index.html。在裝飾器方面，minimalapp 是使用 Flask 類別產生的應用程式 app，而 Blueprint 是使用 Blueprint 類別產生的應用程式 crud。

❹ 建立模板

建立 apps/crud/templates/crud/index.html，編寫範例 2.4 的 HTML 程式碼。

範例 2.4　模板（apps/crud/templates/crud/index.html）

```html
<!DOCTYPE html>
<html lang="ja">
  <head>
    <meta charset="UTF-8" />
    <title>CRUD</title>
  </head>

  <body>
    <p class="crud">CRUD 應用程式 </p>
  </body>
</html>
```

❺ 建立靜態檔案

建立 apps/crud/static/style.css，編寫將 crud 類別轉為斜體的 CSS 程式碼（範例 2.5）。

範例 2.5　CSS 檔案（apps/crud/static/style.css）

```css
.crud {
  font-style: italic;
}
```

❻ 模板加載 CSS

在 apps/crud/templates/crud/index.html，加載剛才完成的 style.
css 檔案（範例 2.6）。

範例 2.6　加載 CSS 檔案（apps/crud/templates/crud/index.html）

```
<!DOCTYPE html>
<html lang="ja">
  <head>
    <meta charset="UTF-8" />
    <link rel="stylesheet" href="{{ url_for('crud.static', filename='style.css') ⤴
}}" />
    <title>CRUD</title>
  </head>

  <body>
    <p class="crud">CRUD 應用程式 </p>
  </body>
</html>
```

url_for 的第 1 個引數值設為 crud.static，變成 crud 應用程式的 static
路徑。

 ❼ 確認運作情況

以 flask run 指令啟動應用程式，確認運作情況。由於應用程式路由沒有端點，
故畫面顯示 Not Found，但訪問 /crud 後會顯示 crud 應用程式。

```
(venv) $ flask run
```

使用瀏覽器訪問下述網址，畫面會顯示 Not Found（圖 2.5）。

http://127.0.0.1:5000/

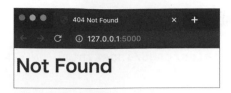

圖 2.5　http://127.0.0.1:5000/ 的執行結果

接著訪問下述網址，會顯示斜體的「CRUD 應用程式」（圖 2.6）。

http://127.0.0.1:5000/crud/

圖 2.6　http://127.0.0.1:5000/crud/ 的執行結果

確認當前的目錄架構（圖 2.7）。

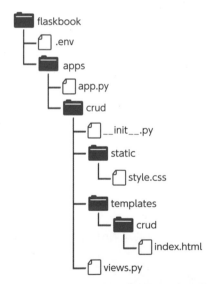

圖 2.7　截自輸出 CRUD 應用程式的目錄架構

接著，以 flask　routes 指令確認路由建置，產生帶有 crud 前置詞的 crud.
index 和 crud.static。

```
(venv) $ flask routes
Endpoint       Methods   Rule
-----------    -------   ----------------------------
crud.index     GET       /crud/
crud.static    GET       /crud/static/<path:filename>
static         GET       /static/<path:filename>
```

※ 在預設情況下，static 端點必定存在。

2.3　設置 SQLAlchemy

SQLAlchemy 是 Python 的 **O/R 對映**（物件關聯對映：Object Relational Mapping），用來轉換資料庫和程式語言間的不相容資料。因此，藉由 SQLAlchemy，即便不編寫 SQL 也可用 python 程式碼操作資料庫[※1]。

安裝擴充功能

那麼，下面來準備操作資料庫吧。

在 Flask 使用 SQLAlchemy 的時候，需要 **flask-sqlalchemy** 擴充功能。SQLAlchemy 是兼具靈活性和強大功能的 O/R 對映技術，也適用於大型應用程式。

然後，同時也安裝遷移資料庫的擴充功能 **flask-migrate**。**遷移（migra-tion）**功能是依照程式碼資訊建立資料庫表格、修改直欄等。按照程式碼資訊發行 SQL，由於 SQL 資訊存於檔案內，故可持續修改資料庫或者撤回（rollback）修改前的狀態。

使用 `pip install` 安裝 2 個擴充功能[※2]。

```
(venv) $ pip install flask-sqlalchemy
(venv) $ pip install flask-migrate
```

※1　一般來說，程式必須使用 SQL 語言才可存取資料庫的資料，而 O/R 對映（SQLAlchemy）能夠直接將 Python 程式碼轉成 SQL。

※2　範例程式碼採用的是 SQLAlchemy 1.3 版本，1.4 版本增加了 Querying（2.0 style）功能。
　　　https://docs.sqlalchemy.org/en/14/orm/session_basics.html#querying-2-0-style

flask-sqlalchemy 與 flask-migrate 的使用準備

安裝擴充功能後，設置 flask-sqlalchemy 和 flask-migrate。本書採用不需要資料庫伺服器的 SQLite[※3]。

在 apps/app.py，如範例 2.7 增加程式碼。

範例 2.7　設置 flask-sqlalchemy 與 flask-migrate（apps/app.py）

```python
from pathlib import Path                              ❶ 增加
from flask import Flask
from flask_migrate import Migrate                     ❷ 增加
from flask_sqlalchemy import SQLAlchemy               ❸ 增加


# 建立 SQLAlchemy 的實體
db = SQLAlchemy()                                     ❹ 增加


def create_app():
    app = Flask(__name__)
    # 設定應用程式的組態                                ❺ 增加
    app.config.from_mapping(
        SECRET_KEY="2AZSMss3p5QPbcY2hBsJ",
        SQLALCHEMY_DATABASE_URI=
          f"sqlite:///{Path(__file__).parent.parent / 'local.sqlite'}",
        SQLALCHEMY_TRACK_MODIFICATIONS=False
    )


    # 連結 SQLAlchemy 和應用程式
    db.init_app(app)                                  ❻ 增加
    # 連結 Migrate 和應用程式
    Migrate(app, db)                                  ❼ 增加

    ... 省略 ...
```

❶ 匯入 Path。

❷ 匯入 Migrate 類別。

❸ 匯入 SQLAlchemy 類別。

※3　輕量精簡的開源資料庫（https://sqlite.org），不直接當作伺服器，而是嵌入應用程式來利用（不需要伺服器，且可於本地電腦將資料存成檔案）。

❹ 建立 SQLAlchemy 的實體。

❺ 在應用程式的組態設定，將 SQLite 設定成使用 SQLalchemy：
SQLALCHEMY_DATABASE_URI 指定輸出 SQLite 資料庫的路徑；
SQLALCHEMY_TRACK_MODIFICATIONS 設定為 False，以防彈出警告。

❻ 連結 SQLAlchemy 和應用程式。

❼ 連結 Migrate 和應用程式。

這樣就完成設置 flask-sqlalchemy 和 flask-migrate。

flask-sqlalchemy 支援多種資料庫；SQLALCHEMY_DATABASE_URI 可指定
其他的資料來源（URI），修改資料庫（表 2.3）。

表 2.3　SQLALCHEMY_DATABASE_URI 常見的資料來源

資料庫	URI
MySQL	mysql://username:password@hostname/database
PostgreSQL	postgresql://username:password@hostname/database
SQLite （Linux, macOS）	sqlite:////absolute/path/to/database
SQLite （Windows）	sqlite:///c:/absolute/path/to/database

2.4　操作資料庫

SQLAlchemy 定義模型（資料結構）後，遷移並建立表格。

定義模型

在 crud 套件（目錄）建立 models.py 來定義模型（範例 2.8）。藉由定義
User 模型並遷移，於資料庫完成 users 表格。

範例 2.8　**定義模型**（apps/crud/models.py）

```
from datetime import datetime

from apps.app import db                                              ❶
from werkzeug.security import generate_password_hash                 ❷

# 建立繼承 db.Model 的 User 類別
class User(db.Model):                                                ❸
    # 指定表格名稱
    __tablename__ = "users"                                          ❹
    # 定義直欄內容
    id = db.Column(db.Integer, primary_key=True)
    username = db.Column(db.String, index=True)
    email = db.Column(db.String, unique=True, index=True)
    password_hash = db.Column(db.String)                             ❺
    created_at = db.Column(db.DateTime, default=datetime.now)
    updated_at = db.Column(
        db.DateTime, default=datetime.now, onupdate=datetime.now
    )

    # 設置密碼的屬性
    @property
    def password(self):                                              ❻
        raise AttributeError(" 無法加載 ")

    # 藉由設置密碼的 setter 函數，設定經過雜湊處理的密碼
```

```
        @password.setter
        def password(self, password):
            self.password_hash = generate_password_hash(password)
```
⑦

❶ 由 apps.app 匯入 db。

❷ 由 werkzeug.security[※4] 匯入進行雜湊處理的 generate_password_hash 函數。

❸ 定義繼承 db.Model 的 User 類別。

❹ 在 __tablename__ 指定表格名稱。

❺ 定義直欄（Column）內容（表 2.4、表 2.5）。

❻ 建立設置密碼的屬性。

❼ 以 password 的 setter 函數進行雜湊處理，設置 password_hash 的值。

表 2.4　模型常見的直欄內容

SQLAlchemy 直欄內容	資料庫直欄	說明
Boolean	TINYINT	最小值 -128、最大值 127 的整數（帶有正負號）
SmallInteger	TINYINT	最小值 -32768、最大值 32767 的整數（帶有正負號）
Integer	INT	最小值 -2147483648、最大值 2147483647 的整數（帶有正負號）
BigInteger	BIGINT	最小值 -9223372036854775808、最大值 9223372036854775807 的整數（帶有正負號）
Float	FLOAT	浮點小數
Numeric	DECIMAL	十進位
String	VARCHAR	字串
Text	TEXT	純文字
Date	DATE	日期
Time	TIME	時間
DateTime	DATETIME	日期與時間
TimeStamp	TIMESTAMP	日期與時間（日期不可為 00）

表 2.5　直欄常見的選項定義

SQLAlchemy 選項	說明
primary_key	主鍵
unique	唯一鍵
index	索引
nullable	允許空值（NULL）
default	設定預設值

[※4]　Werkzeug 是 WSGI 工具組（https://werkzeug.palletsprojects.com/en/2.0.x/）。Flask 是 Werkzeug 軟體，故可使用 Werkzeug 的功能。

建立模型後,在 apps/crud/__init__.py 匯入 models.py(範例 2.9)。

範例 2.9　宣告模型(apps/crud/__init__.py)

```
import apps.crud.models
```

 ## 資料庫的初始化與遷移

宣告模型後,初始化模型並建立遷移檔案。遷移檔案好比資料庫的設計圖,執行後資料庫會套用裡頭編寫的內容。

flask db init 指令

flask db init 指令可初始化資料庫。執行該指令後,flaskbook 底下會產生 **migrations** 目錄。

```
(venv) $ flask db init
Creating directory /path/to/migrations ...  done
Creating directory /path/to/migrations/versions ...  done
Generating /path/to/migrations/script.py.mako ...  done
Generating /path/to/migrations/env.py ...  done
Generating /path/to/migrations/README ...  done
Generating /path/to/migrations/alembic.ini ...  done
Please edit configuration/connection/logging settings in '/path/to/⏎
migrations/alembic.ini' before proceeding.
```

Column | 如何修改 migrations 目錄的位置?

修改 migrations 目錄的位置時,使用 -d 選項指定目錄。例如,若欲將 migrations 目錄配置於 apps 底下,可如下編寫程式碼。

不過,需要注意的是,後續執行的 migrate 指令,同樣也得指定 -d 選項。

```
(venv) $ flask db init -d apps/migrations
```

flask db migrate 指令

使用 **flask db migrate** 指令，產生資料庫的遷移檔案。執行該指令後，會根據模型的定義內容，在 migrations/versions 底下建立 Python 檔案，產生資料庫套用前的資料。

```
(venv) $ flask db migrate
INFO  [alembic.runtime.migration] Context impl SQLiteImpl.
INFO  [alembic.runtime.migration] Will assume non-transactional DDL.
INFO  [alembic.autogenerate.compare] Detected added table 'users'
INFO  [alembic.autogenerate.compare] Detected added index 'ix_users_⤶
email' on '['email']'
INFO  [alembic.autogenerate.compare] Detected added index 'ix_users_⤶
username' on '['username']'
  Generating /path/to/migrations/versions/8b19e01294fb_.py ...  done
```

flask db upgrade 指令

使用 **flask db upgrade** 指令，將遷移資料實際套用至資料庫。執行該指令後，會產生 users 表格。

```
(venv) $ flask db upgrade
INFO  [alembic.runtime.migration] Context impl SQLiteImpl.
INFO  [alembic.runtime.migration] Will assume non-transactional DDL.
INFO  [alembic.runtime.migration] Running upgrade  -> 8b19e01294fb, ⤶
empty message
```

使用 **flask db downgrade** 指令，將已遷移的資料庫還原成先前的狀態。

```
(venv) $ flask db downgrade
INFO  [alembic.runtime.migration] Context impl SQLiteImpl.
INFO  [alembic.runtime.migration] Will assume non-transactional DDL.
INFO  [alembic.runtime.migration] Running downgrade 80729e56975f -> , ⤶
empty message
```

使用 VSCode 確認資料庫內容

使用 VSCode 確認資料庫的內容。點擊 VSCode 的擴充功能圖示囧，在搜尋欄位輸入「`sqlite`」並安裝擴充套件（圖 2.8）。對完成的資料庫檔案 `local.sqlite` 點擊右鍵，選擇 [Open Database] 後，可於左下角顯示的「SQLITE EXPLORER」確認資料庫的內容（圖 2.9）。

圖 2.8　安裝 sqlite 擴充套件

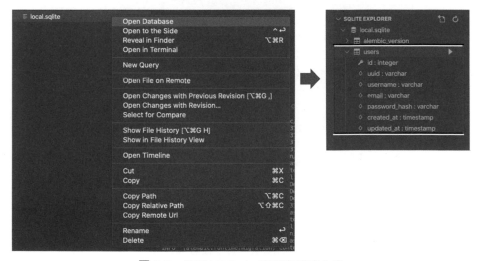

圖 2.9　使用 VSCode 確認資料庫內容

SQLAlchemy 基本的資料操作

在實作 CRUD 功能之前，先來解說 SQLAlchemy 的基本用法。

輸出 SQL 日誌

在 使用 SQLAlchemy 之前，先於 apps/app.py 的 組 態 設 定 SQLALCHEMY_ECHO = True，以便在控制台日誌確認已執行的 SQL（範例 2.10）。

範例 2.10　設定在控制台日誌輸出 SQL（apps/app.py）

```
... 省略 ...

def create_app():
    app = Flask(__name__)
    # 設定應用程式的組態
    app.config.from_mapping(
        SECRET_KEY="2AZSMss3p5QPbcY2hBsJ",
        SQLALCHEMY_DATABASE_URI="sqlite:////" +
        str(Path(Path(__file__).parent.parent, "local.sqlite")),
        SQLALCHEMY_TRACK_MODIFICATIONS=False,
        # 設定在控制台日誌輸出 SQL
        SQLALCHEMY_ECHO=True ──────────────────────── 增加
    )

... 省略 ...
```

query filter 與 executer

藉由 SQLAlchemy 執行 SQL 的時候，可粗略分成使用 query filter 和使用 executer 兩種情況（範例 2.11）。

- query filter ➡ 主要用於篩選、排序搜尋條件（表 2.6）
- executer ➡ 用於取得 SQL 的執行結果（表 2.7）

範例 2.11　使用 query filter 與 executer 執行 SQL 的範例

```
User.query
  .filter_by(id=2, username="admin")    # query filter
  .all()                                # executer
```

表 2.6　SQLAlchemy 常見的 query filter

函數	說明
`filter()`	指定複雜的條件
`filter_by()`	WHERE 述句。指定記錄的取得條件
`limit()`	LIMIT 述句。指定記錄取得件數的上限
`offset()`	OFFSET 述句。指定記錄取得行數的起始位置
`order_by()`	ORDER BY 述句。指定記錄的排序
`group_by()`	GROUP BT 述句。指定記錄的群組劃分

表 2.7　SQLAlchemy 常見的 executer

方法	說明
`all()`	取得全部記錄
`first()`	取得 1 件記錄
`first_or_404()`	取得 1 件記錄，若無則回傳 404 錯誤
`get()`	指定主鍵來取得記錄
`get_or_404()`	指定主鍵（主碼）來取得記錄，若無則回傳 404 錯誤
`count()`	取得記錄總數
`paginate()`	開啟分頁取得記錄

※ `~_or_404` 是 Flask-SQLAlchemy 特有的方法。

使用 executer 進行 SELECT

執行 SQL 的時候，需要使用 session（`session.query`）[※5]。

取得全部記錄

使用 `all()` 可取得全部的紀錄。

在 apps/crud/views.py 增加 sql 端點來確認（範例 2.12）。

範例 2.12　增加 sql 端點（apps/crud/views.py）

```python
# 匯入 db
from apps.app import db
# 匯入 User 類別
from apps.crud.models import User

... 省略 ...

@crud.route("/sql")
def sql():
    db.session.query(User).all()
    return "請確認控制台日誌"
```

※5　SQLAlchemy 1.4 版本預計捨棄（不建議）使用 session（`session.query`），並增加新的記述方式。不過，即便正式確定捨棄，仍可沿用該方法。
https://docs.sqlalchemy.org/en/14/orm/tutorial.html

使用瀏覽器訪問下述網址，在控制台日誌確認實際執行 SQL。

http://127.0.0.1:5000/crud/sql

執行 SQL

```
INFO sqlalchemy.engine.base.Engine SELECT users.id AS users_id, ↵
/...省略.../ FROM users
```

模型物件
類似 `session.query` 的功能，還有使用模型物件（`MyModel.query`）的方法。
使用時如下編寫程式碼：
`User.query.all()`
得到的結果與 `db.session.query(User).all()` 相同。

取得 1 件記錄

使用 `first()` 可僅取得 1 件記錄。若使用 `first_or_404`，結果為 0 件時會回傳 404 錯誤。

取得 1 件記錄

```
db.session.query(User).first()
```

執行 SQL

```
INFO sqlalchemy.engine.base.Engine SELECT users.id AS users_id, ↵
/...省略.../ FROM users LIMIT ? OFFSET ?
INFO sqlalchemy.engine.base.Engine (1, 0)
```

「`LIMIT ? OFFSET ?`」的「`?`」對應下一行的 (`1, 0`)，此例變成 `LIMIT 1 OFFSET 0`。其他的 SQL 也是同樣的原理。

指定 **primary key** 編號來取得記錄

get() 可指定 primary key 編號來取得記錄。若使用 get_or_404()，結果為 0 件時會回傳 404 錯誤。

取得 primary key 為 2 的記錄

```
db.session.query(User).get(2)
```

執行 SQL

```
INFO sqlalchemy.engine.base.Engine SELECT users.id AS users_id, ↵
/...省略.../ FROM users WHERE users.id = ?
INFO sqlalchemy.engine.base.Engine (2,)
```

取得記錄總數

使用 count() 可取得總件數（表格的記錄總數）。

取得記錄總數

```
db.session.query(User).count()
```

執行 SQL

```
INFO sqlalchemy.engine.base.Engine SELECT count(*) AS count_1 FROM ↵
(SELECT users.id AS users_id, /...省略.../ FROM users) AS anon_1
```

取得分頁物件

分頁（**pagination**）是指，指定單一頁面顯示的件數，分割成多個頁面。

經常用於顯示多件數列表的時候，藉由 paginate()，簡單取得單頁所需的記錄。

如下設定 paginate 的引數：

```
paginate(page=None, per_page=None, error_out=True, max_per_page=None)
```

例如，單頁顯示 10 件記錄時，下述程式碼會顯示第 2 分頁的內容。

單頁顯示 10 件時，顯示第 2 分頁的內容

```
db.session.query(User).paginate(2, 10, False)
```

執行 SQL

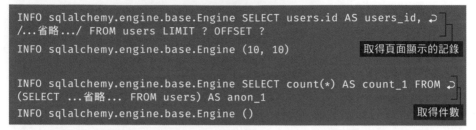

使用 query filter 進行 SELECT

接著，使用 query filter 進行 SELECT。

WHERE 述句（**filter_by**）

使用 WHERE 述句時，程式碼編寫 filter() 或者 filter_by()。若編寫 filter_by() 的話，引數得指定成「**直欄名稱＝值**」。

取得 id 為 2、username 為 admin 的記錄

```
db.session.query(User).filter_by(id=2, username="admin").all()
```

執行 SQL

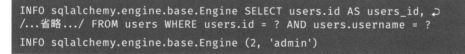

WHERE 述句（**filter**）

若編寫 filter 的話，引數得指定成「**模型名稱 . 屬性 == 值**」。提交多個引數時，形成 AND 條件組合。

取得 id 為 2、username 為 admin 的記錄

```
db.session.query(User).filter(User.id==2, User.username=="admin").all()
```

執行 SQL

```
INFO sqlalchemy.engine.base.Engine SELECT users.id AS users_id, ⤶
/...省略.../ FROM users WHERE users.id = ? AND users.username = ?
INFO sqlalchemy.engine.base.Engine (2, 'admin')
```

LIMIT 述句

使用 LIMIT 述句時，程式碼編寫 limit(數值)。

指定取得的記錄件數為 1 件

```
db.session.query(User).limit(1).all()
```

執行 SQL

```
INFO sqlalchemy.engine.base.Engine SELECT users.id AS users_id, ⤶
/...省略.../ FROM users LIMIT ? OFFSET ?
INFO sqlalchemy.engine.base.Engine (1, 0)
```

OFFSET 述句

使用 OFFSET 述句時，程式碼編寫 offset(數值)。

由第 3 件記錄取得 1 件記錄

```
db.session.query(User).limit(1).offset(2).all()
```

執行 SQL

```
INFO sqlalchemy.engine.base.Engine SELECT users.id AS users_id, ⤶
/...省略.../ FROM users LIMIT ? OFFSET ?
INFO sqlalchemy.engine.base.Engine (1, 2)
```

ORDER BY 述句

使用 ORDER BY 述句時，程式碼編寫 order_by(" 直欄名稱 ")。

排序 username

```
db.session.query(User).order_by("username").all()
```

執行 SQL

```
INFO sqlalchemy.engine.base.Engine SELECT users.id AS users_id, ↵
/...省略.../ FROM users ORDER BY users.username
INFO sqlalchemy.engine.base.Engine ()
```

GROUP BY 述句

使用 GROUP BY 述句時，程式碼編寫 group_by(" 直欄名稱 ")。

建立 username 的群組

```
db.session.query(User).group_by("username").all()
```

執行 SQL

```
INFO sqlalchemy.engine.base.Engine SELECT users.id AS users_id, ↵
/...省略.../ FROM users GROUP BY users.username
INFO sqlalchemy.engine.base.Engine ()
```

進行 INSERT

進行 INSERT 的時候，會如下建立使用者模型物件，增加至資料庫 Session，提交後套用變更。需要注意的是，若未提交則不會套用變更。

INSERT

```
# 建立使用者模型物件
user = User(
    username=" 使用者名稱 ",
    email="flaskbook@example.com",
    password=" 密碼 "
)
# 增加使用者
db.session.add(user)
# 進行提交
db.session.commit()
```

執行 SQL

```
INFO sqlalchemy.engine.base.Engine INSERT INTO users (username, ↵
email, password_hash, created_at, updated_at) VALUES (?, ?, ?, ?, ?)
```

```
INFO sqlalchemy.engine.base.Engine ('使用者名稱', 'flaskbook@example.↩
com', 'pbkdf2:sha256:150000$7YSsK2wD$7cfeef32c6602f299388d86cff1219↩
630ca45bb1745e91cab41f6e0f714f1f45', None, None)
```

進行 UPDATE

進行 UPDATE 時，會如下搜尋模型來取得物件，修改值後提交。

UPDATE

```
user = db.session.query(User).filter_by(id=1).first()
user.username = " 使用者名稱 2"
user.email = "flaskbook2@example.com"
user.password = " 密碼 2"
db.session.add(user)
db.session.commit()
```

執行 SQL

```
INFO sqlalchemy.engine.base.Engine UPDATE users SET username=?,
email=?, password_hash=? WHERE users.id = ?

sqlalchemy.engine.base.Engine ('使用者名稱2', 'flaskbook2@example.↩
com', 'pbkdf2:sha256:150000$4KcNaXDf$6bcdc2e06c23cd96a119e09412c↩
cc6ff9b1021e569803734fe22adfbb2f83516', 1)
```

進行 DELETE

進行 DELETE 時，會如下搜尋模型來取得物件，刪除值後提交。

UPDATE

```
user = db.session.query(User).filter_by(id=1).delete()
db.session.commit()
```

執行 SQL

```
INFO sqlalchemy.engine.base.Engine DELETE FROM users WHERE users.id = ?
INFO sqlalchemy.engine.base.Engine (1,)
```

2.5 建立使用資料庫的 CRUD 應用程式

前面解説了 SQLAlchemy 常見的 SQL 操作，接著實際建立使用資料庫的 CRUD 應用程式，以下述路由架構實作 CRUD（Create/Read/Update/Delete）功能。

```
(venv) $ flask routes
Endpoint            Methods      Rule
----------------    ---------    -------------------------------
crud.create_user    GET, POST    /crud/users/new
crud.delete_user    POST         /crud/users/<user_uuid>/delete
crud.edit_user      GET, POST    /crud/users/<user_uuid>
crud.users          GET          /crud/users
```

 使用表單的擴充功能

後面會使用表單的擴充功能 Flask-WTF（`flask-wtf`）。`flask-wtf` 是 Flask 擴充套件，用來建立具有驗證、防範 CSRF 等功能的表單[6]。`flask-wtf` 擁有下述優點：

- 可簡易編寫 HTML 程式碼
- 可簡單完成表單的驗證檢測
- 可簡單完成防範 CSRF

安裝 `flask-wtf`。

```
(venv) $ pip install flask-wtf
```

---

[6]　關於 CSRF 的細節，請參閱 p.56 的「何謂 CSRF?」

在 `apps/app.py` 的組態增加防範 CSRF 的程式碼（範例 2.13）。

範例 2.13　增加防範 CSRF 的程式碼（apps/app.py）

```
... 省略 ...
from flask_wtf.csrf import CSRFProtect ─────────────── ❶ 增加


... 省略 ...
csrf = CSRFProtect() ──────────────────────────────── ❷ 增加


def create_app():
    app = Flask(__name__)
    app.config.from_mapping(
        ... 省略 ...
        WTF_CSRF_SECRET_KEY="AuwzyszU5sugKN7KZs6f", ─── ❹ 增加
    )

    csrf.init_app(app) ────────────────────────────── ❸ 增加

    ... 省略 ...
```

❶ 匯入 CSRFProtect 類別。

❷ 建立 CSRFProtect 類別的實體。

❸ 使用 `csrf.init_app` 函數連結應用程式。

❹ WTF_CSRF_SECRET_KEY 設定隨機值。

🏠 新增使用者

依照下述步驟，建立新增使用者的表單頁面：

- 建立新增、修改使用者的表單類別
- 建立新增使用者頁面的端點
- 建立新增頁面的模板
- 確認運作情況

建立新增、修改使用者的表單類別

藉由 `flask-wtf`，以類別指定表單值、驗證器（資料驗證）。以類別指定可簡化 HTML 程式碼，也容易預防漏掉驗證檢測。

製作 apps/crud/form.py，再建立新增、修改使用者的表單類別（範例 2.14）。

範例 2.14　建立新增、修改使用者的表單類別（apps/crud/forms.py）

```
from flask_wtf import FlaskForm ──────────────────────────①
from wtforms import PasswordField, StringField, SubmitField ──②
from wtforms.validators import DataRequired, Email, length ──③


# 新增使用者和編輯使用者的表單類別
class UserForm(FlaskForm): ──────────────────────────④
    # 設定使用者表單中 username 屬性的標籤和驗證器
    username = StringField(
        "使用者名稱",
        validators=[
            DataRequired(message="必須填寫使用者名稱。"),
            length(max=30, message="請勿輸入超過 30 個字元。"),
        ],
    )
    # 設定使用者表單中 email 屬性的標籤和驗證器
    email = StringField(
        "郵件位址",
        validators=[
            DataRequired(message="必須填寫郵件位址。"),
            Email(message="請依照電子郵件的格式輸入。"),
        ],
    )
    # 設定使用者表單中 password 屬性的標籤和驗證器
    password = PasswordField(
        "密碼",
        validators=[DataRequired(message="必須填寫密碼。")]
    )
    # 設定使用者表單中 submit 的內容
    submit = SubmitField("提交表單") ────────────────────⑧
```

❶ 由 flask_wtf 匯入 FlaskForm 類別。

❷ WTForms（wtforms）是以表單類別處理表單資料的程式庫。由 wtforms 匯入 PasswordField、StringField、SubmitField 等構成瀏覽器表單的組件（表 2.8）。

❸ 由 wtforms.validators 匯入 DataRequired、Email、length（表 2.9），用來檢測必要項目、郵件位址格式、字串長度。

❹ 繼承 FlaskForm，並建立新增使用者和編輯使用者的表單類別。

❺ 設定使用者表單中 username 屬性的標籤和驗證器。表單的使用者名稱設定為必填項目，並且不可超過 30 個字元。

❻ 設定使用者表單中 email 屬性的標籤和驗證器。表單的郵件位址設定為必填項目，並且檢測是否為郵件格式。然後，使用 Email 驗證器時，得事先安裝 email_validator 擴充套件。

❼ 設定使用者表單中 password 屬性的標籤和驗證器。表單的密碼設定為必填項目。

❽ 設定使用者表單中 submit 的詞句內容。

表 2.8 WTForms 常見的 HTML 欄位

欄位	說明
StringField	字串欄位
PasswordField	密碼欄位
RadioField	選項按鈕（Radio Buttons）欄位
SelectField	選擇欄位
SelectMultipleField	可複選的選擇欄位
TextAreaField	文字區域欄位
FileField	檔案欄位
DateField	日期欄位
DateTimeField	日期時間欄位
DecimalField	十進位欄位
HiddenField	隱藏欄位
FloatField	小數點欄位
IntegerField	數值欄位
FormField	表單欄位
SubmitField	提交欄位

表 2.9 WTForms 的驗證器

驗證器	說明
DataRequired	必須填寫
InputRequired	必須填寫（輸入前顯示）
Email	郵件位址
length	長度
NumberRange	數值範圍
Regexp	正規表示式
URL	URL 格式
UUID	UUID 格式
IPAddress	IP 位址
MacAddress	MAC 位址

自行製作驗證器的方法

若 wtforms 驗證器無法實踐檢測，也可選擇自行動手製作。自製驗證器的時候，得遵守下述兩點：

- 以「validate_ + 欄位名稱」定義方法名稱
- 發生錯誤時觸發 raise ValidationError

在自製的驗證器如下編寫程式碼，將表單的使用者名稱設為必填項目：

```python
# 匯入 ValidationError
from wtforms import StringField, ValidationError


class UserForm(FlaskForm):
    username = StringField(" 使用者名稱 ")

    ... 省略 ...

    # 以「validate_ + 欄位名稱」定義
    def validate_username(self, username):
        if not username.data:
            # 發生錯誤時觸發 raise ValidationError
            raise ValidationError(" 必須填寫使用者名稱。")
```

建立新增使用者頁面的端點

在 apps.crud/views.py 建立 create_user 端點（範例 2.15）。

範例 2.15　建立 create_user 端點（apps/crud/views.py）

```python
from apps.crud.forms import UserForm                    ❷ 增加
... 省略 ...
from flask import Blueprint, render_template, redirect, url_for
                                                        ❶ 修改
... 省略 ...


@crud.route("/users/new", methods=["GET", "POST"])      增加
def create_user():
```

```
    # 建立 UserForm 的實體
    form = UserForm()                                           ③
    # 驗證表單值
    if form.validate_on_submit():                               ④
        # 建立使用者
        user = User(
            username=form.username.data,
            email=form.email.data,                              ⑤
            password=form.password.data,                            增加
        )
        # 增加並提交使用者
        db.session.add(user)
        db.session.commit()                                     ⑥
        # 重新導向使用者列表頁面
        return redirect(url_for("crud.users"))                  ⑦
    return render_template("crud/create.html", form=form)
```

❶ 增加匯入 redirect 和 url_for。

❷ 匯入 UserForm 類別。

❸ 建立 UserForm 類別的實體。

❹ 由表單發送時，驗證表單值。

❺ 傳送表單值，建立使用者物件。

❻ 增加並提交使用者。

❼ 重新導向使用者列表頁面。

需要注意的是，以 Blueprint 劃分應用程式來使用模板時，render_ template 指定的 HTML 值會變成 crud/create.html。為了不與其他應用程式的路徑重複，得在 templates 目錄下建立應用程式名稱（這裡為 crud）的目錄。

建立新增頁面的模板

在 apps/crud/templates/crud 目錄下建立 create.html，並增加新增使用者的表單（範例 2.16）。

範例 2.16　新增頁面的模板（apps/crud/templates/crud/create.html）

```html
<!DOCTYPE html>
<html lang="ja">
  <head>
    <meta charset="UTF-8" />
    <title> 新增使用者 </title>
  </head>

  <body>
    <h2> 新增使用者 </h2>
    <form ─────────────────────────────────────── ❷
      action="{{ url_for('crud.create_user') }}"
      method="POST"
      novalidate="novalidate"
    >
      {{ form.csrf_token }} ───────────────────── ❶
      <p>
        {{ form.username.label }} {{ form.username(placeholder=" 使用者名稱 ") }}
      </p>
      {% for error in form.username.errors %}
      <span style="color: red;">{{ error }}</span>      ❸
      {% endfor %}
      <p>
        {{ form.email.label }} {{ form.email(placeholder=" 郵件位址 ") }}
      </p>
      {% for error in form.email.errors %}
      <span style="color: red;">{{ error }}</span>      ❸
      {% endfor %}
      <p>
        {{ form.password.label }} {{ form.password(placeholder=" 密碼 ") }}
      </p>
      {% for error in form.password.errors %}
      <span style="color: red;">{{ error }}</span>      ❸
      {% endfor %}
      <p>{{ form.submit() }}</p>
    </form>
  </body>
</html>
```

❶ 指定 `{{ form.csrf_token }}` 或者 `{{ form.hidden() }}`，自動建立 `csrf_token`。

❷ 以 form 類別建立 input 頁籤。

❸ 在「`form.[ 欄位名稱 ].errors`」設定驗證錯誤，寫成迴圈來顯示。

確認運作情況

使用瀏覽器訪問下述網址（圖 2.10）：

http://127.0.0.1:5000/crud/users/new

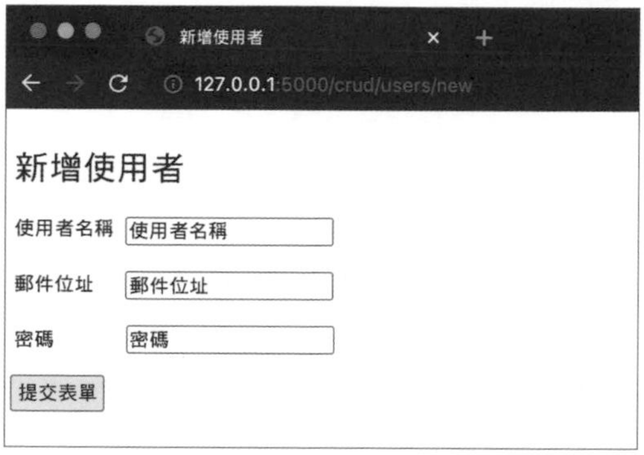

圖 2.10　新增頁面（初期畫面）

未輸入內容直接點擊【提交表單】按鈕，會顯示驗證錯誤（圖 2.11）。

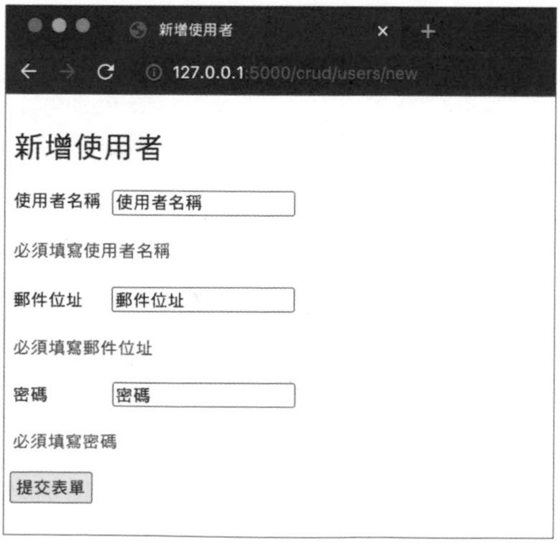

圖 2.11　顯示驗證錯誤

表單輸入值後，點擊【提交表單】按鈕（圖 2.12）。

圖 2.12　在表單輸入值

使用 VSCode 確認資料庫

使用 VSCode 確認資料庫，查看 users 表格是否插入（insert）記錄（圖 2.13）。

圖 2.13　users 表格的記錄

然而，由於沒有使用者列表頁面的 crud.users 端點，頁面仍舊顯示錯誤訊息（圖 2.14）。

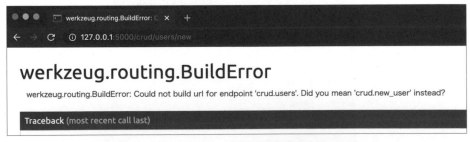

圖 2.14　沒有 crud.users 端點的錯誤訊息

雖然上述操作可於 users 表格製作記錄，但尚未建立使用者的列表頁面，因而顯示錯誤訊息。

另外，若表單未加入 CSRF token{{ form.csrf_token }} 標記，直接新增使用者的話，會如圖 2.15 顯示錯誤訊息。

Bad Request

The CSRF token is missing.

圖 2.15　遺失 CSRF token 的錯誤訊息

 顯示使用者列表

依照下述步驟，建立使用者的列表頁面：

- 建立使用者列表頁面的端點
- 建立使用者列表頁面的模板
- 修改樣式表
- 確認運作情況

建立使用者列表頁面的端點

在 apps/crud/views.py 建立 users 端點（範例 2.17）。

範例 2.17　建立 users 端點（apps/crud/views.py）

```
... 省略 ...

@crud.route("/users")
def users():
    """ 取得使用者列表 """
    users = User.query.all()
    return render_template("crud/index.html", users=users)
```

由使用者表格取得全數記錄，並傳給模板。

建立使用者列表頁面的模板

修改已經完成的 apps/crud/templates/crud/index.html（範例 2.18）。

範例 2.18　使用者列表頁面的模板（apps/crud/templates/crud/index.html）

```html
<!DOCTYPE html>
<html lang="ja">
  <head>
    <meta charset="UTF-8" />
    <title> 使用者列表 </title>
    <link
      rel="stylesheet"
      href="{{ url_for('crud.static', filename='style.css') }}"    ❶
    />
  </head>

  <body>
    <h2> 使用者列表 </h2>

    <a href="{{ url_for('crud.create_user') }}" 新增使用者 </a>    ❷

    <table>
      <tr>
        <th> 使用者 ID</th>
        <th> 使用者名稱 </th>
        <th> 郵件位址 </th>
      </tr>
      {% for user in users %}
      <tr>
        <td>{{ user.id }}</td>
        <td>{{ user.username }}</td>    ❸
        <td>{{ user.email }}</td>
      </tr>
      {% endfor %}
    </table>
  </body>
</html>
```

修改

❶ 使用 url_for("crud.static", filename="style.css") 加載 crud
應用程式的樣式表，以便 table 套用樣式。

❷ 使用 url_for("crud.create_user") 建立導向新增使用者頁面的連結。

❸ 使用 {% for %} 迴圈輸出使用者列表。

修改樣式表

修改已完成的 apps/crud/static/style.css，讓表格更容易閱覽（範例 2.19）。

範例 2.19　樣式表（apps/crud/static/style.css）

```css
table {
    /* 鄰接的界線重疊成 1 條 */
    border-collapse: collapse;
}

table,
th,
td {
    /* 設定為 1px 的實線，並且調整顏色 */
    border: 1px solid #c0c0c0;
}
```

修改

確認運作情況

使用瀏覽器訪問下述網址，會顯示剛才登錄的使用者資訊（圖 2.16）。

http://127.0.0.1:5000/crud/users

圖 2.16　顯示已登錄的使用者資料

🏠 編輯使用者

依照下述步驟，建立編輯使用者頁面：

- 建立編輯使用者頁面的端點
- 建立編輯使用者頁面的模板
- 確認運作情況

建立編輯使用者頁面的端點

在 apps/crud/views.py 建立 edit_user 端點（範例 2.20）。

範例 2.20　建立 edit_user 端點（apps/crud/views.py）

```
... 省略 ...

# 方法指定 GET 和 POST
@crud.route("/users/<user_id>", methods=["GET", "POST"])        ❶
def edit_user(user_id):
    form = UserForm()

    # 使用 User 模型取得使用者
    user = User.query.filter_by(id=user_id).first()             ❷

    # 發送表單後，修改內容並重新導向使用者列表頁面
    if form.validate_on_submit():
        user.username = form.username.data
        user.email = form.email.data
        user.password = form.password.data                       ❸
        db.session.add(user)
        db.session.commit()
        return redirect(url_for("crud.users"))

    # 請求方法為 GET 時，回傳 HTML 檔案
    return render_template("crud/edit.html", user=user, form=form)  ❹
```

❶ 受理 GET 時顯示編輯頁面、受理 POST 時執行編輯，故方法指定 ["GET", "POST"]。

❷ 使用 User 模型取得使用者。

❸ 發送表單後，修改內容並重新導向使用者列表頁面。

❹ 請求方法為 GET 時，回傳 HTML 檔案。

建立編輯使用者頁面的模板

在 apps/crud/templates/crud 目錄下建立 edit.html，並增加編輯使用者表單頁面（範例 2.21）。

範例 2.21 編輯使用者頁面的模板（apps/crud/templates/crud/edit.html）

```html
<!DOCTYPE html>
<html lang="ja">
  <head>
    <meta charset="UTF-8" />
    <title>編輯使用者</title>
    <link
      rel="stylesheet"
      href="{{ url_for('crud.static', filename='style.css' ) }}"
    />
  </head>


  <body>
    <h2>編輯使用者</h2>

    <form
      action="{{ url_for('crud.edit_user', user_id=user.id) }}"
      method="POST"
      novalidate="novalidate"
    >
    {{ form.csrf_token }}
    <p>
      {{ form.username.label }} {{ form.username(placeholder="使用者名稱",
      value=user.username) }}
    </p>
    {% for error in form.username.errors %}
    <span style="color: red;">{{ error }}</span>
    {% endfor %}
    <p>
      {{ form.email.label }} {{ form.email(placeholder="郵件位址",
      value=user.email) }}
    </p>
    {% for error in form.email.errors %}
    <span style="color: red;">{{ error }}</span>
    {% endfor %}
    <p>
```

```
    {{ form.password.label }} {{ form.password(placeholder=" 密碼 ") }}
    </p>
    {% for error in form.password.errors %}
    <span style="color: red;">{{ error }}</span>
    {% endfor %}
    <p><input type="submit" value=" 修改 " /></p>
  </form>
 </body>
</html>
```

將使用者 ID 直欄修改為 a 標記，以便增加導向編輯使用者頁面的連結（範例 2.22）。

範例 2.22　在編輯使用者頁面增加連結（apps/crud/templates/crud/index.html）

```
    ... 省略 ...
    {% for user in users %}
    <tr>
      <!-- 以 a 標記增加連結 -->
      <td>
      <a href="{{ url_for('crud.edit_user', user_id=user.id) }}">{{ user.id }}</a>    修改
      </td>
      <td>{{ user.username }}</td>
      <td>{{ user.email }}</td>
    </tr>
    {% endfor %}
    ... 省略 ...
```

確認運作情況

使用瀏覽器訪問下述網址，點擊已轉成連結的使用者 UUID（圖 2.17）。

http://127.0.0.1:5000/crud/users

圖 2.17　點擊使用者 UUID 的連結

跳轉編輯使用者頁面後，修改內容並點擊【修改】按鈕（圖 2.18）。此時，需要再次輸入密碼項目。定義模型時，會將雜湊處理後的資料存於內部，無法取得密碼的資料。因此，表單中不會有使用者輸入的密碼值。

圖 2.18　修改內容並點擊【修改】按鈕

完成編輯使用者資訊（圖 2.19）。

圖 2.19　修改使用者資訊

刪除使用者

最後，依照下述步驟，建立刪除使用者功能：

- 建立刪除使用者的端點
- 在編輯使用者頁面，增加刪除使用者的表單模板
- 確認運作情況

建立刪除使用者的端點

在 apps/crud/views.py 建立 delete_user 端點（範例 2.23）。由於刪除只會使用 POST，故方法僅指定 POST。

範例 2.23 建立 delete_user 端點（apps/crud/views.py）

```
... 省略 ...

@crud.route("/users/<user_id>/delete", methods=["POST"])
def delete_user(user_id):
    user = User.query.filter_by(id=user_id).first()
    db.session.delete(user)
    db.session.commit()
    return redirect(url_for("crud.users"))
```

在編輯使用者頁面，增加刪除使用者的表單模板

在 apps/crud/templates/crud/edit.html 增加刪除編輯使用者頁面的表單（範例 2.24）。

範例 2.24 編輯使用者頁面增加用來刪除的表單模板（apps/crud/templates/crud/edit.html）

```
    ... 省略 ...
  </form>

  <form action="{{ url_for('crud.delete_user', user_id=user.id) }}" method="POST">
   {{ form.csrf_token }}
    <input type="submit" value=" 刪除 ">
  </form>

  </body>
</html>
```

增加

確認運作情況

使用瀏覽器訪問下述網址，會顯示使用者列表頁面。然後，點擊使用者 UUID 的連結，跳轉至編輯使用者頁面後，再點擊增加的【刪除】按鈕（圖 2.20）。

http://127.0.0.1:5000/crud/users

圖 2.20　刪除使用者

刪除使用者後，使用者列表內沒有相關內容（圖 2.21）。

圖 2.21　完成刪除使用者

2.6 模板的通用化與繼承

前面都是在 HTML 檔案編寫 `<html>` 標記、`<head>` 標記，不過 `jinja2` 模板引擎具有繼承通用模板檔案的功能。藉由建立並繼承通用的模板，HTML 檔案可不必重複編寫程式碼。

建立通用的模板

首先，在 `apps/crud/templates/crud` 目錄下建立通用的模板 `base.html`（範例 2.25）。

範例 2.25　通用的模板（apps/crud/templates/crud/base.html）

```html
<!DOCTYPE html>
<html lang="ja">
  <head>
    <meta charset="UTF-8" />
    <!-- 在繼承目的地實作 title -->
    <title>{% block title %}{% endblock %}</title>
    <link
      rel="stylesheet"
      href="{{ url_for('crud.static', filename='style.css') }}"
    />
  </head>

  <body>
    <!-- 在繼承目的地實作 content  -->
    {% block content %}{% endblock %}
  </body>
</html>
```

在繼承目的地需要個別實作之處，重複使用下述程式碼：

```
{% block [block_name] %}{% endblock %}
```

修改使用者列表頁面

修改使用者的列表頁面（index.html），實作繼承 base.html 的程式碼（範例 2.26）。

範例 2.26　修改使用者的列表頁面（apps/crud/templates/crud/index.html）

```
{% extends "crud/base.html" %}                                        ①
{% block title %} 使用者列表 {% endblock %}
{% block content %}
<h2> 使用者列表 </h2>

<a href="{{ url_for('crud.create_user') }}"> 新增使用者 </a>

<table>
  <tr>
    <th> 使用者 ID</th>
    <th> 使用者名稱 </th>
    <th> 郵件位址 </th>
  </tr>
  {% for user in users %}
  <tr>
    <td>
      <a href="{{ url_for('crud.edit_user', user_id=user.id) }}"
        >{{ user.id }}</a
      >
    </td>
    <td>{{ user.username }}</td>
    <td>{{ user.email }}</td>
  </tr>
  {% endfor %}
</table>
{% endblock %}
```

繼承 base.html 時，如下編寫程式碼（①）：

```
{% extends "crud/base.html" %}
```

在需要個別實作之處，以 base.html 中指定的名稱，如下使用 block 圍起來：

```
{% block [block_name] %} 使用者列表 {% endblock %}
```

 ## 修改新增使用者頁面與編輯使用者頁面

同樣地，新增使用者頁面（create.html）和編輯使用者頁面（edit.html）也得修改程式碼（範例 2.27、範例 2.28）。

範例 2.27　修改新增使用者頁面（apps/crud/templates/crud/create.html）

```
{% extends "crud/base.html" %}
{% block title %} 新增使用者 {% endblock %}
{% block content %}
<h2> 新增使用者 </h2>

<form
  action="{{ url_for('crud.create_user') }}"
  method="POST"
  novalidate="novalidate"
>
  {{ form.csrf_token }}
  <p>{{ form.username.label }} {{ form.username(placeholder=" 使用者名稱 ") }}</p>
  {% for error in form.username.errors %}
  <span style="color: red;">{{ error }}</span>
  {% endfor %}
  <p>{{ form.email.label }} {{ form.email(placeholder=" 郵件位址 ") }}</p>
  {% for error in form.email.errors %}
  <span style="color: red;">{{ error }}</span>
  {% endfor %}
  <p>{{ form.password.label }} {{ form.password(placeholder=" 密碼 ") }}</p>
  {% for error in form.password.errors %}
  <span style="color: red;">{{ error }}</span>
  {% endfor %}
  <p>{{ form.submit() }}</p>
</form>
{% endblock %}
```

範例 2.28　編輯使用者頁面（apps/crud/templates/crud/edit.html）

```
{% extends 'crud/base.html' %}
{% block title %}編輯使用者{% endblock %}
{% block content %}
<h2>編輯使用者</h2>

<form
  action="{{ url_for('crud.edit_user', user_id=user.id) }}"
  method="POST"
  novalidate="novalidate"
>
  {{ form.csrf_token }}
  <p>
    {{ form.username.label }} {{ form.username(placeholder="使用者名稱",
    value=user.username) }}
  </p>
  {% for error in form.username.errors %}
  <span style="color: red;">{{ error }}</span>
  {% endfor %}
  <p>
    {{ form.email.label }} {{ form.email(placeholder="郵件位址",
    value=user.email) }}
  </p>
  {% for error in form.email.errors %}
  <span style="color: red;">{{ error }}</span>
  {% endfor %}
  <p>{{ form.password.label }} {{ form.password(placeholder="密碼") }}</p>
  {% for error in form.password.errors %}
  <span style="color: red;">{{ error }}</span>
  {% endfor %}
  <p><input type="submit" value="修改" /></p>
</form>

<form action="{{ url_for('crud.delete_user', user_id=user.id) }}" ↵
method="POST">
  {{ form.csrf_token }}
  <input type="submit" value="刪除" />
</form>
{% endblock %}
```

這樣就完成通用的模板。

2.7 設定組態

在開發環境、預備環境、正式環境等各種環境下，應用程式需要設定不同的組態值。因此，若像前面於原始碼（本書的 apps/app.py）直接編寫組態值，就得因應各種環境修改原始碼。

有鑑於此，組態要改變加載方式，以便簡單地修改環境。Flask 如下有多種設定組態的方法：

- 使用 from_object 的方法
- 使用 from_mapping 的方法
- 使用 from_envvar 的方法
- 使用 from_pyfile 的方法
- 使用 from_file 的方法

各種方法沒有太大的差異，本書採用 from_object 的方法來設定組態。

使用 from_object 的方法

使用 from_object 的方法，是從 Python 物件加載組態。下面僅示範本地環境和測試環境的組態設定，但可視需要增加預備環境、正式環境的內容。

設定組態值

在 apps 目錄下製作 config.py，再建立各種環境的類別，設定所需的組態值（範例 2.29）。

範例 2.29 設定組態值（apps/comfig.py）

```
from pathlib import Path

basedir = Path(__file__).parent.parent

# 建立 BaseConfig 類別
class BaseConfig:
    SECRET_KEY = "2AZSMss3p5QPbcY2hBsJ"                    ❶
    WTF_CSRF_SECRET_KEY = "AuwzyszU5sugKN7KZs6f"

# 繼承 BaseConfig 類別，建立 LocalConfig 類別
class LocalConfig(BaseConfig):
    SQLALCHEMY_DATABASE_URI =
        f"sqlite:///{basedir / 'local.sqlite'}"           ❷
    SQLALCHEMY_TRACK_MODIFICATIONS = False
    SQLALCHEMY_ECHO = True

# 繼承 BaseConfig 類別，建立 TestingConfig 類別
class TestingConfig(BaseConfig):
    SQLALCHEMY_DATABASE_URI =
        f"sqlite:///{basedir / 'testing.sqlite'}"         ❸
    SQLALCHEMY_TRACK_MODIFICATIONS = False
    WTF_CSRF_ENABLED = False

# 建立組態字典
config = {
    "testing": TestingConfig,
    "local": LocalConfig,                                 ❹
}
```

❶ 建立當作基本組態的 BaseConfig 類別。

❷ 繼承 BaseConfig 類別，建立 LocalConfig 並設定所需的組態。

❸ 同樣繼承 BaseConfig 類別，建立 TestingConfig 並設定所需的組態。
Testing 不需要啟用 CSRF，故設定 WTF_CSRF_ENABLED = False。

❹ 在組態字典中，配對環境的鍵名稱和類別名稱。

加載組態物件

然後，修改成由 apps/app.py 加載組態物件（範例 2.30）。

範例 2.30　加載組態物件（apps/app.py）

```
... 省略 ...
from apps.config import config ────────────────────────────①
... 省略 ...


# 傳送組態鍵
def create_app(config_key): ──────────────────────────────②
    app = Flask(__name__)


    # 加載 config_key 配對的環境組態類別
    app.config.from_object(config[config_key]) ───────────③
            ... 省略 ...
```

① 匯入組態模組。

② 修改成傳送組態鍵（local 或者 testing），當作 create_app 的引數。

③ 刪除既存的 app.config.from_mapping，修改成使用 app.config.
from_object 加載相應的組態物件。

修改成傳送組態鍵 local，當作 .env 檔案中 create_app 函數的引數（範例
2.31）。

範例 2.31　傳送組態鍵（flaskbook/.env）

```
# 傳送 "local" 當作引數
FLASK_APP=apps.app:create_app("local")
FLASK_ENV=development
```

需要注意的是，修改環境變數後，得重新啟動應用程式。

其他加載組態的方法

如本節開頭所述,除了使用 `from_object` 外,還有其他加載組態的方法。以下分別解說這些方法。

- 使用 `from_mapping` 的方法
- 使用 `from_envvar` 的方法
- 使用 `from_pyfile` 的方法
- 使用 `from_file` 的方法

使用 from_mapping 的方法

這是 2.6 節之前範例應用程式所使用,直接編寫原始碼的方法。如範例 2.32 所示,對 `config` 類別使用對映(字典)來設定組態。

範例 2.32　from_mapping 的組態設定(apps/app.py)

```
... 省略 ...

def create_app():
    app = Flask(__name__)
    app.config.from_mapping(
        SECRET_KEY = "2AZSMss3p5QPbcY2hBsJ",
        SQLALCHEMY_DATABASE_URI =
          f"sqlite:///{Path(__file__).parent.parent / 'local.sqlite'}"
        SQLALCHEMY_TRACK_MODIFICATIONS = False,
        SQLALCHEMY_ECHO = True,
        WTF_CSRF_SECRET_KEY = "AuwzyszU5sugKN7KZs6f"
    )
```

使用 from_envvar 的方法

此方法是事先於環境變數編寫組態檔案的路徑資訊,再於應用程式啟動時,由環境變數指定的路徑加載組態值。由 `.env` 檔案加載環境變數,故可於 `.env` 檔案增加設定值來確認。

此時,事先準備 `config-local.py`、`config-prod.py` 等環境的組態檔案,就可修改 `.env` 中 `APPLICATION_SETTINGS` 的路徑來切換環境。或者不修改路徑,而是將 `.env` 檔案區分成 `.env.local`、`.env.prod` 來切換環境。

使用 from_envvar 時，.env 需要增加組態檔案路徑的 key 和 value。下面的 key 名稱是 APPLICATION_SETTINGS，指定組態檔案的路徑（範例 2.33）。在 apps 底下建立 config.py，故指定成 /path/to/apps/config.py。

範例 2.33　在環境變數編寫組態檔案的路徑資訊（flaskbook/.env）

```
FLASK_APP=apps.app.py
FLASK_ENV=development
# 指定 config.py 的路徑
APPLICATION_SETTINGS=/path/to/apps/config.py
```

在 apps/app.py，對 from_envvar() 函數指定增加的 APPLICATION_SETTINGS（範例 2.34）。

範例 2.34　使用 from_ennvar 加載組態（apps/app.py）

```
... 省略 ...

def create_app():
    # 建立 Flask 實體
    app = Flask(__name__)
    # 由 .env 加載組態
    app.config.from_envvar("APPLICATION_SETTINGS")
```

在 apps/config.py 增加前面的組態設定（範例 2.35）。

範例 2.35　組態設定（apps/config.py）

```
from pathlib import Path

SECRET_KEY = "2AZSMss3p5QPbcY2hBsJ",
SQLALCHEMY_DATABASE_URI =
  f"sqlite:///{Path(__file__).parent.parent / 'local.sqlite'}"
SQLALCHEMY_TRACK_MODIFICATIONS = False
SQLALCHEMY_ECHO = True
WTF_CSRF_SECRET_KEY="AuwzyszU5sugKN7KZs6f"
```

使用 from_pyfile 的方法

此方法是直接指定並加載 Python 的組態檔案，需要事先準備 config-local. py、config-testing.py 等環境的組態檔案，再配合欲利用的環境複製檔案，將檔案名稱取為 config.py 來切換環境（範例 2.36）。

範例 2.36　使用 from_pyfile 設定組態（apps/app.py）

```
... 省略 ...

def create_app():
    # 建立 Flask 實體
    app = Flask(__name__)
    # 設定應用程式的組態
    app.config.from_pyfile("config.py")
```

使用 from_file 的方法

自 Flask 2.0 版本後增加了使用 from_file 加載組態的方法，from_file 可選擇檔案格式來加載檔案。

由 JSON 檔案加載的時候，如範例 2.37 編寫程式碼。在 Flask 1.0 版本，有使用 from_json 加載 JSON 格式組態的方法，但在 Flask 2.0 版本後已捨棄（不建議）該方法。

範例 2.37　使用 from_file 加載 JSON 格式的組態（apps/app.py）

```
... 省略 ...
import json

def create_app():
    # 建立 Flask 實體
    app = Flask(__name__)
    # 設定應用程式的組態
    app.config.from_file("config.json", load=json.load)
```

本章總結

本章使用 Flask 擴充功能 `flask-wtf` 處理表單，同時解說使用 SQLAlchemy 操作資料庫的方法（表 2.10）。

表 2.10　本章安裝的擴充功能

擴充功能	說明
`flask-sqlalchemy`	擴充以 Flask 使用 SQLAlchemy 的功能
`flask-migrate`	擴充遷移資料庫的功能
`flask-wtf`	擴充以 Flask 使用表單的功能

下一章將會在本章完成的 CRUD 應用程式，增加使用者驗證功能。

第 章

建立驗證功能

本章內容

3.1 準備建立的驗證功能與目錄架構
3.2 應用程式登錄驗證功能
3.3 建立註冊功能
3.4 建立登入功能
3.5 建立登出功能

第 2 章完成了 CRUD（crud）應用程式，而本章將會建立驗證功能，並增加至 crud 應用程式。

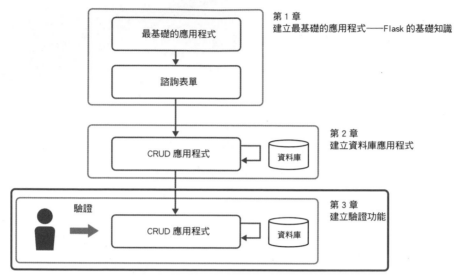

圖 3.1　第 1 篇製作的應用程式

3.1 準備建立的驗證功能與目錄架構

本章將會製作下述驗證功能：

- 註冊功能
- 登入功能
- 登出功能

專案沿用第 2 章完成的 flaskbook。

增加驗證功能後的目錄架構，如圖 3.2 所示：

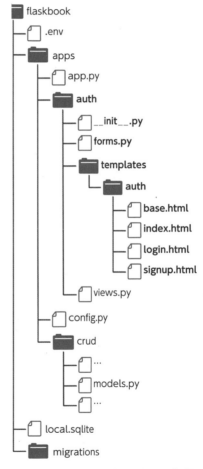

圖 3.2　crud 應用程式的目錄架構

3.2 應用程式登錄驗證功能

在 crud 應用程式登錄驗證功能後,建立用來確認驗證功能的模板,並確認驗證頁面的顯示內容。

使用 Blueprint 登錄驗證功能

在應用程式的啟動腳本 apps/app.py,使用 Blueprint 登錄驗證功能(範例 3.1)。

範例 3.1　使用 Blueprint 登錄驗證功能(apps/app.py)

```python
from flask import Flask
from flask_migrate import Migrate
from flask_sqlalchemy import SQLAlchemy
from flask_wtf.csrf import CSRFProtect

from apps.config import config

db = SQLAlchemy()
csrf = CSRFProtect()

def create_app(config_key):
    app = Flask(__name__)
    ... 省略 ...

    # 由後面製作的 auth 套件匯入 views
    from apps.auth import views as auth_views ──────────── 增加

    # 使用 register_blueprint 將 views 的 auth 登錄至應用程式
    app.register_blueprint(auth_views.auth, url_prefix="/auth") ── 增加

    return app
```

建立驗證功能的端點

在 apps 底下製作 auth 套件（目錄），再建立 views.py。使用 Blueprint 產生 auth，再增加新的端點 index（範例 3.2）。

範例 3.2　建立驗證功能的端點（apps/auth/views.py）

```python
from flask import Blueprint, render_template

# 使用 Blueprint 產生 auth
auth = Blueprint(
    "auth",
    __name__,
    template_folder="templates",
    static_folder="static"
)

# 建立 index 端點
@auth.route("/")
def index():
    return render_template("auth/index.html")
```

`template_folder` 指定 `templates`、`static_folder` 指定 `static`，來製作驗證功能的頁面。

 建立確認驗證功能的模板

首先，建立確認驗證功能的基本模板，製作 apps/auth/templates/auth 目錄，再建立 base.html 模板（範例 3.3）。

需要注意的是，為了防止與其他 Blueprint 應用程式的模板、路徑重複，得於 `templates` 目錄下建立 `auth` 目錄。

範例 3.3　建立驗證功能的模板（apps/auth/templates/auth/base.html）

```html
<!DOCTYPE html>
<html lang="ja">
  <head>
    <meta charset="UTF-8" />
    <title>{% block title %}{% endblock %}</title>
  </head>

  <body>
    {% block content %}{% endblock %}
  </body>
</html>
```

建立「確認驗證頁面內容」的頁面

接 著 來 製 作 apps/auth/templates/auth/index.html，再 建 立 繼 承
base.html 的「確認驗證頁面內容」的頁面（範例 3.4）。

範例 3.4　建立「確認驗證頁面內容」的頁面（apps/auth/templates/auth/index.html）

```html
{% extends "auth/base.html" %}
{% block title %}驗證頁面 {% endblock %}
{%block content %} 確認驗證頁面內容 {% endblock %}
```

需要注意的是，繼承的網址必須設定為 auth/base.html。

確認運作情況

使用瀏覽器訪問下述網址，會顯示「確認驗證頁面內容」的頁面（圖 3.3）。

http://127.0.0.1:5000/auth/

圖 3.3　確認驗證頁面內容

3.3 建立註冊功能

依照下述步驟，建立註冊功能：

- 聯動 flask-login
- 建立註冊功能的表單類別
- 修改 User 模型
- 建立註冊功能的端點
- 建立註冊功能的模板
- 修改為必須登入 crud 應用程式
- 確認運作情況

 ## 聯動 flask-login

Flask 可使用 flask-login 擴充套件建立驗證功能。執行下述指令，安裝 flask-login：

```
(venv) $ pip install flask-login
```

在應用程式的啟動腳本 apps/app.py 增加與 flask-login 聯動的程式碼（範例 3.5）。

範例 3.5 增加與 flask-login 聯動的程式碼（apps/app.py）

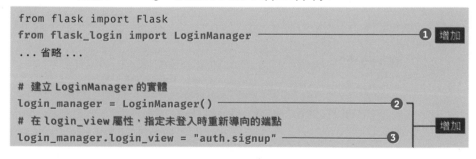

```
from flask import Flask
from flask_login import LoginManager                      ──① 增加
... 省略 ...

# 建立 LoginManager 的實體
login_manager = LoginManager()                            ──②
# 在 login_view 屬性，指定未登入時重新導向的端點           增加
login_manager.login_view = "auth.signup"                  ──③
```

```
# 在 login_message 屬性，指定登入後顯示的訊息
# 此處指定空值，不顯示任何內容
login_manager.login_message = ""                              ④  ┐
                                                                  } 增加
def create_app(config_key):
    app = Flask(__name__)
        ... 省略 ...

    # 將 login_manager 與應用程式聯動
    login_manager.init_app(app)                              ⑤  增加

from apps.crud import views as crud_views
```

❶ 由 flask_login 匯入 LoginManager。

❷ 建立 LoginManager 的實體。

❸ 在 login_view 屬性，指定未登入時重新導向的端點，設定為後面製作的註冊功能 auth.signup 端點。

❹ 在 login_message 屬性，指定登入後顯示的訊息。此處設定空值，不顯示任何內容。若未編寫 login_manager.login_message，則會輸出預設的英文訊息。

❺ 使用 create_app 函數，將 login_manager 與應用程式聯動。

🏠 建立註冊功能的表單類別

製作 apps/auth/forms.py 檔案，再建立註冊功能的表單類別（範例 3.6）。

範例 3.6　註冊功能的表單類別（apps/auth/forms.py）

```
from flask_wtf import FlaskForm                                       ①
from wtforms import PasswordField, StringField, SubmitField          ②
from wtforms.validators import DataRequired, Email, Length           ③

class SignUpForm(FlaskForm):                                         ④
    username = StringField(
        "使用者名稱",
        validators=[
            DataRequired("必須填寫使用者名稱。"),                        ⑤
            Length(1, 30, "請勿輸入超過 30 個字元。"),                   ⑥
```

```
        ],
    )
    email = StringField(
        " 郵件位址 ",
        validators=[
            DataRequired(" 必須填寫郵件位址。"),                    ──────── ⑤
            Email(" 請依照電子郵件的格式輸入。"),                    ──────── ⑦
        ],
    )
    password = PasswordField(" 密碼 ",                         ┐
        validators=[DataRequired(" 必須填寫密碼。")])            ┘ ──────── ⑤
    submit = SubmitField(" 提交表單 ")
```

① 由 flask-wtf 匯入 FlaskForm。

② 匯入 HMLT 表單的密碼、內文、發送欄位。

③ 匯入 HTML 表單發送時用的驗證器。

④ 繼承 FlaskForm，建立 SignUpForm 類別。藉由表單類別，在 HTML 表單定義所需的要素、驗證。

⑤ 將使用者名稱、郵件位址、密碼設定為必填項目。

⑥ 將使用者名稱限制為 30 個字元以內。

⑦ 將郵件位址限制為郵件位址的格式。

🏠 修改 User 模型

修改 crud 應用程式中的 User 模型，以便利用登入功能。

使用 flask_login 擴充套件的登入功能時，模型得定義（實作）表 3.1 的屬性、函數。flask-login 本身已有包含這些屬性、函數的 UserMixin 類別，讓模型繼承 flask_login 的 UserMixin 類別，就不需要定義這些屬性／方法也可利用登入功能。

表 3.1　flask_login 中 UserMixin 類別的屬性／函數

屬性／方法	說明
is_authenticated	登入時回傳 true、未登入時回傳 false 的函數
is_active	使用者帳戶啟用時回傳 true、未啟用時回傳 false 的函數
is_anonymous	登入使用者回傳 false、匿名使用者回傳 true 的函數
get_id	取得登入使用者唯一 ID 的屬性

如範例 3.7 修改 apps/crud/models.py 的程式碼：

範例 3.7　修改 User 模型的定義（apps/crud/models.py）

```
from datetime import datetime

from apps.app import db, login_manager ─────────────① 修改
from flask_login import UserMixin ────────────────② 增加
from werkzeug.security import generate_password_hash, check_password_hash
                                                      ③ 修改
# 讓 User 類別繼承 db.Model 與 UserMixin
class User(db.Model, UserMixin): ─────────────────④ 修改
    __tablename__ = "users"
    id = db.Column(db.Integer, primary_key=True)
    username = db.Column(db.String, index=True)
    email = db.Column(db.String, unique=True, index=True)
    password_hash = db.Column(db.String)
    created_at = db.Column(db.DateTime, default=datetime.now)
    updated_at = db.Column(db.DateTime, default=datetime.now,
                           onupdate=datetime.now)

    @property
    def password(self):
        raise AttributeError(" 無法加載 ")

    @password.setter
    def password(self, password):
        self.password_hash = generate_password_hash(password)

    # 檢測密碼
    def verify_password(self, password):                            ⑤
        return check_password_hash(self.password_hash, password)

    # 檢測郵件位址是否已有人使用
    def is_duplicate_email(self):                                   ⑥
        return User.query.filter_by(email=self.email).first() is not None

# 建立取得登入使用者資訊的函數
@login_manager.user_loader
def load_user(user_id):                                            ⑦
    return User.query.get(user_id)
```

❶ 由 `apps.app` 增加匯入 `login_manager`。

❷ 由 `flask_login` 匯入 `UserMixin`。

❸ 增加匯入 `check_password_hash`，檢測輸入的密碼是否正確。

❹ 讓 `User` 繼承 `db.Model` 與 `UserMixin`。藉由繼承 `UserMixin` 使用 `flask_login` 功能。

❺ 增加檢測密碼的 `verify_password` 函數，檢測輸入的密碼是否與資料庫經過雜湊處理的密碼一致，若相同則回傳 `true`，否則回傳 `false`。

❻ 加入檢測郵件位址是否已有人使用的 `is_duplicate_email` 函數，若資料庫有相同郵件位址則回傳 `true`，否則回傳 `false`。

❼ 建立取得登入使用者資訊的 `load_user()` 函數，並附加 `@login_manager.user_loader` 裝飾器。`load_user` 函數用來取得 `flask_login` 登入使用者的資訊，得使用引數傳送使用者的唯一 ID，再由資料庫取得特定的使用者回傳。

建立註冊功能的端點

準備好製作驗證功能後，建立註冊功能的端點（範例 3.8）。

範例 3.8　建立註冊功能的端點（apps/auth/views.py）

```
from apps.app import db ─────────────────────────────────── ❶
from apps.auth.forms import SignUpForm ────────────────────── ❷
from apps.crud.models import User ──────────────────────────── ❸
from flask import Blueprint, render_template, flash, url_for, ⤸
redirect, request                                              ❹
from flask_login import login_user ──────────────────────────── ❺
... 省略 ...


@auth.route("/signup", methods=["GET", "POST"])
def signup():
    # 建立 SignUpForm 的實體
    form = SignUpForm()
    if form.validate_on_submit():
        user = User(
            username=form.username.data,             ❻
            email=form.email.data,
            password=form.password.data,
        )
```

```
            # 檢測郵件位址是否已有人使用
            if user.is_duplicate_email():
                flash(" 這個郵件位址已經註冊過 ")                      ❼
                return redirect(url_for("auth.signup"))


            # 登錄使用者資訊
            db.session.add(user)                                    ❽
            db.session.commit()
            # 將使用者資訊存至 Session                              ❾
            login_user(user)

            # 若 GET 參數的 next 鍵沒有值，則重新導向使用者的列表頁面

            next_ = request.args.get("next")
            if next_ is None or not next_.startswith("/"):          ❿
                next_ = url_for("crud.users")
            return redirect(next_)


        return render_template("auth/signup.html", form=form)
```

❶ 由 apps.app 匯入 db。

❷ 匯入建立的 SignUpForm 類別。

❸ 匯入 crud 應用程式模型的 User 類別。

❹ 增加匯入 flash、url_for、redirect、request。

❺ 由 flask_login 匯入 login_user，使用 login_user 將使用者資訊存至 Session。

❻ 建立 SignUpForm 的實體，發送後驗證表單的內容。通過驗證後，由標單資料產生使用者類別。

❼ 檢測郵件位址是否已有人使用。若資料庫有相同的郵件位址則回傳 true，否則回傳 false。

❽ 在資料庫登錄使用者資訊。

❾ 將使用者資訊存至 Session。

❿ 在未通過驗證的情況下，訪問需要驗證的頁面會跳轉註冊頁面。此時，GET 參數的 next 鍵會加入欲訪問頁面的端點。若 next 鍵有值，註冊成功後重新導向 next 鍵的頁面，否則重新導向使用者的列表頁面。

將使用者資訊存至 Session，重新導向後直接為登入狀態。

建立註冊功能的模板

製作 apps/auth/templates/auth/signup.html，再建立註冊功能的模板（範例 3.9）。

範例 3.9　註冊功能的模板（apps/auth/templates/auth/signup.html）

```
{% extends "auth/base.html" %}
{% block title %} 新增使用者 {% endblock %}
{% block content %}
<h2> 新增使用者 </h2>

<form
  action="{{ url_for('auth.signup', next=request.args.get('next')) }}"
  method="POST"
  novalidate="novalidate"
>
  {% for message in get_flashed_messages() %}
  <p style="color: red;">{{ message }}</p>
  {% endfor %}
  {{ form.csrf_token }}
  <p>
    {{ form.username.label }}
    {{ form.username(size=30, placeholder=" 使用者名稱 ") }}
  </p>
  {% for error in form.username.errors %}
  <span style="color: red;">{{ error }}</span>
  {% endfor %}
  <p>{{ form.email.label }} {{ form.email(placeholder=" 郵件位址 ") }}</p>
  {% for error in form.email.errors %}
  <span style="color: red;">{{ error }}</span>
  {% endfor %}
  <p>{{ form.password.label }} {{ form.password(placeholder=" 密碼 ") }}</p>
  {% for error in form.password.errors %}
  <span style="color: red;">{{ error }}</span>
  {% endfor %}
  <p>{{ form.submit() }}</p>
</form>
{% endblock %}
```

修改為必須登入 crud 應用程式

修改為必須登入 crud 應用程式,確認註冊後能否訪問必須登入的頁面。

設定為必須登入時,apps/crud/views.py 的所有端點增加 @login_required
裝飾器(範例 3.10)。附加 @login_ required 後,得登入才能夠訪問對應的
端點。

範例 3.10　修改為必須登入 crud 應用程式(apps/crud/views.py)

```python
from apps.app import db
from apps.crud.forms import UserForm
from apps.crud.models import User
from flask import Blueprint, redirect, render_template, url_for
from flask_login import login_required                          ——————— 增加
... 省略 ...

# 建立 index 端點並回傳 index.html
@crud.route("/")
# 增加裝飾器
@login_required                                                 ——————— 增加
def index():
    return render_template("crud/index.html")


... 省略 ...
# 所有的端點增加 @login_required
@crud.route("/sql")
@login_required                                                 ——————— 增加
def sql():
... 省略 ...

@crud.route("/users/new", methods=["GET", "POST"])
@login_required                                                 ——————— 增加
def create_user():
... 省略 ...

@crud.route("/users")
@login_required                                                 ——————— 增加
def users():
... 省略 ...
```

```
@crud.route("/users/<user_id>", methods=["GET", "POST"])
@login_required ──────────────────────────────────── 增加
def edit_user(user_id):
... 省略 ...


@crud.route("/users/<user_id>/delete", methods=["POST"])
@login_required ──────────────────────────────────── 增加
def delete_user(user_id):
... 省略 ...
```

 ## 確認運作情況

使用瀏覽器訪問使用者的列表頁面：

http://127.0.0.1:5000/crud/users

會跳轉 login_manager.login_view 指定的新增使用者頁面的 auth.signup
端點（圖 3.4），確認使用者的列表頁面變成必須登入才可訪問。

輸入使用者資訊後點擊【提交表單】，會重新導向完成登錄資訊的使用者列表頁
面（圖 3.5)。

圖 3.4　新增使用者頁面

圖 3.5　使用者的列表頁面

這樣就完成註冊功能，接著建立登入功能。

建立登入功能

依照下述步驟，建立登入功能：

- 建立登入功能的表單類別
- 建立登入功能的端點
- 建立登入功能的模板
- 確認運作情況

建立登入功能的表單類別

在 apps/auth/forms.py 建立登入功能的表單類別（範例 3.11）。

範例 3.11 建立登入功能的表單類別（apps/auth/forms.py）

```python
... 省略 ...

class LoginForm(FlaskForm):
    email = StringField(
        " 郵件位址 ",
        validators=[
            DataRequired(" 必須填寫郵件位址。"),
            Email(" 請依照電子郵件的格式輸入。"),
        ],
    )
    password = PasswordField(" 密碼 ", validators=[DataRequired(⤸
" 必須填寫密碼。")])
    submit = SubmitField(" 登入 ")
```

模型定義中的郵件位址是唯一鍵，故可輸入郵件位址和密碼完成登入。

建立登入功能的端點

在 apps/auth/views.py 建立登入功能的端點（範例 3.12）。

範例 3.12　製作登入功能的端點（apps/auth/views.py）

```python
from apps.app import db
from apps.auth.forms import SignUpForm, LoginForm                      ──① 修改
... 省略 ...

@auth.route("/login", methods=["GET", "POST"])
def login():
    form = LoginForm()
    if form.validate_on_submit():
        # 由郵件位址取得使用者
        user = User.query.filter_by(email=form.email.data).first()      ──②

        # 若使用者存在且密碼一致，則允許登入
        if user is not None and user.verify_password(form.password.data):──③
            login_user(user)                                           ┐
            return redirect(url_for("crud.users"))                     ┘──④

        # 設定登入失敗的訊息
        flash("郵件位址或者密碼不正確")                                  ┐
    return render_template("auth/login.html", form=form)              ┘──⑤
```

❶ 增加匯入 LoginForm 類別。

❷ 由郵件位址取得使用者。

❸ 若使用者存在且密碼一致，則允許登入。

❹ 將使用者資訊存至 Session，並重新導向使用者的列表頁面。

❺ 當登入檢測處理為 false 時，設定登入失敗的訊息，並返回登入頁面。

🏠 建立登入功能的模板

製作 apps/auth/templates/auth/login.html，再建立登入功能的模板
（範例 3.13）。

範例 3.13　登入功能的模板（apps/auth/templates/auth/login.html）

```
{% extends "auth/base.html" %}
{% block title %} 登入 {% endblock %}
{% block content %}

<h2> 登入 </h2>
<form
  action="{{ url_for('auth.login') }}"
  method="post"
  novalidate="novalidate"
>
  {% for message in get_flashed_messages() %}
  <p style="color: red;">{{ message }}</p>
  {% endfor %} {{ form.csrf_token }}
  <p>{{ form.email.label }} {{ form.email(placeholder=" 郵件位址 ") }}</p>
  {% for error in form.email.errors %}
  <span style="color: red;">{{ error }}</span>
  {% endfor %}
  <p>{{ form.password.label }} {{ form.password(placeholder=" 密碼 ") }}</p>
  {% for error in form.password.errors %}
  <span style="color: red;">{{ error }}</span>
  {% endfor %}
  <p>{{ form.submit() }}</p>
</form>
{% endblock %}
```

🏠 確認運作情況

在前面確認註冊功能的運作情況時，已為登入狀態，請開啟瀏覽器的私密視窗或
者刪除 Cookie（的 Session 資訊）。

http://127.0.0.1:5000/auth/login

訪問上述網址，會顯示登入頁面（圖 3.6）。

圖 3.6　登入頁面

輸入已註冊的使用者資訊，點擊【登入】按鈕，成功後會顯示使用者的列表頁面
（圖 3.7）。

圖 3.7　使用者的列表頁面

3.5 建立登出功能

使用 flask_login 的 logout_user 建立登出功能。呼叫 logout_user 函數，即可重置登入 Session。

在 apps/auth/views.py 建立登出的端點（範例 3.14）。

範例 3.14 建立登出的端點（apps/auth/views.py）

```
... 省略 ...
from flask_login import login_user, logout_user ─────────── 修改
... 省略 ...


@auth.route("/logout")
def logout():
    logout_user()
    return redirect(url_for("auth.login"))
```

 ### 確認運作情況

使用瀏覽器訪問下述網址，會被登出並跳轉登入頁面。

http://127.0.0.1:5000/auth/logout

 ### 顯示登入狀態

在 crud 應用程式的通用標頭，顯示登入狀態。登入時，顯示使用者名稱和登出連結。

如範例 3.15 修改 crud 應用程式的通用模板 apps/crud/templates/crud/base.html。

範例 3.15 修改通用的模板（apps/crud/templates/crud/base.html）

```
... 省略 ...
  </head>

  <body>
    <div>
      {% if current_user.is_authenticated %}
      <p>
        <span>{{ current_user.username }}</span> -
        <span><a href="{{ url_for('auth.logout') }}">登出
</a></span>
      </p>
      {% endif %}
    </div>
    <!-- 在繼承目的地實作 content -->
    {% block content %}{% endblock %}
  </body>
</html>
```

增加

登入 flask-login 擴充功能時，current_user 會自動設置使用者資訊並回傳給模板。登入時的 is_authenticated 屬性為 true，未登入時為 false。

本章總結

本章使用 flask-login 擴充套件建立驗證功能，並套用至 crud 應用程式（表 3.2）。

表 3.2 本章使用的 Flask 擴充功能

擴充套件	說明
flask-login	Flask 的驗證功能

第 2 篇將會利用前面的擴充功能和應用程式功能，建立實際可用的應用程式。

第 **2** 篇

Flask 實踐 ①
開發物件偵測應用程式

本篇內容

第 4 章　應用程式的規格與準備
第 5 章　建立圖片列表頁面
第 6 章　建立註冊與登入頁面
第 7 章　建立圖片上傳頁面
第 8 章　建立物件偵測功能
第 9 章　建立搜尋功能
第 10 章　建立自訂錯誤頁面
第 11 章　建立單元測試

在第 2 篇的第 4 章～第 11 章，會對第 1 篇的 crud 應用程式增加程式碼建立實際可用的應用程式。

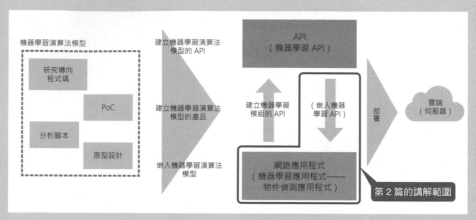

第 2 篇　開發物件偵測應用程式

請事先準備第 1 篇第 2 章和第 3 章完成的程式碼，第 2 篇將會建立物件偵測應用程式。該應用程式的運作如下：

❶ 使用者上傳圖片（圖 2.A）。
❷ 使用 PyTorch 機器學習程式庫，由照片檢測物體（圖 2.B）。
❸ 標記並輸出已識別的物體名稱。

圖 2.A　上傳的圖片

圖 2.B　由圖片檢測物體的狀態

🏠 如果從第 2 篇開始閱讀

由於會用到第 1 篇第 2 章和第 3 章的程式碼，請從第 2 章開始閱讀，或者以 clone、checkout 複製 GitHub 的原始碼來設置專案。

```
$ git clone https://github.com/ml-flaskbook/flaskbook.git
$ cd flaskbook
$ git checkout -b part1 tags/part1
```

執行 checkout 後，設置專案。

Mac/Linux 的情況

```
$ python3 -m venv venv
$ . venv/bin/activate
(venv) $ pip install -r requirements.txt
```

Windows 的情況

```
> py -m venv venv
> venv\Scripts\Activate.ps1
> (venv) $ pip install -r requirements.txt
```

使用 VSCode 建立 **flaskbook/.env** 檔案，並設定下述的值：

```
FLASK_APP=apps.app:create_app("local")
FLASK_ENV=development
```

然後，進行資料庫的遷移（migration）。

```
(venv) $ flask db init
(venv) $ flask db migratre
(venv) $ flask db upgrade
```

這樣就完成設置專案。

第 **4** 章

應用程式的規格與準備

本章內容

4.1 物件偵測應用程式的規格
4.2 目錄架構
4.3 登錄物件偵測應用程式

4.1　物件偵測應用程式的規格

第 2 篇將會製作物件偵測應用程式，建立下述 6 個的頁面：

- 圖片列表頁面（第 5 章）
- 驗證頁面（已於第 3 章完成）
- 圖片上傳頁面（第 7 章）
- 物件偵測頁面（第 8 章）
- 圖片搜尋頁面（第 9 章）
- 自訂錯誤頁面（第 10 章）

圖片列表頁面

物件偵測應用程式的首頁（圖 4.1）。未
登入時也可訪問，閱覽使用者已上傳的
圖片。在初始狀態下，該頁面沒有任何
圖片。

圖 4.1　圖片列表頁面

驗證頁面

註冊和登入的驗證頁面（圖 4.2、圖 4.3），兩者皆沿用第 3 章的程式碼。

圖 4.2　註冊頁面

圖 4.3　登入頁面

 圖片上傳頁面

僅登入使用者可訪問圖片上傳頁面（圖 4.4）。未登入時，點擊【新增圖片】按鈕（圖 4.5）會跳轉登入頁面（圖 4.3）；登入時，則會跳轉圖片上傳頁面（圖 4.4）。

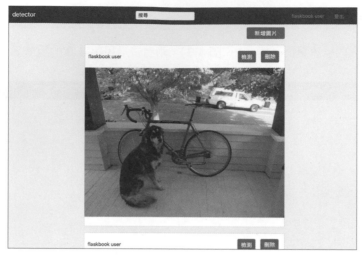

圖 4.4　圖片上傳頁面

圖 4.5　點擊圖片列表頁面的【新增圖片】按鈕

 ## 物件偵測頁面

完成上傳的圖片，會顯示可點擊的【檢測】按鈕和【刪除】按鈕（圖 4.6）。點擊
【檢測】按鈕後，會由圖片檢測物體。

物件偵測功能會先由圖片取得標記，再加工整張圖片。然後，點擊【刪除】按鈕
後，會刪除該圖片。

圖 4.6　物件偵測頁面

🏠 圖片搜尋頁面

在附加標記的圖片列表（圖 4.7），使用標記篩選圖片（圖 4.8）。

圖 4.7　圖片搜尋頁面──附加標籤的圖片列表

圖 4.8　圖片搜尋頁面——以標籤篩選圖片（使用 bird 搜尋）

自訂錯誤頁面

發生錯誤的時候，顯示自訂的錯誤頁面（圖 4.9）。

404 Page Not Found

返回首頁

圖 4.9　自訂錯誤頁面

在第 2 篇的物件偵測應用程式，將會製作上述的頁面和功能。那麼，趕緊動手製作吧。

4.2　目錄架構

首先，先確認第 2 篇預計製作的應用程式目錄架構，建立名為 `detector` 的物件偵測應用程式。

使用者驗證功能和使用者模型，稍微修改第 1 篇中的 `crud` 應用程式。

完成第 2 篇所有的實作後，目錄架構如圖 4.10 所示：

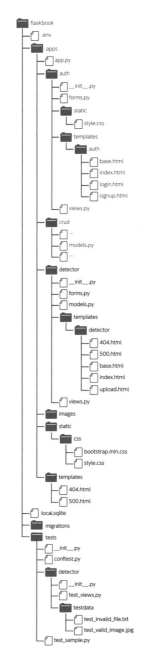

應用程式的規格與準備

圖 4.10
detector 應用程式的目錄架構

在前面製作的 apps/app.py，先使用 Blueprint 登錄物件偵測應用程式。

範例 4.1　使用 Blueprint 登錄物件偵測應用程式（apps/app.py）

```
... 省略 ...

def create_app(config_key):
    app = Flask(__name__)
    ... 省略 ...

    # 由後面製作的 detector 套件匯入 views
    from apps.detector import views as dt_views ─────────── ①

    # 使用 register_blueprint 將 views 的 dt 登錄至應用程式
    app.register_blueprint(dt_views.dt) ─────────── ②

    return app
```

❶ 由後面製作的 detector 套件匯入 views。

❷ 使用 register_blueprint 登錄後面於 detector/views.py 製作的 Blueprint 實體 dt。不指定 url_prefix，以便物件偵測應用程式當作應用程式路由。

🏠 建立圖片列表頁面的端點

製作 apps/detector 套件（目錄），並於底下建立 views.py。完成後，再建立物件偵測應用程式（detector）的端點（範例 4.2）。

範例 4.2　detector 應用程式的端點（apps/detector/views.py）

```
from flask import Blueprint

# 指定 template_folder（不指定 static）
dt = Blueprint("detector", __name__, template_folder="templates")
```

detector 應用程式不指定 static_folder。Blueprint 中 static 端點格式為 /<url prefix>/<static folder name>，但 detector 應用程式不指定 url_prefix，故會是 /<static folder name>。而第 1 篇中的 crud 應用程式等，因為有指定 url_prefix，故會是 /crud/static。

然後，在 apps/detector/views.py 建立圖片列表頁面的 index 端點（範例 4.3）。

範例 4.3　圖片列表的端點（apps/detector/views.py）

```
from flask import Blueprint, render_template

... 省略 ...

# 使用 dt 應用程式建立端點
@dt.route("/")
def index():
    return render_template("detector/index.html")
```

 ## 建立圖片列表頁面的模板

製作實際可用的應用程式時，本章使用的 CSS 框架是 bootstrap。bootstrap 是一種製作網站、網路應用程式的前端網路應用軟體框架，內有表單、按鈕等架設頁面所需的要素。

請由下述網站（點擊「Compiled CSS and JS」的 [Download]）下載 bootstrap 4.0。

https://getbootstrap.com/docs/4.0/getting-started/download/

完成後，在 apps/static/css 底下，配置 css 目錄中的 bootstrap.min.css。然後，在 apps/static/css 底下建立用來調整頁面的 style.css 檔案（後續增加 style.css 的內容）。

建立 apps/detector/templates/detector/base.html，並加載剛才配置的 css（範例 4.4）。

範例 4.4　頁面通用的模板（apps/detector/templates/detector/base.html）

```html
<!DOCTYPE html>
<html lang="ja">
  <head>
    <meta charset="UTF-8" />
    <title>detector</title>
    <link
      rel="stylesheet"
      href="{{ url_for('static', filename='css/bootstrap.min.css') }}"
    />
    <link
      rel="stylesheet"
      href="{{ url_for('static', filename='css/style.css') }}"
    />
  </head>
  <body>
    {% block content %}{% endblock %}
  </body>
</html>
```

完成 base.html 後，繼承該檔案建立 apps/detector/templates/detector/index.html（範例 4.5）。

範例 4.5　圖片列表頁面的模板（apps/detector/templates/detector/index.html）

```html
{% extends "detector/base.html" %}
{% block content %}
<div class="alert alert-primary">detector</div>
{% endblock %}
```

然後，整體幾乎使用 bootstrap 的預設內容，但部分設計是以範例 4.6 應用程式獨自的樣式表來調整。下述 GitHub 有範例的原始碼，請由該處複製增加至 apps/static/style.css。

https://github.com/ml-flaskbook/flaskbook/blob/main/apps/static/css/style.css

範例 4.6 調整頁面的樣式表（apps/static/style.css）

```css
body {
  background-color: #f5f5f5;
}
h4 {
  margin-top: 20px;
}
input[type="search"] {
  background-color: #f5f5f5;
}
.dt-auth-main {
  width: 400px;
  margin-top: 45px;
}
.dt-auth-main .card {
  box-shadow: 0 12px 18px 2px rgba(34, 0, 51, 0.04), 0 6px 22px 4px ↩
rgba(7, 48, 114, 0.12),
    0 6px 10px -4px rgba(14, 13, 26, 0.12) !important;
  border-radius: 16px;
}
.dt-auth-main .dt-auth-login {
  height: 300px !important;
}
.dt-auth-main .dt-auth-signup {
  height: 340px !important;
}
.dt-auth-main header {
  text-align: center;
  margin: 30px 0 0 0;
  font-size: 24px;
}
.dt-auth-main section {
  width: 300px;
  margin: 10px auto;
}
.dt-auth-flash {
  font-size: 14px;
  color: #9c1a1c;
```

```
}
.dt-auth-input {
  margin-top: 10px;
}
.dt-auth-btn {
  margin: 30px 0 0 0;
}
.dt-search {
  height: 28px !important;
}
.dt-image-content {
  margin: 20px auto;
  padding: 0;
}
.dt-image-username {
  padding-top: 15px;
}
.dt-image-register-btn {
  padding: 10px 47px 0 0;
}
.dt-image-content header {
  padding: 10px 10px 0 10px;
}
.dt-image-content section {
  padding: 10px 0;
  margin: auto;
}
.dt-image-content footer {
  padding: 10px;
}
.dt-image-content section img {
  width: 100%;
}
.dt-image-file {
  display: none;
}
.dt-image-submit {
  margin-left: 10px;
}
```

確認運作情況

如同前面執行 flask run 指令，使用瀏覽器訪問下述網址，畫面會顯示 detector，可確認已經登錄 detector 應用程式（圖 4.11）。

http://127.0.0.1:5000/

圖 4.11　確認登錄 detector 應用程式

本章總結

本章說明物件偵測應用程式的概要後，實際登錄物件偵測應用程式，並套用設計樣式。

這樣就準備好開發物件偵測應用程式的功能，下一章將會逐步增加各項功能。

4

應用程式的規格與準備

第 **5** 章

建立圖片列表頁面

本章內容

5.1 建立 UserImage 模型
5.2 建立圖片列表頁面的端點
5.3 建立圖片列表頁面的模板
5.4 SQLAlchemy 的表格連結與關聯性建立

本章將會依照下述步驟建立物件偵測應用程式（`detector`）的首頁——圖片列表頁面（圖 5.1）。

- 建立 `UserImage` 模型
- 建立圖片列表頁面的端點
- 建立圖片列表頁面的模板

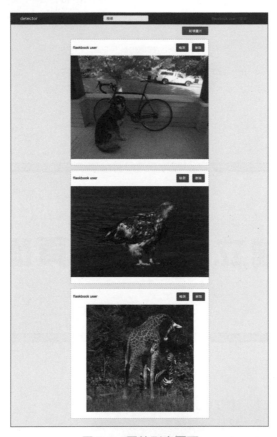

圖 5.1　圖片列表頁面

然後，還會解說 SQLAlchemy 的表格連結和關聯性建立，為後面製作使用資料庫的功能做好準備。

5.1 建立 UserImage 模型

UserImage 模型是，登入使用者上傳圖片時，用來儲存圖片網址的模型。

連結 user 表格的 id 與 user_images 表格的 user_id（圖 5.2），使用者可多次上傳圖片，故建立一對多關聯。

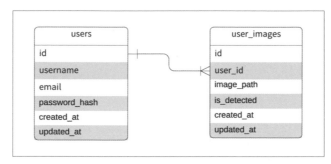

圖 5.2　UserImage 模型類別的表格架構

首先，製作 apps/detector/models.py，再建立 UserImage 模型類別（範例 5.1）。

將 users 表格的 id 直欄，設定為 user_id 的外鍵（foreign key）。設定外鍵的時候，可於 db.ForeignKey 指定「表格名稱.直欄名稱」。

範例 5.1　UserImage 模型類別（apps/detector/models.py）

```
from datetime import datetime

from apps.app import db

class UserImage(db.Model):
    __tablename__ = "user_images"
    id = db.Column(db.Integer, primary_key=True)
    # 將 users 表格的 id 直欄，設定為 user_id 的外鍵
    user_id = db.Column(db.String, db.ForeignKey("users.id"))
```

```
    image_path = db.Column(db.String)
    is_detected = db.Column(db.Boolean, default=False)
    created_at = db.Column(db.DateTime, default=datetime.now)
    updated_at = db.Column(
        db.DateTime, default=datetime.now, onupdate=datetime.now
    )
```

接著，在 apps/detector/__init__.py 匯入模型（範例 5.2）。

範例 5.2　匯入模型（apps/detector/__init__.py）

```
import apps.detector.models
```

使用下述指令，修改資料庫。

```
(venv) $ flask db migrate
(venv) $ flask db upgrade
```

執行指令後，會建立 user_images 表格。

5.2 建立圖片列表頁面的端點

修改 apps/detector/views.py 的 index 端點，實作圖片列表頁面（範例 5.3）。

範例 5.3 修改圖片列表頁面的端點（apps/detector/views.py）

```python
from apps.app import db
from apps.crud.models import User
from apps.detector.models import UserImage
from flask import Blueprint, render_template

... 省略 ...

@dt.route("/")
def index():
    # 連結 User 和 UserImage，取得圖片列表
    user_images = (
        db.session.query(User, UserImage)
        .join(UserImage)
        .filter(User.id == UserImage.user_id)
        .all()
    )

    return render_template("detector/index.html", user_images=user_images)
```

連結（join）User 和 UserImgae，取得圖片列表。關於 SQLAlchemy 的表格連結，細節留到 5.4 節解說。

建立圖片列表頁面的模板

修改 apps/detector/templates/detector/index.html，增加顯示圖片
列表的程式碼（範例 5.4）。目前沒有任何設計和資料，畫面不會顯示相關內容。

範例 5.4 修改圖片列表頁面的模板（apps/detector/templates/detector/index.html）

```
{% extends "detector/base.html" %}
{% block content %}
{% for user_image in user_images %}
<div class="card col-md-7 dt-image-content">
  <section>
    <img src="{{ user_image.UserImage.image_url }}" alt=" 圖片 " />
  </section>
</div>
{% endfor %}
{% endblock %}
```

5.4 SQLAlchemy 的表格連結與關聯性建立

前面僅操作單一表格,但 UserImage 模型類別是處理多個表格,故接著講解使用 SQLAlchemy 連結表格的方法。

使用 SQL 連結表格

以 users 表格和 user_images 表格為例,説明連結 SQL 的方法。users 和 user_images 表格為一對多關聯,將 users 表格的 id 指定為 user_images 的外鍵(圖 5.3)。

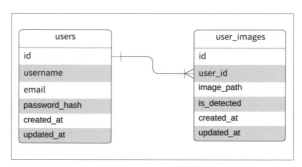

圖 5.3　UserImage 模型類別的表格架構

User 模型 [1] 和 UserImage 模型的定義,分別如範例 5.5、範例 5.6 所示。進行連結之前,再次確認模型的定義。

範例 5.5　User 模型(apps/crud/models.py)

```
... 省略 ...

class User(UserMixin, db.Model):
    # 指定表格名稱
    __tablename__ = "users"
```

※1　請參閱第 1 篇／第 3 章 3.3 節的「修改 User 模型」(p.149)。

```
    # 定義直欄
    id = db.Column(db.Integer, primary_key=True)
    ... 省略 ...
```

範例 5.6　**UserImage** 模型（apps/detector/models.py）

```
... 省略 ...

class UserImage(db.Model):
    __tablename__ = "user_images"
    id = db.Column(db.Integer, primary_key=True)
    user_id = db.Column(db.String, db.ForeignKey("users.id"))
    ... 省略 ...
```

🏠 確認 SQL 的事前準備

使用 flask shell 確認 SQLAlchemy 執行的 SQL。請輸入下述指令，完成執行後續程式碼的事前準備，確認順利執行沒有發生錯誤。若發生錯誤的話，有可能是模型的定義有誤，請再次確認前面的內容。

```
(venv) $ flask shell
>>> from apps.app import db
>>> from apps.crud.models import User
>>> from apps.detector.models import UserImage
```

INNER JOIN

進行 INNER JOIN（內部連結）[2] 的時候，使用 join 於 fliter 指定 User.id == UserImage.user_id。由於要取得的資料對象是 User 和 UseImage 的全部直欄，故 query 引數指定 User 類別和 UserImage 類別[3]。

INNER JOIN 的表格連結❶

```
>>> db.session.query(User, UserImage).join(UserImage
```

※2　抽取兩表格通用資料（直欄）的連結方法。

※3　關於 query 和 filter 的用法，請參閱第 1 篇／第 2 章 2.4 節的「SQLAlchemy 基本的資料操作」（p.104）。

```
... ).filter(User.id == UserImage.user_id).all()
INFO sqlalchemy.engine.base.Engine SELECT ...省略... FROM users
JOIN user_images ON users.id = user_images.user_id WHERE users.id =
user_images.user_id
```

由於 User 表格和 UserImage 表格設有外鍵，下述程式碼也會得相同的結果。

INNER JOIN 的表格連結❷

```
>>> db.session.query(User, UserImage).join(UserImage).all()
INFO sqlalchemy.engine.base.Engine SELECT ...省略... FROM users
JOIN user_images ON users.id = user_images.user_id WHERE users.id =
user_images.user_id
```

在 query 編寫 User.id、User.name，可取得指定的直欄。

取得指定的直欄

```
>>> db.session.query(User.id, User.username).join(UserImage).filter(
... User.id == UserImage.user_id).all()
INFO sqlalchemy.engine.base.Engine SELECT users.id AS users_id,
users.username AS users_username FROM users JOIN user_images ON
users.id = user_images.user_id WHERE users.id = user_images.user_id
WHERE users.id = user_images.user_id
```

OUTER JOIN

進行 OUTER JOIN（外部連結）[4] 的時候，使用 outerjoin 於 filter 指定
User.id == UserImage.user_id。

OUTER JOIN 的表格連結

```
>>> db.session.query(User, UserImage).outerjoin(UserImage).filter(
... User.id == UserImage.user_id).all()
INFO sqlalchemy.engine.base.Engine SELECT ...省略... FROM users
LEFT OUTER JOIN user_images ON users.id = user_images.user_id
```

[4] 當作基準的表格有該直欄（即便另一表格沒有），便可抽取資料（直欄）的連結方法。

關聯性建立

模型建立關聯性後，可自模型物件取得有關的表格物件。

user 表格和 user_images 表格建立關聯性時，在 user_images 定義外鍵；在 user 表格定義關聯性。

定義關聯性

```
user_images = relationship("UserImage")
```

建立關聯性時有諸多選項，本書僅解說常見的選項（表 5.1）。更多詳細內容，請參閱下述的 SQLAlchemy 官方文件。

https://docs.sqlalchemy.org/en/13/

表 5.1　關聯性常見的選項

選項名稱	說明
backref	對其他模型建立雙向關聯
lazy	延遲取得關聯的物件。預設為 select，其他還有 immediate、joined、subquery、noload、dynamic 等。
order_by	指定要排序的直欄

backref

藉由 backref，可使用物件從 User 模型訪問 UserImage 模型，或者從 UserImage 模型訪問 User 模型。

此選項可用於一對一、一對多、多對一關聯的表格，但不適用多對多關聯的表格。雖然本書沒有收錄，但可使用 secondary、secondaryjoin 處理多對多關聯的表格。

定義模型

```
class User(UserMixin, db.Model):
    __tablename__ = "users"
    id = db.Column(db.Integer, primary_key=True)
    ... 省略 ...

    # 使用 backref 設定關聯性資訊
    user_images = db.relationship("UserImage", backref="user")
```

由 User 物件取得 UserImage 物件

由 User 物件取得 UserImage 物件時，程式碼得寫成 user.user_images。
如此一來，可取得帶有 User 物件中 user_id 的 UserImage 資訊。

backref 預設的選項為 select，呼叫 user.user_images 時僅會執行
一次 SQL。由於屬於一對多關聯，user.user_images 可取得的值會是
UserImage 物件陣列（圖 5.4）。

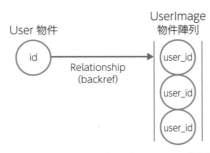

可取得帶有 User 物件中 id 的 UserImage 物件陣列

圖 5.4　取得 UserImage 物件陣列

修改模型定義後，重新執行 flask shell：

```
(venv) $ flask shell
>>> from apps.app import db
>>> from apps.crud.models import User
>>> from apps.detector.models import UserImage
```

然後，請執行下述指令。

由 User 物件取得 UserImage 物件

```
>>> user = User.query.first()                        由 user 表格取得記錄
>>> print(user.user_images)                 由 user_images 表格取得帶有 user_id 的記錄
INFO sqlalchemy.engine.base.Engine SELECT             由 user 表格取得記錄
... 省略 ... FROM users LIMIT ? OFFSET ?
INFO sqlalchemy.engine.base.Engine (1, 0)
INFO sqlalchemy.engine.base.Engine SELECT          由 user_images 表格取
... 省略 ... FROM user_images WHERE ? =            得帶有 user_id 的記錄
user_images.user_id
```

```
INFO sqlalchemy.engine.base.Engine ('user-c5655f31-8f80-42c9-939c-
40d1c3e40945',)
[<UserImage 1>, <UserImage 2>] ─────── 輸出結果：輸出 UserImage 物件陣列
```

由 UserImage 物件取得 User 物件

由 UserImage 物件取得 User 物件時，程式碼得寫成 user_image.user。如此一來，可取得帶有 UserImage 物件中 user_id 的 User 資訊。

由於屬於多對一關聯，取得的 User 資訊不是陣列而是物件（圖 5.5）。user_images 表格得編寫帶有 user 表格之 user_id 的程式碼，才會得到下述的輸出結果。

可由 UserImage 物件之 user_id 取得 User 物件

圖 5.5　取得 User 物件

由 UserImage 物件取得 User 物件

```
>>> user_image = UserImage.query.first() ─────── 由 user_images 表格取得紀錄
>>> print(user_image.user) ─────── 由 user 表格取得帶有 user_image 之 user_id 的記錄
INFO sqlalchemy.engine.base.Engine SELECT ┐  由 user_images 表格
...省略... FROM user_images LIMIT ? OFFSET ? ┘  取得記錄
INFO sqlalchemy.engine.base.Engine (1, 0)
INFO sqlalchemy.engine.base.Engine SELECT ┐  由 user 表格取得帶有 user_
...省略... FROM users WHERE users.id = ? ┘  image 之 user_id 的記錄
INFO sqlalchemy.engine.base.Engine ('user-c5655f31-8f80-42c9-939c-
40d1c3e40945',)
<User 1> ─────── 輸出結果：輸出 User 物件
```

order_by

建立關聯性取得表格的相關資訊時，可用 order_by 指定要排序的直欄資訊。

模型定義

```
class User(UserMixin, db.Model):
    __tablename__ = "users"
    id = db.Column(db.Integer, primary_key=True)
    ... 省略 ...

    # 使用 backref 設定關聯資訊，以 order_by 指定要排序的直欄
    user_images = db.relationship(
        "UserImage", backref="user", order_by="desc(UserImage.id)"
    )
```

如此一來，由 User 物件取得 UserImge 物件時，會降序排列 UserImage 的 id。

修改模型定義後，如下重新執行 flask shell：

```
(venv) $ flask shell
>>> from apps.app import db
>>> from apps.crud.models import User
>>> from apps.detector.models import UserImage
```

然後，請執行下述的指令：

降序排列 id

```
>>> user = User.query.first()          ──────  由 user 表格取得記錄
>>> print(user.user_images)            ──────  在降序排列 id 的狀態下，由 user_image
                                               表格取得帶有 user 表格之 id 的記錄
INFO sqlalchemy.engine.base.Engine SELECT
... 省略 ... FROM users LIMIT ? OFFSET ?      ──────  由 user 表格取得記錄
INFO sqlalchemy.engine.base.Engine (1, 0)
INFO sqlalchemy.engine.base.Engine SELECT
... 省略 ... FROM user_images WHERE ? = user_images.user_id
ORDER BY user_images.id DESC
INFO sqlalchemy.engine.base.Engine ('user-c5655f31-8f80-42c9-939c-
40d1c3e40945',)
[<UserImage 2>, <UserImage 1>]
```

輸出結果：在降序排列 id 的狀態下，輸出 UserImage 的物件陣列

在降序排列 id 的狀態下，由 user_image 表格取得帶有 user 表格之 id 的記錄

本章總結

雖然完成圖片列表頁面，但因目前沒有圖片而未顯示任何內容。然後，為了後續開發使用資料庫的驗證功能、圖片上傳功能、物件偵測功能，本章講解了 SQLAlchemy 的表格連結和關聯性建立。兩者是相當常用的功能，請務必學習起來。

第 **6** 章

建立註冊與登入頁面

本章內容

6.1 修改註冊頁面的端點
6.2 建立通用標頭
6.3 修改註冊頁面的模板
6.4 修改登入頁面的端點
6.5 修改登入頁面的模板
6.6 確認註冊／登入頁面的運作情況

本章將會建立註冊頁面（圖 6.1）和登入頁面（圖 6.2）。其中，驗證功能已於第 1 篇第 3 章完成實作，第 2 篇會直接修改前面的程式碼來建立 detector 應用程式。

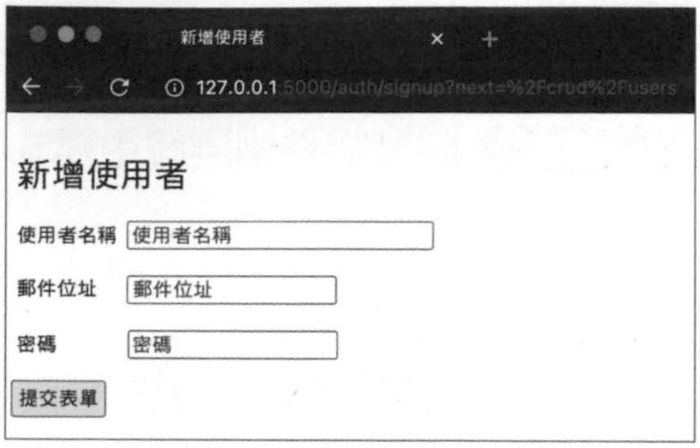

圖 6.1　註冊頁面

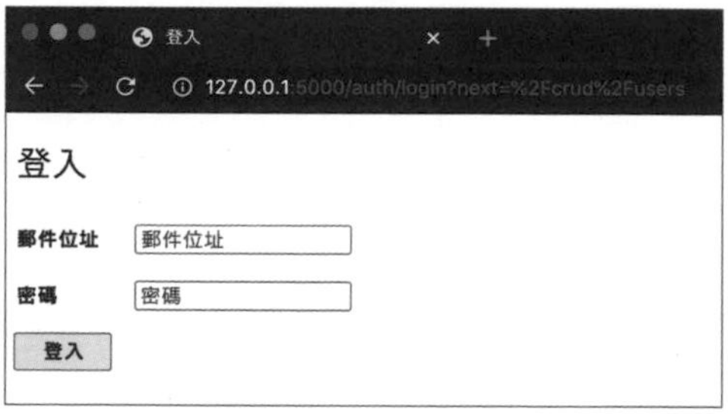

圖 6.2　登入頁面

6.1 修改註冊頁面的端點

在 apps/auth/views.py 的 signup，已有實作註冊頁面的端點[1]，僅需將既有程式碼的重新導向目的地，修改為第 2 篇建立的 detector 應用程式（範例 6.1）。

範例 6.1　註冊頁面的端點（apps/auth/views.py）

```python
@auth.route("/signup", methods=["GET", "POST"])
def signup()
    form = SignUpForm()
    if form.validate_on_submit():
        ... 省略 ...
        # 將完成註冊時重新導向目的地修改為 detector.index
        next_ = request.args.get("next")
        if next_ is None or not next_.startswith("/"):
            next_ = url_for("detector.index")
        return redirect(next_)

    return render_template("auth/signup.html", form=form)
```

※1　請參閱第 1 篇／第 3 章 3.3 節的「建立註冊功能的端點」（p.151）。

6.2 建立通用標頭

在第 4 章完成的 apps/detector/templates/detector/base.html，先
製作導覽列再建立通用標頭（範例 6.2）。未登入時，顯示登入、註冊連結；登入
時，顯示登入使用者名稱、登出連結。

範例 6.2　建立通用標頭（apps/detector/templates/detector/base.html）

```html
<!DOCTYPE html>
<html lang="ja">
  <head>
    <meta charset="UTF-8" />
    <title>detector</title>
    <link
      rel="stylesheet"
      href="{{ url_for('static', filename='css/bootstrap.min.css') }}"
    />
    <link
      rel="stylesheet"
      href="{{ url_for('static', filename='css/style.css') }}"
    />
  </head>

<body>
    <!-- 製作導覽列 -->
    <nav class="navbar navbar-expand-lg navbar-dark bg-dark">
      <div class="container">
        <a class="navbar-brand " href="{{ url_for('detector.index') }}"
          >detector</a
        >
        <ul class="navbar-nav">
          {% if current_user.is_authenticated %}
```

❶

```
        <li class="nav-item">
          <span class="nav-link">{{ current_user.username }}</span>
        </li>
        <li class="nav-item">
          <a href="{{ url_for('auth.logout') }}" class="nav-link"
            > 登出 </a
          >
        </li>
        {% else %}
        <li class="nav-item">
          <a class="nav-link" href="{{ url_for('auth.signup') }}">↵
新增使用者 </a>
        </li>
        <li class="nav-item">
          <a class="nav-link" href="{{ url_for('auth.login') }}">↵
登入 </a>
        </li>
        {% endif %}
      </ul>
    </div>
  </nav>

  <!-- 以 section class="container" 圍起 block content -->
  <section class="container">
  {% block content %}{% endblock %}
  </section>
  </body>
</html>
```

❷

❶ 製作導覽列。登入時，`current_user.is_authenticated` 為 true，顯示使用者名稱和登出連結；未登入時，顯示註冊連結和登入連結。

❷ 使用 bootstrap 設定樣式，以 section class="container" 圍起 block content。

在 apps/auth/templates/auth/signup.html 已有實作註冊功能的模板[2]，為了將此模板當作新增使用者頁面，得配合 bootstrap 修改 HTML/CSS 來調整設計（範例 6.3）。進行擴張的 base.html，也得由 auth/base.html 改成 detector/base.html。

範例 6.3　修改註冊頁面的模板（apps/auth/templates/auth/signup.html）

```html
<!-- 由 auth/base.html 改成 detector/base.html -->
{% extends "detector/base.html" %}
{% block title %}新增使用者 {% endblock %}
{% block content %}
<div class="mx-auto dt-auth-main">
  <div class="card dt-auth-signup">
    <header>新增使用者 </header>
    <section>
      <form method="post" action="{{ url_for('auth.signup', ↵
next=request.args.get('next')) }}" class="form-signin">
        {{ form.csrf_token }}
        {% for message in get_flashed_messages() %}
        <div class="dt-auth-flash">{{ message }}</div>
        {% endfor %}
        {{ form.username(size=30, class="form-control dt-auth-input", ↵
placeholder=" 使用者名稱 ") }}
        {{ form.email(class="form-control dt-auth-input", ↵
placeholder=" 郵件位址 ") }}
        {{ form.password(class="form-control dt-auth-input", ↵
placeholder=" 密碼 ") }}
        {{ form.submit(class="btn btn-md btn-primary btn-block ↵
dt-auth-btn") }}
```

[2]　請參閱第 1 篇／第 3 章 3.3 節的「建立註冊功能的模板」（p.153）。

```
        </form>
    </section>
  </div>
</div>
{% endblock %}
```

在 apps/auth/views.py 的 login，已有實作登入頁面的端點[3]，跟註冊頁面一樣，修改重新導向目的地（範例 6.4）。

範例 6.4　修改登入頁面的端點（apps/auth/views.py）

```python
@auth.route("/login", methods=["GET", "POST"])
def login()
    form = LoginForm()
    if form.validate_on_submit():
        # 由郵件位址取得使用者
        user = User.query.filter_by(email=form.email.data).first()

        # 若使用者存在且密碼一致，則允許登入
        if user is not None and user.verify_password(form.password.data):
            # 將使用者資訊存入 Session
            login_user(user)
            return redirect(url_for("detector.index"))

        # 設定登入失敗的訊息
        flash(" 郵件位址或者密碼不正確 ")
    return render_template("auth/login.html", form=form)
```

※3　請參閱第 1 篇／第 3 章 3.4 節的「建立登入功能的端點」（p.157）。

6.5 修改登入頁面的模板

在 apps/auth/templates/auth/login.html，已有實作登入功能的模板[※4]。
為了將此模板當作使用者登入頁面，得配合 bootstrap 修改 HTML/CSS 來調整
設計（範例 6.5）。

範例 6.5 修改登入頁面的模板（apps/auth/templates/auth/login.html）

```
{% extends "detector/base.html" %}
{% block title %}登入{% endblock %}
{% block content %}
<div class="mx-auto dt-auth-main">
  <div class="card dt-auth-login">
    <header>登入</header>
    <section>
      <form method="post" action="{{ url_for('auth.login') }}">
        {% for message in get_flashed_messages() %}
        <span class="dt-auth-flash">{{ message }}</span>
        {% endfor %}
        {{ form.csrf_token }}
        {{ form.email(class="form-control dt-auth-input", ↲
placeholder="郵件位址") }}
        {{ form.password(class="form-control dt-auth-input", ↲
placeholder="密碼") }}
        {{ form.submit(class="btn btn-md btn-primary btn-block ↲
dt-auth-btn") }}
      </form>
    </section>
  </div>
</div>
{% endblock %}
```

※4 請參閱第1篇／第3章3.4節的「建立登入功能的模板」（p.157）。

6.6 確認註冊／登入頁面的運作情況

使用瀏覽器訪問下述網址，確認頁面是否增加標頭（圖 6.3）。

http://127.0.0.1:5000

圖 6.3　註冊前（未登入時）的圖片列表頁面

點擊標頭的【新增使用者】連結，會顯示新增使用者表單（圖 6.4）。在表單填寫相關內容，點擊【提交表單】按鈕後，會顯示圖片列表頁面（圖 6.6）。

圖 6.4　新增使用者表單（註冊頁面）

在表單填寫相關內容，點擊登入頁面（圖 6.5）的【登入】按鈕後，會顯示跟完成註冊一樣的圖片列表頁面（圖 6.6）。

圖 6.5　登入頁面

註冊／登入後，標頭會顯示登入使用者名稱和【登出】連結（圖 6.6）。

圖 6.6　註冊後（登入後）的圖片列表頁面

本章總結

藉由 Blueprint，可像本章建立的驗證功能一樣進行劃分，避免應用程式變得複雜，能夠反覆使用功能，非常方便。

接著，第 7 章將會實作圖片上傳的功能。

第 **7** 章

建立圖片上傳頁面

本章內容

7.1　指定圖片上傳目的地
7.2　建立顯示圖片的端點
7.3　圖片列表頁面增加圖片上傳頁面的連結與圖片列表
7.4　建立圖片上傳頁面的表單類別
7.5　建立圖片上傳頁面的端點
7.6　建立圖片上傳頁面的模板
7.7　確認圖片上傳頁面的運作情況

本章將會建立圖片上傳頁面。僅有完成登入的使用者，可利用 `detector` 應用程式的圖片上傳功能（圖 7.1）。

本書是在同一網路應用程式的伺服器上傳圖片，並將圖片路徑存至資料庫（Data Base），再根據資料庫中的路徑來顯示圖片。

圖 7.1　註冊後（登入後）的圖片列表頁面

圖 7.2　圖片上傳頁面

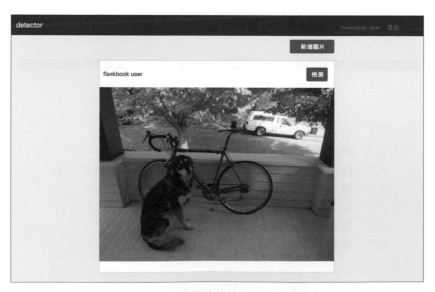

圖 7.3　上傳圖片後的圖片列表頁面

7.1 指定圖片上傳目的地

Flask 內有組態 UPLOAD_FOLDER，用來指定圖片上傳目的地。在組態 UPLOAD_FOLDER 輸入路徑後，可上傳圖片至指定的目錄。

在 apps/config.py 的 BaseConfig 增加 UPLOAD_FOLDER，指定圖片上傳目的地的路徑（範例 7.1）。

範例 7.1　在 BaseConfig 增加 UPLOAD_FOLDER（apps/config.py）

```
from pathlib import Path


basedir = Path(__file__).parent.parent


class BaseConfig:
    ... 省略 ...
    # 圖片上傳目的地指定 apps/images
    UPLOAD_FOLDER = str(Path(basedir, "apps", "images"))


class LocalConfig(BaseConfig):
    ... 省略 ...
```

由於圖片上傳目的地設定為 apps/images，故需要事先建立 images 目錄（圖 7.4）。

圖 7.4　建立 images 目錄

7.2　建立顯示圖片的端點

在 UPLOAD_FOLDER 建立顯示上傳圖片的端點。在 apps/detector/views.py 建立 image_file 端點（範例 7.2）。

範例 7.2　apps/detector/views.py

```
... 省略 ...
from flask import Blueprint, render_template, current_app, send_from_directory
... 省略 ...


@dt.route("/images/<path:filename>")
def image_file(filename):
    return send_from_directory(current_app.config["UPLOAD_FOLDER"], filename)
```

將 current_app.config["UPLOAD_FOLDER"] 傳給 send_from_directory 函數，指定上傳的檔案名稱來顯示圖片。

實際於 UPLOAD_FOLDER 配置圖片，再訪問下述網址會顯示該圖片（圖 7.5）。

http://127.0.0.1:5000/images/ 圖片檔案名稱

圖 7.5　顯示的圖片

使用模板顯示時，得如下編寫程式碼：

```
url_for('detector.image_file', filename=' 圖片檔案名稱 ')
```

在 apps/detector/templates/detector/index.html 增加圖片上傳頁
面的連結和圖片列表（範例 7.3）。

範例 7.3　增加圖片上傳頁面的連結和圖片列表
　　　　（apps/detector/templates/detector/index.html）

```
{% extends "detector/base.html" %}
{% block content %}
<!-- 增加圖片上傳頁面的連結 -->
<div class="col-md-10 text-right dt-image-register-btn">
  <a href="{{ url_for('detector.upload_image') }}" class="btn btn-primary"
    > 新增圖片 </a
  >
</div>
<!-- 顯示圖片列表 -->
{% for user_image in user_images %}
<div class="card col-md-7 dt-image-content">
  <header class="d-flex justify-content-between">
    <div class="dt-image-username">{{ user_image.User.username }}</div>
  </header>
  <section>
    <img
      src="{{ url_for('detector.image_file',
          filename=user_image.UserImage.image_path) }}"
      alt=" 上傳圖片 "
    />
  </section>
</div>
{% endfor %}
{% endblock %}
```

7.4 建立圖片上傳頁面的表單類別

如同第 2 章 2.5 節的「新增使用者」(p.113),製作 apps/detector/forms.py,再建立圖片上傳頁面的表單類別(範例 7.4)。

範例 7.4　圖片上傳頁面的表單類別(apps/detector/forms.py)

```python
from flask_wtf.file import FileAllowed, FileField, FileRequired  ──①
from flask_wtf.form import FlaskForm  ──②
from wtforms.fields.simple import SubmitField  ──③


class UploadImageForm(FlaskForm):  ──④
    # 在檔案欄位設定所需的驗證
    image = FileField(
        validators=[
            FileRequired("請指定圖片檔案。"),
            FileAllowed(["png", "jpg", "jpeg"],
            "不支援該圖片格式。"),                         ──⑤
        ]
    )
    submit = SubmitField("上傳")
```

① 在檔案欄位匯入必要的 FileField、FileRequired、FileAllowed 類別。

② 匯入 FlaskForm 類別,以便使用表單的擴充功能。

③ 匯入 SubmitField,以便產生 <input type=submit> 欄位。

④ 繼承 FlaskForm 後,建立 UploadImageForm。

⑤ 在檔案欄位設定所需的驗證。FileField 類別產生 <input type=file> 欄位。validators 編寫 FileRequired 類別,設定為必須指定檔案;編寫 FileAllowed 類別,指定允許的副檔名。

在 apps/detector/views.py 建立圖片上傳頁面的端點 upload_image（範例 7.5）。

範例 7.5　圖片上傳頁面的端點（apps/detector/views.py）

```python
# 匯入 uuid
import uuid
# 匯入 Path
from pathlib import Path

... 省略 ...
# 匯入 UploadImageForm
from apps.detector.forms import UploadImageForm
# 增加匯入 redirect、url_for
from flask import (
    Blueprint,
    current_app,
    render_template,
    send_from_directory,
    redirect,
    url_for,
)
# 匯入 login_required、current_user
from flask_login import current_user, login_required
... 省略 ...

@dt.route("/upload", methods=["GET", "POST"])
# 設定為必須登入
@login_required
def upload_image():
    # 使用 UploadImageForm 進行驗證
    form = UploadImageForm()                    ❶
```

```
if form.validate_on_submit():
    # 取得完成上傳的圖片檔案
    file = form.image.data ————————————————————— ②
    # 取得檔案名稱和副檔名，將檔案名稱轉成 uuid
    ext = Path(file.filename).suffix
    image_uuid_file_name = str(uuid.uuid4()) + ext ——————— ③

    # 儲存圖片                                              ④
    image_path = Path(
        current_app.config["UPLOAD_FOLDER"], image_uuid_file_name
    )
    file.save(image_path)

    # 存至資料庫
    user_image = UserImage(
        user_id=current_user.id, image_path=image_uuid_file_name
    )
    db.session.add(user_image)
    db.session.commit()
                                                           ⑤
    return redirect(url_for("detector.index"))
return render_template("detector/upload.html", form=form)
```

❶ 使用 UploadImageForm 類別驗證表單。遵從 UploadImageForm 中的規則進行驗證。

❷ 使用 form.[name].data 取得圖片檔案。[name] 是 UploadImageForm 類別中 FileField 的變數名稱。HTML 會寫成 <input type=filename= image>。

❸ 直接利用完成上傳的檔案名稱，恐有資安防護上的疑慮，故將上傳檔案名稱轉成 uuid 格式[※1]。

❹ 將圖片存至 UPLOAD_FOLDER，以 current_app.config["UPLOAD_FOLDER"] 取得 UPLOAD_FOLDER 的路徑。

❺ 指定上傳的使用者 ID 和圖片檔案名稱，儲存至資料庫。

[※1] 轉成安全檔案名稱的 werkzeug.utils 內有 secure_filename() 函數，但檔案名稱為日文時可能無法運行，故這裡不使用。

215

製作 apps/detector/templates/detector/upload.html，再建立圖片上傳頁面的模板（範例 7.6）。在 form 屬性設定 enctype="multipart/form-data"，以便上傳圖片。

範例 7.6　圖片上傳頁面的模板（apps/detector/templates/detector/upload.html）

```
{% extends "detector/base.html" %}
{% block content %}
<div>
  <h4> 新增圖片 </h4>
  <p> 請選擇要上傳的圖片 </p>
  <form
    action="{{ url_for('detector.upload_image') }}"
    method="post"
    enctype="multipart/form-data"
    novalidate="novalidate"
  >
    {{ form.csrf_token }}
    <div>
      <label>
        <span> {{ form.image(class="form-control-file") }} </span>
      </label>
    </div>
    {% for error in form.image.errors %}
    <span style="color: red;">{{ error }}</span>
    {% endfor %}
    <hr />
    <div>
      <label> {{ form.submit(class="btn btn-primary") }} </label>
    </div>
  </form>
</div>
{% endblock %}
```

7.7 確認圖片上傳頁面的運作情況

在未登入的狀態下，訪問下述網址：

http://127.0.0.1:5000/

點擊【新增圖片】按鈕會跳轉註冊頁面（圖 7.6）。

圖 7.6　圖片列表頁面（圖片上傳前）

輸入相關資訊完成註冊（圖 7.7）。

圖 7.7　註冊頁面

完成註冊後，會跳轉圖片上傳頁面 http://127.0.0.1:5000/upload（圖 7.8）。選擇檔案並點擊【上傳】按鈕。

圖 7.8 圖片上傳頁面

圖片完成上傳後，會顯示於圖片列表頁面（圖 7.9）。

圖 7.9 圖片列表頁面（圖片上傳後）

本章總結

終於能夠上傳圖片，並於圖片列表頁面顯示該圖片。

本書是使用 Flask 的功能，將圖片上傳至與應用程式相同的網路伺服器，不過除此之外，也有利用 Amazon S3（https://aws.amazon.com/jp/s3/）等雲端儲存服務的方法。若覺得還有餘裕的話，不妨嘗試其他的圖片上傳處理。

第 **8** 章

建立物件偵測功能

本章內容

8.1　建立 UserImageTags 模型

8.2　建立物件偵測功能的表單類別

8.3　設置物件偵測功能的程式庫

8.4　建立物件偵測功能的端點

8.5　在圖片列表頁面顯示標記訊息

8.6　在圖片列表頁面顯示【檢測】按鈕與標記訊息

8.7　確認物件偵測功能的運作情況

8.8　建立圖片刪除功能

本章將會建立把上傳的圖片傳給機器學習的模型，加工物件偵測後的圖片並儲存識別標記的功能（圖 8.1、圖 8.2）。

圖 8.1　在圖片列表頁面點擊圖片的【檢測】按鈕

圖 8.2　物體的識別標記

8.1 建立 UserImageTags 模型

UserImageTags 模型是，登入使用者點擊【檢測】按鈕後，對上傳的圖片進行物件偵測，儲存識別標記的模型（圖8.3）。1個圖片可輸出多組標記資訊，屬於一對多關聯。

圖 8.3　UserImageTags 模型的架構

在 apps/detector/models.py 建立 UserImageTag 類別（範例 8.1）。

範例 8.1　建立 UserImageTag 模型類別（apps/detector/models.py）

```
... 省略 ...

# 建立繼承 db.Model 的 UserImage 類別
class UserImageTag(db.Model):
    # 指定表格名稱
    __tablename__ = "user_image_tags"
    id = db.Column(db.Integer, primary_key=True)
    # 將 user_images 表格的 id 直欄設定為 user_image_id 的外鍵
    user_image_id = db.Column(db.String, db.ForeignKey("user_images.id"))
    tag_name = db.Column(db.String)
    created_at = db.Column(db.DateTime, default=datetime.now)
    updated_at = db.Column(
        db.DateTime, default=datetime.now, onupdate=datetime.now
    )
```

建立模型後，以下述指令更新資料庫。

```
(venv) $ flask db migrate
(venv) $ flask db upgrade
```

執行後，會建立 user_image_tags 表格。

8.2 建立物件偵測功能的表單類別

在 apps/detector/forms.py 建立物件偵測功能的表單類別,以便圖片列表頁面增加【檢測】按鈕(範例 8.2)。在圖片列表頁面的模板,設定 DetectorForm 的 submit 來增加【檢測】按鈕。

範例 8.2 建立物件偵測功能的表單類別(apps/detector/forms.py)

```
... 省略 ...

class DetectorForm(FlaskForm):
    submit = SubmitField(" 檢測 ")
```

8.3　設置物件偵測功能的程式庫

實作物件偵測功能的時候，會利用機器學習程式庫 PyTorch。PyTorch 是
Facebook（現為 Meta）主導的 Python 機器學習程式庫，相關細節留到第 3 篇
解說。

```
(venv) $ pip install torch torchvision opencv-python
```

若安裝失敗的話，請先執行「pip install --upgrade pip」，再執行上述
指令。

接著，取得已學習模型。在 python 直譯器執行下述程式碼，獲取完成學習的模
型──model.pt 檔案。執行指令後，model.pt 檔案會存於 flaskbook，需要
移動至 apps/detector 底下。

```
(venv) $ python
>>> import torch
>>> import torchvision
>>> model = torchvision.models.detection.maskrcnn_resnet50_fpn(
... pretrained=True)
>>> torch.save(model, "model.pt")
```

這個已學習模型能夠判定人、車、狗等物體。在 apps/config.py 的
BaseConfig，設定用於物件偵測的標籤（範例 8.3）。請複製下述網址，確認標
籤列表：

https://github.com/ml-flaskbook/flaskbook/blob/main/apps/config.py

範例 8.3　增加用於物件偵測的標籤（apps/config.py）

```python
class BaseConfig:
    ... 省略 ...
    # 用於物件偵測的標籤
    LABELS = [
        "unlabeled",
        "person",
        "bicycle",
        "car",
        "motorcycle",
        "airplane",
        "bus",
        "train",
        "truck",
        "boat",
        "traffic light",
        "fire hydrant",
        "street sign",
        "stop sign",
        "parking meter",
        "bench",
        "bird",
        "cat",
        "dog",
        "horse",
        "sheep",
        "cow",
        "elephant",
        "bear",
        "zebra",
        "giraffe",
        "hat",
        "backpack",
        "umbrella",
        "shoe",
        "eye glasses",
        "handbag",
        "tie",
        "suitcase",
        "frisbee",
        "skis",
        ... 省略 ...
    ]
```

建立物件偵測功能的端點

在 apps/detector/views.py 建立物件偵測的 detect 端點。物件偵測功能會使用前面設置的 pytorch。

由於物件偵測的處理程序（圖 8.4）冗長，故會依處理內容劃分函數（範例 8.4～範例 8.7）。

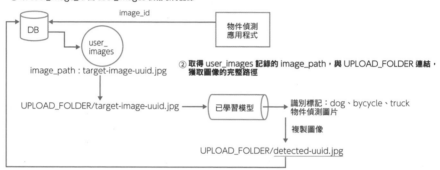

① 以 user_image_id 由 user_images 表格取得記錄

image_id

DB

物件偵測
應用程式

user_images

image_path : target-image-uuid.jpg

② 取得 user_images 記錄的 image_path，與 UPLOAD_FOLDER 連結，
獲取圖像的完整路徑

UPLOAD_FOLDER/target-image-uuid.jpg → 已學習模型 → 識別標記：dog、bycycle、truck
物件偵測圖片

複製圖像

UPLOAD_FOLDER/detected-uuid.jpg

③ 圖片輸入已學習模型，取得物件偵測圖片和識別標記，   ④ 將複製的物件偵測圖片檔案名稱、識別標記
　 將圖片複製至 UPLOAD_FOLDER 的路徑　　　　　　　　 　 名稱存至資料庫

圖 8.4　物件偵測處理

先實作以方框圍起已識別物體的函數（範例 8.4）。

範例 8.4　圖片處理的函數（apps/detector/views.py）

```
def make_color(labels):
    # 隨機決定框線的顏色
    colors = [[random.randint(0, 255) for _ in range(3)] for _ in labels]    ❶
    color = random.choice(colors)
    return color
```

```python
def make_line(result_image):
    # 製作框線
    line = round(0.002 * max(result_image.shape[0:2])) + 1 ──────────②
    return line


def draw_lines(c1, c2, result_image, line, color):
    # 在圖片添加四角形的框線
    cv2.rectangle(result_image, c1, c2, color, thickness=line) ──────③
    return cv2


def draw_texts(result_image, line, c1, cv2, color, labels, label):
    # 在圖片添加已識別的文字標籤
    display_txt = f"{labels[label]}"
    font = max(line - 1, 1)
    t_size = cv2.getTextSize(
        display_txt, 0, fontScale=line / 3, thickness=font
    )[0]
    c2 = c1[0] + t_size[0], c1[1] - t_size[1] - 3
    cv2.rectangle(result_image, c1, c2, color, -1)
    cv2.putText(
        result_image,
        display_txt,
        (c1[0], c1[1] - 2),
        0,
        line / 3,
        [225, 255, 255],
        thickness=font,
        lineType=cv2.LINE_AA,
    )
    return cv2
```
④

❶ 隨機決定框線的顏色。

❷ 製作框線。

❸ 在圖片添加四角形的框線。

❹ 在圖片添加已識別的文字標籤。

範例 8.5　exec_detect 函數（apps/detector/views.py）

```python
def exec_detect(target_image_path):
    # 加載標籤
    labels = current_app.config["LABELS"]
    # 加載圖片
    image = Image.open(target_image_path)
    # 將圖片資料轉成張量（tensor）型態的數值資料
    image_tensor = torchvision.transforms.functional.to_tensor(image)        ❶


    # 加載已學習模型
    model = torch.load(Path(current_app.root_path, "detector", "model.pt"))
    # 切換模型的推論模式
    model = model.eval()                                                     ❷
    # 執行推論
    output = model([image_tensor])[0]


    tags = []
    result_image = np.array(image.copy())                                    ❹
    # 在圖片添加模型已識別的物體處理
    for box, label, score in zip(
        output["boxes"], output["labels"], output["scores"]
    ):
        if score > 0.5 and labels[label] not in tags:
            # 決定框線的顏色
            color = make_color(labels)
            # 製作框線
            line = make_line(result_image)                                   ❸
            # 偵測圖片和文字標籤的框線位置資訊
            c1 = (int(box[0]), int(box[1]))
            c2 = (int(box[2]), int(box[3]))
            # 在圖片添加框線
            cv2 = draw_lines(c1, c2, result_image, line, color)
            # 在圖片添加文字標籤
            cv2 = draw_texts(result_image, line, c1, cv2, color,
                             labels, label)
            tags.append(labels[label])


    # 產生已識別的圖像檔案名稱
    detected_image_file_name = str(uuid.uuid4()) + ".jpg"                    ❺
```

```
# 取得圖片複製目的地的路徑
detected_image_file_path = str(
    Path(current_app.config["UPLOAD_FOLDER"],
        detected_image_file_name)
)

# 將加工後的圖片檔案複製至儲存目的地
cv2.imwrite(
    detected_image_file_path, cv2.cvtColor(
        result_image, cv2.COLOR_RGB2BGR)
)

return tags, detected_image_file_name
```

❻

❼

❽

❶ 由 config 加載標籤、由圖片路徑加載圖片,並將圖片資料轉成張量型態的數值資料。

❷ 加載已學習模型 model.pt,切換模型的推論模式後執行推論。

❸ 已學習模型可由圖片檢測取得位置、標籤名稱、信賴分數(score)等物體資訊,據此於圖片添加框線和標籤。

❹ 在陣列增加不重複的 tag 名稱,以便儲存至資料庫。

❺ 以 UUID 產生已識別的圖片檔案名稱。

❻ 取得已識別圖片檔案所在路徑。

❼ 將加工後的圖片檔案,複製至已識別圖片檔案的儲存目的地路徑。

❽ 回傳標記列表,將已識別的圖片檔案名稱存至資料庫。

範例 8.6　save_detected_image_tags 函數（apps/detector/views.py）

```
def save_detected_image_tags(user_image, tags, detected_image_file_name):
    # 將已識別的圖片儲存位置路徑存至資料庫
    user_image.image_path = detected_image_file_name
    # 將識別旗標(flag)設定為 True
    user_image.is_detected = True
    db.session.add(user_image)

    # 建立 user_images_tags 記錄
    for tag in tags:
        user_image_tag = UserImageTag(
            user_image_id=user_image.id, tag_name=tag)
        db.session.add(user_image_tag)

    db.session.commit()
```

❶

❷

8

建
立
物
件
偵
測
功
能

❶ 在 user_image，將識別後完成加工的圖片儲存路徑存至資料庫，並將識別旗標設定為 True。

❷ 建立標記列表的迴圈，在 user_image_tag 設定標記資訊，儲存至資料庫。

範例 8.7　detect 端點（apps/detector/views.py）

```python
import random
import cv2
import numpy as np
import torch
import torchvision


# 增加匯入 UserImageTag
from apps.detector.models import UserImage, UserImageTag
# 增加匯入 flash
from flask import (
    Blueprint,
    current_app,
    redirect,
    render_template,
    send_from_directory,
    url_for,
    flash,
)
from PIL import Image
from sqlalchemy.exc import SQLAlchemyError
... 省略 ...


@dt.route("/detect/<string:image_id>", methods=["POST"])
# 附加 login_required 裝飾器，設為必須登入
@login_required
def detect(image_id):
    # 由 user_images 表格取得記錄
    user_image = (
        db.session.query(UserImage).filter(
            UserImage.id == image_id).first()
    )
    if user_image is None:
        flash(" 沒有執行物件偵測的圖片。")
        return redirect(url_for("detector.index"))
```

❶

```
# 取得執行物件偵測的圖片路徑
target_image_path = Path(
    current_app.config["UPLOAD_FOLDER"], user_image.image_path  ❷
)

# 執行物件偵測，取得標記和加工後的圖片路徑
tags, detected_image_file_name = exec_detect(target_image_path)  ❸

try:
    # 將標記和加工後的圖片路徑資訊存至資料庫
    save_detected_image_tags(user_image, tags,
        detected_image_file_name)                                ❹
except SQLAlchemyError as e:
    flash("物件偵測處理發生錯誤")
    # 進行撤回
    db.session.rollback()
    # 輸出錯誤日誌
    current_app.logger.error(e)
    return redirect(url_for("detector.index"))

return redirect(url_for("detector.index"))
```

❶ 根據 `image_id` 由 `user_images` 表格取得對應的記錄。

❷ 取得執行物件偵測的圖片路徑。以 `current_app.config["UPLOAD_FOLDER"]` 取得上傳位置的圖片路徑。

❸ 傳送圖片路徑並執行物件偵測處理，取得其輸出的標記和加工後的圖片檔案資訊。

❹ 將標記和加工後的圖片資訊存至資料庫。

修改 apps/detector/views.py 中圖片列表的端點程式碼，取得標記列表，
以便於圖片列表頁面顯示已識別的標記資訊（範例 8.8）。

範例 8.8　修改圖片列表的端點程式碼取得標記列表（apps/detector/views.py）

```
... 省略 ...
# 增加匯入 DetectorForm
from apps.detector.forms import UploadImageForm, DetectorForm
... 省略 ...

@dt.route("/")
def index():
    # 取得圖片列表
    user_images = (
        db.session.query(User, UserImage)
        .join(UserImage)
        .filter(User.id == UserImage.user_id)
        .all()
    )

    # 取得標記列表
    user_image_tag_dict = {}                                    ①
    for user_image in user_images:
        # 取得綁定圖片的標記列表
        user_image_tags = (
            db.session.query(UserImageTag)
            .filter(UserImageTag.user_image_id ==
                user_image.UserImage.id)
            .all()                                              ②
        )
        user_image_tag_dict[user_image.UserImage.id] =
            user_image_tags

    # 建立物件偵測表單的實體
    detector_form = DetectorForm()                              ③-1
```

```
return render_template(
    "detector/index.html",
    user_images=user_images,
    # 將標記列表傳給模板
    user_image_tag_dict=user_image_tag_dict,
    # 將物件偵測表單傳給模板
    detector_form=detector_form,———————————————❸-2
)
```

❶ 取得標記列表。

❷ 建立標記列表的迴圈，取得圖片綁定的標記列表，設置以圖片 ID 為鍵的字典。

❸ 建立物件偵測表單類別的實體並傳給模板，以便利用模板的「檢測」表單。

修改 apps/detector/templates/detector/index.html，在圖片列表頁面的各個圖片，顯示物件偵測表單（【檢測】按鈕）和標記資訊（範例 8.9）。同時也要安排 flash 錯誤，以便發生錯誤時顯示錯誤資訊。

範例 8.9　在圖片列表頁面顯示【檢測】按鈕與標記資訊
（apps/detector/templates/detector/index.html）

```
{% extends "detector/base.html" %}
{% block content %}
<!--  安排 flash 錯誤 -->
{% with messages = get_flashed_messages() %}
{% if messages %}
<ul>
  {% for message in messages %}
  <li class="flash">{{ message }}</li>
  {% endfor %}
</ul>
{% endif %}
{% endwith %}


<div class="col-md-10 text-right dt-image-register-btn">
  <a href="{{ url_for('detector.upload_image') }}" class="btn btn-primary"
    >新增圖片 </a
  >
</div>
{% for user_image in user_images %}
<div class="card col-md-7 dt-image-content">
  <header class="d-flex justify-content-between">
    <div class="dt-image-username">{{ user_image.User.username }}</div>
    <!-- 增加物件偵測表單 -->
    <div class="d-flex flex-row-reverse">
      <div class="p-2">
        <form
          action="{{ url_for('detector.detect', image_id=
```

```
                user_image.UserImage.id) }}"
            method="POST"
        >
            {{ detector_form.csrf_token }}
            {% if current_user.id == user_image.User.id and
            user_image.UserImage.is_detected == False %}
            {{detector_form.submit(class="btn btn-primary")}}
            {% else %}
            {{ detector_form.submit(class="btn btn-primary",disabled="disabled")}}
            {% endif %}
        </form>
        </div>
    </div>
    </header>
    <section>
        <img
        src="{{ url_for('detector.image_file',
            filename=user_image.UserImage.image_path) }}"
        alt=" 圖片 "
        />
    </section>
    <!-- 顯示標記資訊 -->
    <footer>
        {% for tag in user_image_tag_dict[user_image.UserImage.id] %}
        #{{tag.tag_name }}
        {% endfor %}
    </footer>
</div>
{% endfor %}
{% endblock %}
```

8.7 確認物件偵測功能的運作情況

在已上傳圖片的狀態下，點擊【檢測】按鈕（圖 8.5)[※1]。

圖 8.5　已上傳圖片的狀態

如此一來，當識別物體的時候，圖片會進行加工處理，輸出該物體資訊的標記（圖 8.6）。

圖 8.6　輸出物體資訊的標記

8.8 建立圖片刪除功能

建立刪除已上傳圖片、已識別圖片的功能。

 建立圖片刪除功能的表單類別

在 apps/detector/forms.py 建立圖片刪除功能的表單類別（範例 8.10）。
在圖片列表頁面的模板，指定 DeleteForm 的 submit，增加【刪除】按鈕。

範例 8.10　建立圖片刪除功能的表單類別（apps/detector/forms.py）

```
... 省略 ...

class DeleteForm(FlaskForm):
    submit = SubmitField(" 刪除 ")
```

 建立圖片刪除功能的端點

在 apps/detector/views.py 建立 delete_image 端點（範例 8.11）。

範例 8.11　建立圖片刪除功能的 delete_image 端點（apps/detector/views.py）

```
... 省略 ...

@dt.route("/images/delete/<string:image_id>", methods=["POST"])
@login_required ─────────────────────────────────────────── ①
def delete_image(image_id):
    try:
        # 由 user_image_tags 表格刪除記錄
        db.session.query(UserImageTag).filter(       ②
            UserImageTag.user_image_id == image_id
        ).delete()
```

建立物件偵測功能

```
        # 由 user_images 表格刪除記錄
        db.session.query(UserImage).filter(UserImage.id == image_id).delete()    ❷

        db.session.commit()
    except SQLAlchemyError as e:
        flash("圖片刪除處理發生錯誤。")
        # 輸出錯誤日誌
        current_app.logger.error(e)
        db.session.rollback()                                                     ❸

    return redirect(url_for("detector.index"))
```

❶ 附加 @login_required，將刪除處理設為必須登入。

❷ 刪除 user_images 和 user_image_tags 兩表格中的記錄，使用 try-except 圍起刪除記錄，以確保資料的一致性，若發生錯誤則進行撤回。

❸ 設定發生錯誤時的錯誤訊息，進行撤回。然後，使用日誌記錄器於日誌輸出錯誤內容。

圖片列表頁面的端點增加刪除表單

在 apps/detector/views.py 的 index 端點增加刪除表單，以便添加【刪除】按鈕的表單（範例 8.12）。

範例 8.12　圖片列表頁面的端點增加刪除表單（apps/detector/views.py）

```
... 省略 ...
# 增加匯入 DeleteForm
from apps.detector.forms import UploadImageForm, DetectorForm, DeleteForm

... 省略 ...

@dt.route("/")
def index():
    user_images = (
        db.session.query(User, UserImage)
        .join(UserImage)
        .filter(User.id == UserImage.user_id)
        .all()
    )
```

```python
    user_image_tag_dict = {}
    for user_image in user_images:
        user_image_tags = (
            db.session.query(UserImageTag)
            .filter(UserImageTag.user_image_id == user_image.UserImage.id)
            .all()
        )
        user_image_tag_dict[user_image.UserImage.id] = user_image_tags

    detector_form = DetectorForm()
    # 建立 DeleteForm 的實體
    delete_form = DeleteForm()

    return render_template(
        "detector/index.html",
        user_images=user_images,
        user_image_tag_dict=user_image_tag_dict,
        detector_form=detector_form,
        # 將圖片刪除表單傳給模板
        delete_form=delete_form
    )
```

 ## 圖片列表頁面顯示【刪除】按鈕

修改 apps/detector/templates/detector/index.html，在圖片列表頁面的各個圖像，增加【刪除】按鈕的表單（範例 8.13）。

範例 8.13　在圖片列表頁面的各個圖像，增加【刪除】按鈕的表單
　　　　　（apps/detector/templates/detector/index.html）

```html
{% extends "detector/base.html" %} {% block content %}
<div class="col-md-10 text-right dt-image-register-btn">
  <a href="{{ url_for('detector.upload_image') }}" class="btn btn-primary"
    >新增圖片 </a
  >
</div>
{% for user_image in user_images %}
<div class="card col-md-7 dt-image-content">
  <header class="d-flex justify-content-between">
    <div class="dt-image-username">{{ user_image.User.username }}</div>
    <div class="d-flex flex-row-reverse">
```

```html
    <!-- 增加刪除按鈕的表單 -->
    <div class="p-2">
      <form
        action="{{ url_for('detector.delete_image',
          image_id= user_image.UserImage.id) }}"
        method="POST"
      >
        {{ delete_form.csrf_token }}
        {% if current_user.id == user_image.User.id %}
        {{ delete_form.submit(class="btn btn-danger") }}
        {% else %}
        {{ delete_form.submit(class="btn btn-danger", disabled="disabled") }}
        {% endif %}
      </form>
    </div>
    <div class="p-2">
      <form
        action="{{ url_for('detector.detect', image_id=user_image.↵
UserImage.id) }}"
        method="POST"
      >
        {{ detector_form.csrf_token }}
        {% if current_user.id ==
        user_image.User.id and user_image.UserImage.is_detected == False %}
        {{detector_form.submit(class="btn btn-primary")}}
        {% else %}
        {{detector_form.submit(class="btn btn-primary", disabled="disabled")}}
        {% endif %}
      </form>
    </div>
  </div>
</header>
<section>
  <img
    src="{{ url_for('detector.image_file',
      filename=user_image.UserImage.image_path) }}"
    alt=" 圖片 "
  />
</section>
<footer>
  {% for tag in user_image_tag_dict[user_image.UserImage.id] %}
  #{{ tag.tag_name }} {% endfor %}
```

```
    </footer>
</div>
{% endfor %} {% endblock %}
```

 ## 確認圖片刪除功能的運作情況

在圖片列表頁面 http://127.0.0.1:5000/（圖 8.7），點擊【刪除】按鈕會刪除該圖片（圖 8.8）。

圖 8.7　圖片列表頁面的【刪除】按鈕

圖 8.8　刪除上傳的圖片

本章總結

本章將已上傳圖片輸入物件偵測模型，並實作加工已識別圖片的功能、取得物體標記的功能。

這裡使用的是已學習模型，其製作需要專門的開發程序。關於機器學習 API 的開發程序，細節留到第 4 篇解說。

第 **9** 章

建立搜尋功能

本章內容

9.1 建立圖片搜尋功能的端點
9.2 建立圖片搜尋功能的模板
9.3 確認圖片搜尋功能的運作情況

使用者點擊已上傳圖片的【檢測】按鈕後，會對圖片進行物件偵測並輸出物體的標記。在搜尋欄位輸入標記名稱後（圖 9.1），會以部分一致的條件篩選符合的圖片（圖 9.2）。

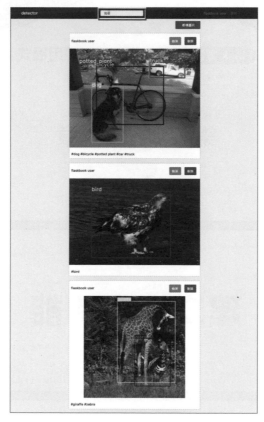

圖 9.1　輸入標記名稱搜尋

圖 9.2　已篩選的圖片

9.1　建立圖片搜尋功能的端點

在 apps/detector/views.py 建立圖片搜尋功能的 search 端點（範例 9.1）。

範例 9.1　建立圖片搜尋功能的 search 端點（apps/detector/views.py）

```
... 省略 ...
# 增加匯入 request
from flask import (
    Blueprint,
    current_app,
    flash,
    redirect,
    render_template,
    send_from_directory,
    url_for,
    request,
)
... 省略 ...

@dt.route("/images/search", methods=["GET"])
def search():
    # 取得圖片列表
    user_images = db.session.query(User, UserImage).join(      ❶
        UserImage, User.id == UserImage.user_id
    )

    # 由 GET 參數取得搜尋關鍵字
    search_text = request.args.get("search")                   ❷
    user_image_tag_dict = {}
    filtered_user_images = []

    # 建立 user_images 的迴圈，搜尋綁定 user_images 的標記資訊
    for user_image in user_images:                             ❸
```

```
        # 當搜尋關鍵字空白時，取得所有的標記
        if not search_text:
            # 取得標記列表
            user_image_tags = (
                db.session.query(UserImageTag)                          ④
                .filter(UserImageTag.user_image_id ==
                    user_image.UserImage.id)
                .all()
            )
        else:
            # 取得以搜尋關鍵字篩選的標記
            user_image_tags = (
                db.session.query(UserImageTag)
                .filter(UserImageTag.user_image_id ==                    ⑤
                    user_image.UserImage.id)
                .filter(UserImageTag.tag_name.like(
                    "%" + search_text + "%"))
                .all()
            )

            # 若找不到標記，則不回傳圖片
            if not user_image_tags:                                      ⑥
                continue

            # 找到標記時，重新取得標記資訊
            user_image_tags = (
                db.session.query(UserImageTag)
                .filter(UserImageTag.user_image_id ==
                    user_image.UserImage.id)                             ⑦
                .all()
            )

        # 在以 user_image_id 為鍵的字典，設置標記資訊
        user_image_tag_dict[user_image.UserImage.id] =
            user_image_tags

        # 使用陣列設置篩選結果的 user_image 資訊
        filtered_user_images.append(user_image)                         ⑧

    delete_form = DeleteForm()
    detector_form = DetectorForm()
```

```
return render_template(
    "detector/index.html",
    # 傳送篩選的 user_images 陣列
    user_images=filtered_user_images,
    # 傳送綁定圖片的標記列表字典
    user_image_tag_dict=user_image_tag_dict,
    delete_form=delete_form,
    detector_form=detector_form,
)
```

❶ 取得圖片列表。

❷ 由 GET 參數 search 取得搜尋關鍵字。

❸ 建立 user_images 的迴圈，搜尋綁定 user_images 的標記資訊。

❹ 搜尋關鍵字空白時，取得所有的標記。

❺ 搜尋關鍵字非空白時，以該關鍵字篩選綁定 user_image 的標記資訊，取得符合的標籤。使用 like 進行篩選。

❻ 若未搜尋到標記資訊，則無符合條件的圖片，不做任何動作繼續處理。

❼ 搜尋圖片的標記資訊時，僅會顯示符合條件的結果，篩選後得在以 user_image_id 為鍵的字典，另外設置該標記資訊。

❽ 使用陣列設置含有搜尋關鍵字的 user_image 資訊。

9

建立搜尋功能

在 apps/detector/templates/detector/base.html 的 導 覽 列 增 加 圖片搜尋表單（範例 9.2）。圖片搜尋表單只用於圖片列表頁面，故僅於端點為 detector.index 或者 detector.search 時，才顯示搜尋表單。

範例 9.2　導覽列增加圖片搜尋表單（apps/detector/templates/detector/base.html）

```html
<nav class="navbar navbar-expand-lg navbar-dark bg-dark">
  <div class="container">
    <a class="navbar-brand"
      href="{{ url_for('detector.index')}}">detector</a>
    <!-- 增加圖片搜尋表單 -->
    {% if url_for(request.endpoint) == url_for('detector.index') or
    url_for(request.endpoint) == url_for('detector.search') %}
    <div class="btn-group">
      <form
        method="GET"
        action="{{ url_for('detector.search') }}"
        name="dtSearchForm"
      >
        {% if request.args.get("search") %}
        <input
          type="search"
          id="dt-search"
          class="form-control col-md-12 dt-search"
          placeholder=" 搜尋 "
          name="search"
          value="{{ request.args.get('search') }}"
        />
        {% else %}
        <input
          type="search"
          id="dt-search"
          class="form-control col-md-12 dt-search"
          placeholder=" 搜尋 "
```

```
                    name="search"
              />
              {% endif %}
          </form>
       </div>
       {% endif %}
       <ul class="navbar-nav">
           ... 省略 ...
       </ul>
    </div>
</nav>
```

9.3　確認圖片搜尋功能的運作情況

由帶有已識別標記的圖片，使用標記名稱篩選圖片。

在搜尋欄中輸入「bird」（圖 9.3）並按下 [Enter] 鍵後，會篩選成帶有「bird」標記的圖片（圖 9.4）。

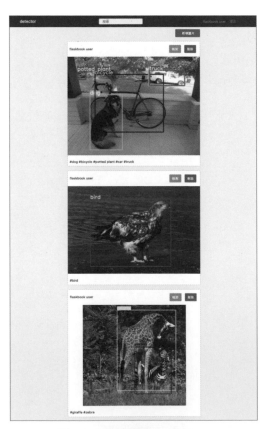

圖 9.3　搜尋欄輸入「bird」

圖 9.4　篩選結果

本章總結

本章以物件偵測功能取得的標記資訊，實作了搜尋圖片的功能。

下一章將會解說如何讓應用程式顯示獨自的錯誤資訊。

第 **10** 章

建立自訂錯誤頁面

本章內容

10.1 建立自訂錯誤頁面的端點
10.2 建立自訂錯誤頁面的模板
10.3 確認自訂錯誤頁面的顯示內容

發生訪問不存在的頁面等錯誤時，會顯示 Flask 標準的錯誤頁面（圖 10.1）。
不過，其實也可顯示應用程式指定的自訂錯誤頁面。

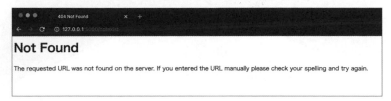

圖 10.1　Flask 標準的錯誤頁面範例

10.1 建立自訂錯誤頁面的端點

讓所有登錄 apps/app.py 的應用程式，顯示通用的自訂錯誤頁面時，得於 create_app 函數內部指定 app.register_error_handler 函數，登錄自訂的錯誤頁面（範例 10.1）。

範例 10.1 建立自訂錯誤頁面的端點（apps/app.py）

```python
# 增加匯入 render_template
from flask import Flask, render_template
... 省略 ...

def create_app(config_key):
    app = Flask(__name__)
    app.config.from_object(config[config_key])

    ... 省略 ...

    # 登錄自訂的錯誤頁面
    app.register_error_handler(404, page_not_found)        ─┐
    app.register_error_handler(500, internal_server_error)  ─┘ ❶

    ... 省略 ...

    return app

# 建立已登錄端點名稱的函數，發生 404、500 錯誤時回傳指定的 HTML
def page_not_found(e):
    """404 Not Found"""                            ─┐
    return render_template("404.html"), 404        ─┤
                                                    ├ ❷
def internal_server_error(e):                       │
    """500 Internal Server Error"""                 │
    return render_template("500.html"), 500        ─┘
```

❶ 藉由 `app.register_error_handler` 函數，可在應用程式增加獨自的錯誤處置器（error handler），第 1 個引數指定錯誤碼或者錯誤類別，第 2 個引數登錄要執行的函數。

❷ 建立已登錄端點名稱的函數，發生 404、500 錯誤時回傳指定的 HTML。

以 Blueprint 完成登錄的應用程式，欲顯示特有的自訂錯誤頁面時，得於 `apps/detector/views.py` 使用 `errorhandler` 裝飾器，如範例 10.2 編寫程式碼。

範例 10.2　顯示應用程式特有的自訂錯誤頁面（apps/detector/views.py）

```
... 省略 ...

@dt.errorhandler(404)
def page_not_found(e):
    return render_template("detector/404.html"), 404
```

Blueprint 中的自訂錯誤，會優先於應用程式全域登錄的錯誤資訊。然而，404 錯誤發生於設定 Blueprint 前的路徑建置程序，故無法處理 404 錯誤。

10.2 建立自訂錯誤頁面的模板

在 apps/templates 建立所有應用程式的自訂錯誤頁面模板（範例 10.3、範例 10.4）。

範例 10.3　404 Not Found（apps/templates/404.html）

```html
<!DOCTYPE html>
<html lang="ja">
  <head>
     <meta charset="UTF-8" />
    <title>404 Not Found</title>
  </head>

  <body>
    <h1>404 Not Found</h1>
    <p><a href="/"> 前往應用程式首頁 </a></p>
  </body>
</html>
```

範例 10.4　500 Internal Server Error（apps/templates/500.html）

```html
<!DOCTYPE html>
<html lang="ja">
  <head>
    <meta charset="UTF-8" />
    <title>500 Internal Server Error</title>
  </head>

  <body>
    <h1>500 Internal Server Error</h1>
    <p><a href="/"> 前往應用程式首頁 </a></p>
  </body>
</html>
```

在 apps/detector/templates/detector 建立 detector 應用程式特有的
自訂錯誤頁面模板（範例 10.5、範例 10.6）。

範例 10.5　detector 應用程式特有的 404 Not Found
　　　　　（apps/detector/templates/detector/404.html）

```html
<!DOCTYPE html>
<html lang="ja">
  <head>
    <meta charset="UTF-8" />
    <title>404 Not Found (detector)</title>
  </head>
  <body>
    <h1>404 Not Found (detector)</h1>
    <p><a href="/"> 前往應用程式首頁 </a></p>
  </body>
</html>
```

範例 10.6　detector 應用程式特有的 500 Internal Server Error
　　　　　（apps/detector/templates/detector/500.html）

```html
<!DOCTYPE html>
<html lang="ja">
  <head>
    <meta charset="UTF-8" />
    <title>500 Internal Server Error (detector)</title>
  </head>
  <body>
    <h1>500 Internal Server Error (detector)</h1>
    <p><a href="/"> 前往應用程式首頁 </a></p>
  </body>
</html>
```

10.3 確認自訂錯誤頁面的顯示內容

訪問 http://127.0.0.1:5000/404 等不存在的頁面時，會顯示建立的 404 頁面（圖 10.2）。

404 Page Not Found

返回首頁

圖 10.2 404 錯誤頁面

若想要顯示 500 錯誤頁面，則將 .env 的 FLASK_ENV 修改成 production（範例 10.7）。

範例 10.7 設定顯示 500 錯誤頁面（.env）

```
FLASK_ENV=production
```

如範例 10.8 明示發生 Exception（錯誤），訪問下述網址：

http://127.0.0.1:5000/

則會顯示 500 錯誤頁面（圖 10.3）。

範例 10.8 明示發生 Exception（錯誤）（apps/detector/views.py）

```
... 省略 ...

@dt.route("/")
def index():
    raise Exception()
    ... 省略 ...
```

圖 10.3 500 錯誤頁面

本章總結

雖然僅是細微的變化，但發生錯誤時顯示應用程式獨自的錯誤頁面，帶給使用者的印象截然不同，請各位務必銘記於心。

這樣就算是開發完成物件偵測的功能。
下一章將會建立物件偵測應用程式的單元測試（功能測試）。

第 **11** 章

建立單元測試

本章內容

11.1 嘗試使用 pytest——pytest 的基礎知識
11.2 pytest 的 fixture 夾具
11.3 建立物件偵測應用程式的測試

本章將會說明測試框架 pytest 的基本用法，並實際建立物件偵測應用程式的單元測試。

單元測試（Unit Testing）是指，測試原始碼的類別、方法等各項單元（unit），是否如同預期發揮功能的手法。在持續增加功能的時候，單元測試非常有幫助。

若沒有建立單元測試，則所有測試都得親力親為。相反地，若事前建立單元測試，則執行多少次測試都沒有問題。另外，當增加功能的程序影響到其他程序時，既存的單元測試會提示錯誤，並且找出錯誤原因。

11.1 嘗試使用 pytest

pytest 是一種 Python 的第三方測試框架。雖然 Python 內有標準程式庫 unittest、第三方測試框架 nose 等,但本書將會使用 pytest 建立測試程序。由於「容易閱讀」、「容易編寫」、「積極更新」等理由,最近愈來愈多人使用 pytest。

安裝 pytest

執行下述指令,安裝 pytest:

```
(venv) $ pip install pytest
```

目錄架構與命名規則

首先,使用 pytest 時,得建立與 apps 目錄並列的 tests 套件(圖 11.1)。這裡先以範例用的測試學習使用方法,再建立物件偵測應用程式的測試。

圖 11.1 test 套件

tests 套件底下配置的模組檔案（.py），得遵循下述命名規則，以便 pytest 識別測試程式碼。

- 測試模組的名稱格式必須是 test_<something>.py 或 <something>_test.py。
- 測試函數的名稱格式必須是 test_<something>。
- 測試類別的名稱格式必須是 Test<Something>。

執行測試

在 tests 套件建立 test_sample.py（範例 11.1）。

範例 11.1　tests/test_sample.py

```
def test_func1():
    assert 1 == 1
```

使用 assert 述句，檢測程序是否正確。程式碼的 1 == 1 為 True，表示通過測試。

執行測試時，選擇下述其中一種指令：

指定目錄執行

```
$ pytest tests
```

或者

指定檔案執行

```
$ cd tests
$ pytest test_sample.py
```

抑或是

不指定執行

```
$ pytest
```

執行結果

```
========================= test session starts =========================
collected 1 items

test_sample.py .

========================= 1 passed in 0.03s =========================
```

test_sample.py 後面的句點，意為執行了 1 個處理且通過測試。另外，附加 -d 選項，可輸出更詳盡的資訊。

```
$ pytest -v test_sample.py
========================= test session starts =========================
collected 1 items

test_sample.py::test_func1 PASSED

========================= 1 passed in 0.03s =========================
```

🏠 確認未通過測試時的運作情況

在 tests/test_sample.py 增加未通過測試時的函數 test_func2（範例 11.2）。

範例 11.2　增加未通過測試時的函數（tests/test_sample.py）

```
...省略...

def test_func2():
    assert 1 == 2
```

再次執行測試：

```
pytest test_sample.py
========================= test session starts =========================
collected 2 items

test_sample.py .F
```

```
============================== FAILURES ===============================
_____ test_func2 _____

    def test_func2():
>       assert 1 == 2
E       assert 1 == 2

test_sample.py:7: AssertionError
======================== short test summary info ======================
FAILED test_sample.py::test_func2 - assert 1 == 2
===================== 1 failed, 1 passed in 0.05s =====================
```

未通過測試時，輸出明確的失敗理由。

僅執行 1 個測試

在測試模組含有多種測試的狀態下，僅欲執行 1 個測試的時候，可直接指定模組，再於後面指定 `::<測試函數名稱>`。

如範例 11.3 修改程式碼，讓 `tests/test_sample.py` 的 `test_func2` 函數通過測試。

範例 11.3　修改成通過測試（tests/test_sample.py）

```
...省略...

def test_func2():
    assert 2 == 2
```

執行下述指令，僅測試增加的 `test_func2`：

```
$ pytest test_sample.py::test_func2
========================= test session starts =========================
collected 1 items

test_sample.py .

========================= 1 passed in 0.03s ===========================
```

pytest 的基礎知識就講到這裡，其他啟動選項的細節，請參閱下述官方文件：

https://docs.pytest.org/en/stable/

pytest 具有 **fixture（夾具）**功能，可於測試函數前後執行處理。例如，建立使用資料庫的測試函數時，執行測試函數前可進行資料庫的設置（Setup）處理，執行測試函數後可進行清除（Cleanup）處理（清理資料庫）。

在 tests/test_sample.py 增加 fixture 並確認運作（範例 11.4）。

範例 11.4　增加 fixture（tests/test_sample.py）

```
# 匯入 pytest
import pytest

... 省略 ...

# 增加 @pytest.fixture
@pytest.fixture
def app_data():
    return 3

# 以引數指定 fixture 函數，傳送函數的執行結果
def test_func3(app_data):
    assert app_data == 3
```

在此測試中，執行 test_func3 測試函數前，肯定會執行 app_data 函數並將結果傳給引數。app_data 函數回傳 3，故 test_func3 測試函數會是 True。

```
$ pytest test_sample.py::test_func3
========================= test session starts =========================
collected  items

test_sample.py .

========================= 1 passed in 0.03s =========================
```

以 conftest.py 共用 fixture

fixture 可用於各個測試檔案。多個測試檔案共用 fixture 的時候，得將 conftest.py 與測試檔案配置在一起。

在 tests 套件底下建立 conftest.py、fixture，則 tests 套件底下的所有測試皆可利用 fixture。

建立 tests/conftest.py，將剛才 tests/test_sample.py 增加的 fixture 移動至 tests/conftest.py（範例 11.5）。

範例 11.5　由 tests/test_sample.py 移動 fixture（tests/conftest.py）

```python
import pytest


@pytest.fixture
def app_data():
    return 3
```

由 tests/test_sample.py 刪除 fixture（範例 11.6）。

範例 11.6　刪除 fixture（tests/test_sample.py）

```python
def test_func1():
    assert 1 == 1

def test_func2():
    assert 2 == 2

# @pytest.fixture
# def app_data():                                        刪除 fixture
#     return 3

def test_func3(app_data):
    assert app_data == 3
```

雖然刪除了 tests/test_sample.py 中的 fixture，但 conftest.py 仍舊存在，故可跟前面一樣使用該功能。藉由在 conftest.py 建立 fixture，可將 fixture 轉為通用的功能，避免每個測試檔案都要編寫 fixture。

```
$ pytest test_sample.py
========================= test session starts =========================
collected 3 items

test_sample.py ...

========================= 3 passed in 0.03s =========================
```

11.3 建立物件偵測應用程式的測試

前面確認了最基礎的 pytest 基礎知識。本節將會實際建立物件偵測的測試。

使用 flask routes 指令，確認路由資訊。這次的測試對象是前綴 detector 的端點。

複雜的應用程式會以類別、函數為單位進行測試，但物件偵測應用程式的架構單純，故選擇對各個端點建立測試。

```
$ flask routes
Endpoint              Methods    Rule
----------------      ---------  ------------------------------
detector.delete_image POST       /images/delete/<string:image_id>
detector.detect       POST       /detect/<string:image_id>
detector.image_file   GET        /images/<path:filename>
detector.index        GET        /
detector.search       GET        /search
detector.upload_image GET, POST  /upload
```

準備測試的頁面和功能有下述 6 項：

- 圖片列表頁面
- 圖片上傳頁面
- 物件偵測功能
- 標記搜尋功能
- 圖片刪除功能
- 自訂錯誤頁面

在 tests 套件底下建立物件偵測應用程式的測試套件 detector（圖 11.2），然後在 tests/detector 套件底下建立測試。

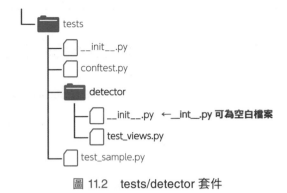

圖 11.2　tests/detector 套件

🏠 設定測試用的圖片上傳目錄

為了避免測試時用到應用程式的圖片上傳目錄，在 apps/config.py 的 TestingConfig 增加 UPLOAD_FOLDER，另外設定測試用的圖片上傳目錄（範例 11.7）。

範例 11.7　設定測試用的圖片上傳目錄（apps/config.py）

```
... 省略 ...
class TestingConfig(BaseConfig):
    ... 省略 ...
    # 圖片上傳目的地指定為 tests/detector/images
    UPLOAD_FOLDER = str(Path(basedir, "tests", "detector", "images"))
```

🏠 修改測試 fixture

tests/detector 套件也可利用已完成的 test/conftest.py 來修改 conftest.py 的 fixture，增加設置處理和清除處理，以便測試物件偵測應用程式（範例 11.8）。

設置處理的功用是建立應用程式、初始化資料庫，使用 yield 執行應用程式的測試函數。若 fixture 函數含有 yield，則直接執行測試函數。完成測試後，yield 會執行下一行 fixture 函數的處理。清除處理的功用是，執行測試後清理完成的資料庫。每個測試函數都會執行這些處理。

範例 11.8　增加設置處理與清除處理（tests/conftest.py）

```
import os
import shutil

import pytest

from apps.app import create_app, db

from apps.crud.models import User
from apps.detector.models import UserImage, UserImageTag

# 建立 fixture 函數
@pytest.fixture
def fixture_app():                                              ①

    # 設置處理
    # 引數指定 testing，利用測試用的組態
    app = create_app("testing")                                 ②

    # 宣告使用資料庫
    app.app_context().push()                                    ③

    # 建立測試用的資料庫表格
    with app.app_context():                                     ④
        db.create_all()

    # 建立測試用的圖片上傳目錄
    os.mkdir(app.config["UPLOAD_FOLDER"])                       ⑤

    # 執行測試
    yield app                                                   ⑥

    # 清除處理
    # 刪除 user 表格的記錄
    User.query.delete()

    # 刪除 user_image 表格的記錄
    UserImage.query.delete()                                    ⑦

    # 刪除 user_image_tags 表格的記錄
    UserImageTag.query.delete()

    # 刪除測試用的圖片上傳目錄
```

```
        shutil.rmtree(app.config["UPLOAD_FOLDER"])


        db.session.commit()


# 建立回傳 Flask 測試客戶端的 fixture 函數
@pytest.fixture
def client(fixture_app):                                              ⑧
    # 回傳 Flask 測試客戶端
    return fixture_app.test_client()
```

❶ 建立 fixture_app 函數，當作 fixture 函數。

❷ create_app 函數的引數指定 testing，利用測試用的組態來執行應用程式。

❸ 在應用程式內文外部操作資料庫，會發生「No application found. Either work inside a view function or push an application context.」的錯誤。為了避免這個問題，執行 app.app_context(). push( ) 將應用程式內文加入堆疊。

❹ 建立測試用的資料庫表格。

❺ 建立測試用的圖片上傳目錄。測試用的 UPLOAD_FOLDER 改為 tests/ detector/images。

❻ 設置測試後，宣告 yield。若 fixture 函數含有 yield，則直接執行測試。完成測試後，yield 執行下一行的程式碼。因此，yield 之前進行設置處理，yield 之後進行拆卸（Teardown）處理（清除處理）。

❼ 刪除測試時利用的資料庫表格記錄。

❽ 建立回傳 Flask 測試客戶端的 client fixture 函數。藉由 Flask 內的測試用客戶端，可如應用程式一般通訊般，簡單地由測試程式碼將含有請求物件的資訊，傳給測試用應用程式。

🏠 測試圖片列表頁面

編寫圖片列表頁面的測試。在 tests/detector 底下建立 test_views.py。無論登入與否皆可訪問圖片列表頁面，得確認兩種狀態下的顯示內容。

未登入的時候

測試未登入時的頁面，確認有顯示「登入」、「新增圖片」等字串（範例 11.9）。

範例 11.9 測試未登入時的圖片列表頁面（tests/detector/test_views.py）

```
def test_index(client):                               ❶
    rv = client.get("/")                              ❷
    assert " 登入 " in rv.data.decode()              ┐
    assert " 新增圖片 " in rv.data.decode()          ┘ ❸
```

❶ 將 fixture 的 client 傳給 test_index 函數。

❷ 使用 client，以 GET 訪問應用程式路由的「/」。

❸ 執行結果 rv.data 會存至訪問後的 HTML，確認有「登入」和「新增圖
片」的字串。最後結果回傳字節型態（bytes 型態），故以 decode 方法進
行解碼。

登入的時候

測試登入時的頁面，確認註冊後有顯示「登出」、「新增圖片」等字串（範例
11.10）。

範例 11.10 測試登入時的圖片列表頁面（tests/detector/test_views.py）

```
... 省略 ...
def signup(client, username, email, password):        ❶
    """ 進行註冊 """
    data = dict(username=username, email=email, password=password)    ┐
    return client.post("/auth/signup", data=data, follow_redirects=True) ┘ ❷


def test_index_signup(client):
    """ 執行註冊 """
    rv = signup(client, "admin", "flaskbook@example.com", "password")  ┐
    assert "admin" in rv.data.decode()                                 ┘ ❸

    rv = client.get("/")                              ┐
    assert " 登出 " in rv.data.decode()              │ ❹
    assert " 新增圖片 " in rv.data.decode()          ┘
```

❶ 使用 Flask 的測試客戶端建立註冊函數，以便測試登入狀態的頁面。

❷ 在註冊函數建立使用者名稱、郵件位址、密碼的字典，POST（提交）至 /auth/signup。提交時將 follow_redirects 設為 True，以便跳轉頁面。

❸ 註冊後，使用者名稱顯示 admin，確認是否有 admin 的字詞。

❹ 重新導向應用程式路由，另外取得首頁頁面，確認是否有「登出」、「新增圖片」等字詞。頁面有「登出」表示處於登入狀態，而有「新增圖片」表示位於首頁頁面。

執行測試後，可確認頁面是否通過測試。

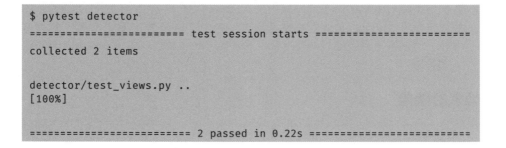

```
$ pytest detector
========================= test session starts =========================
collected 2 items

detector/test_views.py ..
[100%]


========================= 2 passed in 0.22s =========================
```

🏠 測試圖片上傳頁面

建立圖片上傳頁面的測試。訪問圖片上傳頁面時必須登入，確認未登入時是否跳轉登入頁面，與登入時是否可訪問圖片上傳頁面。

未登入的時候

確認未登入時訪問圖片上傳頁面，會直接跳轉登入頁面（範例 11.11）。

確認跳轉登入頁面的時候，可檢查請求取得的字串中，沒有圖片上傳頁面的「上傳」字詞，而有登入頁面的「郵件位址」、「密碼」等字詞。

範例 11.11　測試未登入時的圖片上傳頁面（tests/detector/test_views.py）

```python
def test_upload_no_auth(client):
    rv = client.get("/upload", follow_redirects=True)
    # 無法訪問圖片上傳頁面
    assert "上傳" not in rv.data.decode()
    # 跳轉登入頁面
    assert "郵件位址" in rv.data.decode()
    assert "密碼" in rv.data.decode()
```

登入的時候

呼叫 signup 函數改為登入狀態，確認圖片上傳頁面有「上傳」的字詞（範例 11.12）。

範例 11.12　測試登入時的圖片上傳頁面（tests/detector/test_views.py）

```python
def test_upload_signup_get(client):
    signup(client, "admin", "flaskbook@example.com", "password")
    rv = client.get("/upload")
    assert "上傳" in rv.data.decode()
```

驗證錯誤的時候

接著，編寫上傳圖片的測試。建立上傳圖片的函數，實際確認該上傳結果。

上傳時選到不支援的純文字格式檔案時，確認會發生驗證錯誤（範例 11.13）。

範例 11.13　測試驗證錯時的圖片上傳頁面（tests/detector/test_views.py）

```python
from pathlib import Path                                          ┐
                                                                  │──❶
from flask.helpers import get_root_path                           │
from werkzeug.datastructures import FileStorage                   ┘

... 省略 ...
def upload_image(client, image_path):                             ──❷
    """ 上傳圖片 """
    image = Path(get_root_path("tests"), image_path)

    test_file = (
        FileStorage(
            stream=open(image, "rb"),
            filename=Path(image_path).name,
```

```
                content_type="multipart/form-data",
        ),
    )

    data = dict(
        image=test_file,
    )
    return client.post("/upload", data=data, follow_redirects=True)


def test_upload_signup_post_validate(client):
    signup(client, "admin", "flaskbook@example.com", "password")
    rv = upload_image(client,
        "detector/testdata/test_invalid_file.txt")              ❸
    assert "不支援此圖片格式。" in rv.data.decode()              ❹
```

❶ 匯入上傳圖片時使用的模組、函數。

❷ 建立上傳圖片的函數。

❸ 在 test/detector 底下建立 testdata 目錄，配置不支援純文字格式的空白檔案 test_invalid_file.txt。

❹ 確認註冊後圖片上傳的結果，有顯示「不支援此圖片格式」的字句。

圖片上傳成功的時候

上傳支援的 jpg 格式檔案，確認圖片有上傳成功（範例 11.14）。

範例 11.14　測試圖片上傳成功時的情況（tests/detector/test_views.py）

```
from apps.detector.models import UserImage

... 省略 ...
def test_upload_signup_post(client):
    signup(client, "admin", "flaskbook@example.com", "password")
    rv = upload_image(client,
        "detector/testdata/test_valid_image.jpg")           ❶   ❷
    user_image = UserImage.query.first()
    assert user_image.image_path in rv.data.decode()
```

❶ 在 `tests/detector/testdata` 底下配置 jpg 格式的檔案 `test_valid_image.jpg`，這裡的 `test_valid_image.jpg` 圖片使用 `https://github.com/pjreddie/darknet/blob/master/data/dog.jpg`。

❷ 註冊且上傳圖片後，由 `user_images` 表格取得記錄，並確認跳轉的首頁頁面有 `image_url`。

測試物件偵測與標記搜尋功能

建立圖片上傳後點擊【檢測】按鈕時的測試。

驗證錯誤的時候

未傳送圖片 ID 進行提交時，確認有顯示「**未找到物件偵測的圖片**」的 Flash 訊息（範例 11.15）。

範例 11.15　測試點擊【檢測】按鈕後驗證錯誤時的情況（tests/detector/test_views.py）

```python
def test_detect_no_user_image(client):
    signup(client, "admin", "flaskbook@example.com", "password")
    upload_image(client, "detector/testdata/test_valid_image.jpg")
    # 指定不存在的 ID
    rv = client.post("/detect/notexistid", follow_redirects=True)
    assert "未找到物件偵測的圖片。" in rv.data.decode()
```

物件偵測成功的時候

上傳圖片，提交圖片 ID 進行物件偵測處理，確認有顯示圖片路徑和標記（範例 11.16）。

範例 11.16　測試物件偵測成功時的情況（tests/detector/test_views.py）

```python
def test_detect(client):
    # 進行註冊
    signup(client, "admin", "flaskbook@example.com", "password")
    # 上傳圖片
    upload_image(client, "detector/testdata/test_valid_image.jpg")
    user_image = UserImage.query.first()

    # 執行物件偵測
    rv = client.post(f"/detect/{user_image.id}", follow_↵
redirects=True)
```

```
user_image = UserImage.query.first()
assert user_image.image_path in rv.data.decode()
assert "dog" in rv.data.decode()
```

標記搜尋的時候

完成物件偵測後，確認可用圖片標籤搜尋（範例 11.17）。

範例 11.17　測試物件偵測後的標記搜尋（tests/detector/test_views.py）

```
def test_detect_search(client):
    # 進行註冊
    signup(client, "admin", "flaskbook@example.com", "password")
    # 上傳圖片
    upload_image(client, "detector/testdata/test_valid_image.jpg")
    user_image = UserImage.query.first()

    # 物件偵測
    client.post(f"/detect/{user_image.id}", follow_redirects=True)

    # 以關鍵字 dog 來搜尋
    rv = client.get("/images/search?search=dog")
    # 確認存在帶有 dog 標記的圖片
    assert user_image.image_path in rv.data.decode()
    # 確認帶有 dog 標記
    assert "dog" in rv.data.decode()

    # 以關鍵字 test 來搜尋
    rv = client.get("/images/search?search=test")
    # 確認不存在帶有 test 標記的圖片
    assert user_image.image_path not in rv.data.decode()
    # 確認不帶有 test 標記
    assert "dog" not in rv.data.decode()
```

 ## 測試圖片刪除功能

建立圖片上傳後點擊【刪除】按鈕時的測試。註冊並上傳圖片，確認刪除圖片後沒有顯示圖片路徑（範例 11.18）。

範例 11.18　測試點擊【刪除】按鈕時的情況（tests/detector/test_views.py）

```python
def test_delete(client):
    signup(client, "admin", "flaskbook@example.com", "password")
    upload_image(client, "detector/testdata/test_valid_image.jpg")

    user_image = UserImage.query.first()
    image_path = user_image.image_path
    rv = client.post(f"/images/delete/{user_image.id}",
        follow_redirects=True)
    assert image_path not in rv.data.decode()
```

 ## 測試自訂錯誤頁面

建立訪問不存在的頁面時，是否顯示自訂錯誤頁面的測試。訪問不存在的頁面，確認有顯示 404 Not Found（範例 11.19）。

範例 11.19　測試自訂錯誤頁面（tests/detector/test_views.py）

```python
def test_custom_error(client):
    rv = client.get("/notfound")
    assert "404 Not Found" in rv.data.decode()
```

這樣就完成所有端點的測試。

輸出測試覆蓋率

測試覆蓋率（**coverage**）是指，對應用程式的程式碼執行了多少測試程式碼的比例。

完成前述的測試後，執行測試時也要確認測試覆蓋率。安裝 `pytest-cov`，以便輸出測試覆蓋率。

```
$ pip install pytest-cov
```

執行下述指令，輸出測試的覆蓋率。

```
$ pytest detector --cov=../apps/detector
================================ test session starts ================================
collected 11 items

detector/test_views.py ...........                                         [100%]

---------- coverage: platform darwin, python 3.9.7-final-0 -----------
Name                                               Stmts   Miss  Cover
-------------------------------------------------------------------------
/path/to/flaskbook/apps/detector/__init__.py           1      0   100%
/path/to/flaskbook/apps/detector/forms.py             10      0   100%
/path/to/flaskbook/apps/detector/models/             17      0   100%
/path/to/flaskbook/apps/detector/views/             142     12    92%
-------------------------------------------------------------------------
TOTAL                                                171     12    93%


============================== 11 passed in 44.49s ==============================
```

apps/detector 底下的程式碼經過一輪測試，測試的覆蓋率將近 100%。

以 HTML 格式輸出測試覆蓋率

測試的覆蓋率可用 HTML 格式來輸出。執行下述指令，以 HTML 格式輸出。然後，使用瀏覽器開啟 htmlcov/index.html（圖 11.3）。

```
$ pytest detector --cov=../apps/detector --cov-report=html
```

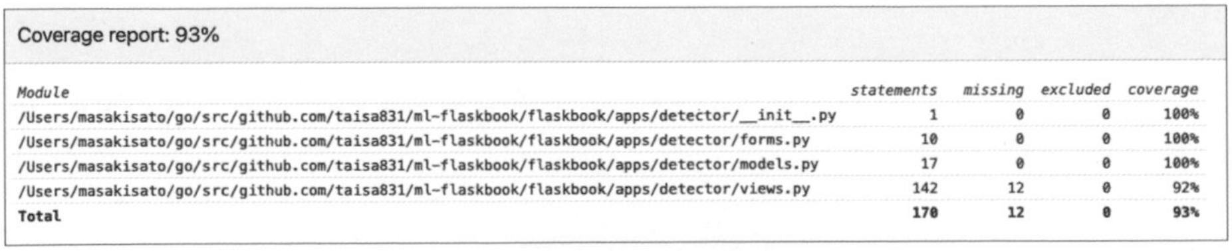

Coverage report: 93%

Module	statements	missing	excluded	coverage
/Users/masakisato/go/src/github.com/taisa831/ml-flaskbook/flaskbook/apps/detector/__init__.py	1	0	0	100%
/Users/masakisato/go/src/github.com/taisa831/ml-flaskbook/flaskbook/apps/detector/forms.py	10	0	0	100%
/Users/masakisato/go/src/github.com/taisa831/ml-flaskbook/flaskbook/apps/detector/models.py	17	0	0	100%
/Users/masakisato/go/src/github.com/taisa831/ml-flaskbook/flaskbook/apps/detector/views.py	142	12	0	92%
Total	170	12	0	93%

圖 11.3　覆蓋率的輸出結果

本章與第 2 篇的總結

本章簡單介紹了單元測試的程式碼,並實際建立應用程式的單元測試。

前面編寫了最基礎的測試、輸出覆蓋率,但除了提高覆蓋率外,還得在重要之處建立各種類型的測試,劃分處理來幫助編寫測試的程式碼,並持續保持原始碼的簡潔。

如此一來,應用程式增加功能時,不需要另外親力親為測試,更新之處對其他地方造成影響的時候,既有的單元測試會顯示錯誤,找出運作異常的地方。

習慣單元測試可帶來諸多好處,請各位務必實踐嘗試。

 第 2 篇總結

在使用 Flask 建立實際可用的應用程式中,第 2 篇利用各種程式庫實作了圖片的物件偵測功能(表 11.1)。

表 11.1　目前已經安裝的 Flask 擴充功能與套件

擴充功能或者套件	說明
python-dotenv	由 .env 加載環境變數
flask-sqlalchemy	擴充以 Flask 使用 SQLAlchemy 的功能
flask-migrate	擴充以 Flask 遷移資料庫的功能
flask-wtf	擴充以 Flask 使用表單的功能
email_validator	擴充以 Flask 使用表單時,驗證郵件位址的功能
flask-login	擴充以 Flask 使用登入功能
torch	Facebook 主導開發的 Python 機器學習程式庫
torchvision	提供圖片前處理、已學習模型等的程式庫
opencv-python	處理圖片、影像的程式庫
pytest	執行單元測試
pytest-cov	輸出單元測試的覆蓋率

第 2 篇未深入著墨機器學習,留到第 3 篇再詳細解說,如何在應用程式嵌入機器學習的功能。

第 **3** 篇

Flask 實踐 ②
建立／部署物件
偵測功能的 API

本篇內容

第 **12** 章　網路 API 的概要
第 **13** 章　物件偵測 API 的規格
第 **14** 章　實作物件偵測 API
第 **15** 章　部署物件偵測應用程式

第 2 篇（第 4 章～第 11 章）實作物件偵測上傳圖片的機器學習，開發了嵌入已學習模型的網路應用程式。

第 3 篇（第 12 章～第 15 章）將會如下圖建立物件偵測功能的 API，並解說如何部署物件偵測應用程式。

對嵌入應用程式中的物件偵測建立該機器學習模組的 API 後，可由其他的應用程式簡單進行利用。

使用容器技術（Container）將完成的物件偵測應用程式，部署至雲端上的無伺服器環境，以便由外部訪問物件偵測功能。

deploy/deployment 的中文意思為「配備、配置、展開、部署」。換言之，將應用程式的程式碼配置至雲端服務代管的伺服器，再於雲端服務上設定成可由外部訪問。

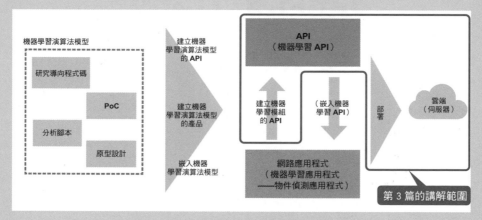

第 3 篇　建立／部署物件偵測功能的 API

在第 3 篇，各章將會處理下述內容：
- 第 12 章「網路 API 的概要」——說明開發 API 時應該知道的事項，解說 WWW、REST（REpresentational State Transfer）設計原則與 API。
- 第 13 章「物件偵測 API 的規格」——說明應用程式中進行物件偵測的已學習模型。
- 第 14 章「實作物件偵測 API」——實作必要的程式碼，對進行物件偵測的已學習模型建立 API。
- 第 15 章「部署物件偵測應用程式」——將完成的物件偵測應用程式配置至伺服器，建立物件偵測功能的 API，對外公開並設定成可由外部訪問。

第 **12** 章

網路 API 的概要

本章內容

12.1 World Wide Web（WWW）與 API 的意義
12.2 表示資源位置的網址功用
12.3 HTTP 方法的 CRUD 資源操作

網路 API（Web API） 是指，在網路上使用 HTTP 方法，於應用程式間、系統間傳輸資源的 API。

本章將會依序說明下述項目，進而了解網路 API 的意義。

- World Wide Web（網路）與 API 的意義
- 表示資源位置的網址功用
- HTTP 方法的 CRUD 資源操作

12.1 World Wide Web（WWW）與 API 的意義

首先，說明 **World Wide Web（WWW）**的意義。

World Wide Web（WWW）可直譯為「世界級般寬廣的蜘蛛網」，多台電腦如圖 12.1 般連結成蜘蛛網狀，形成以網際網路技術連接通訊的狀態。然後，World Wide Web 也可簡稱為 **Web（網路）**，本書後面統一稱為「網路」。

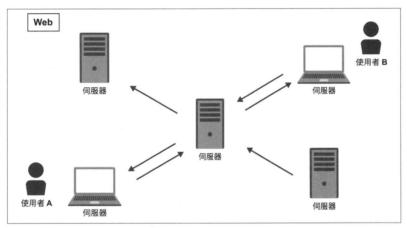

圖 12.1　World Wide Web（俗稱 Web、WWW）

「連接通訊的狀態」，亦即在電腦間傳輸資源的狀態。網路的**資源（resource）**包含 HTML、圖片檔案、文字檔案等物件，以及數值資料、服務等。

客戶端與伺服器

在網路上，電腦扮演**客戶端**和**伺服器**兩種角色。

客戶端是指委託服務的程式，也可視情況指運作程式的電腦本身。

伺服器是指提供服務的程式，同樣也可視情況指運作程式的電腦本身。單台電腦有的時候會執行多支程式，提供多樣的服務。

伺服器的種類很多，「○○伺服器」中的○○，可理解為伺服器提供的服務內容。伺服器名稱和服務內容的對應關係，概要如表 12.1 所示。

表 12.1　伺服器與服務

伺服器名稱	服務內容
網路伺服器	向瀏覽器提供 HTML、物件（圖片等）
應用程式伺服器	執行應用程式，提供執行結果
API 伺服器	啟動 API，提供執行結果
資料庫伺服器	儲存、修改、刪除資料庫中的資料
FTP 伺服器	使用 FTP 協定傳輸檔案
DNS 伺服器	將 IP 位址轉為網域名稱（主機名稱）

客戶端向伺服器委託上述服務，稱為**請求（Request）**，而伺服器答覆請求，稱為**回應（Response）**。

例如，討論「客戶端電腦的使用者 A，欲以瀏覽器觀看東京的街道圖片」時的運作情況。

依照下述❶ ～ ❹的順序，進行客戶端／伺服器間的通訊，使用者 A 就可觀看圖片（圖 12.2）。

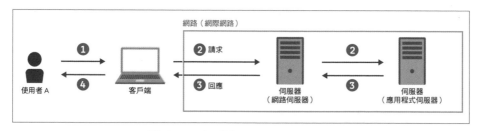

圖 12.2　客戶端／伺服器間的通訊

❶使用者 A → 客戶端電腦

在私人的客戶端電腦上，使用者 A 開啟 Chrome、Safari 等瀏覽器，輸入「東京街道」等關鍵字搜尋圖片，並點擊搜尋結果（刊載圖片的網站）。

❷客戶端電腦 → 網路伺服器 → 應用程式伺服器

使用者 A 的客戶端電腦藉由瀏覽器，向伺服器傳送「訪問圖片檔案所在的伺服器，並執行顯示圖片的程式碼」的請求。該內容經由網路伺服器傳至應用程式伺服器，執行刊載圖片的應用程式（網站）。

❸應用程式伺服器 → 網路伺服器 → 客戶端電腦

應用程式（網站）搜尋與關鍵字相關的圖片檔案，伺服器將顯示圖片的程式碼執行結果，經由與請求相反的路徑，從應用程式伺服器和網路伺服器向客戶端傳送回應。

❹客戶端電腦 → 使用者 A

最後，使用者 A 於客戶端電腦上開啟的瀏覽器，可觀看刊載東京街道圖片的網站。

API 與 JSON

接著，詳細説明 **API**（Application Programming Interface）。

API 是指，形成應用程式介面（接點）的程式碼。

介面（接點）具有連結電腦和應用程式、應用程式和應用程式的功用，多數網路 API 採用 **JSON**（JavaScript Object Notation）格式。

JSON 是仿效 JavaScript 物件寫法的資料定義格式。JavaScript 使用 {}、[ ] 等括弧編寫物件、陣列，而 JSON 也採用同樣的寫法。

12

網路 API 的概要

JSON 的範例

```
{
  "image":{"jp":"tokyo", "us":"kansas"},
  "size":{"japan":280, "united states":380},
  "path":{"tokyo":"app/images/tokyo", "osaka":"app/images/osaka"}
}
```

JSON 格式也用於 Python、Java、PHP 等其他的程式語言。由於 JSON 是各種語言的通用格式，藉由穿插 JSON 可簡單地在各種程式語言間傳輸資料。例如，在以 PHP 編寫的應用程式 A，與以 Python 編寫的應用程式 B 之間，穿插以 JSON 編寫的 API，就可於不同語言的應用程式間傳輸資料。

如前所述，API 的功用是在電腦和應用程式兩兩之間，傳輸定義圖片檔案路徑等資源的 JSON。

API 的優點

使用 API 有下述兩項優點：

- 容易增加、修改功能
- 可依照功能細分並建立元件，容易對外公開各項功能

不使用 API 的情況

不使用 API 時的應用程式架構，如圖 12.3 所示。

這裡準備了兩個不同功能的應用程式，若分別以不同的伺服器運作，則各應用程式內得分別編寫連接資料庫的程式碼、由資料庫取得資料的程式碼、由檔案伺服器取得圖片的程式碼。

若以單一伺服器單一應用程式，實作並運行兩個功能，則會增加伺服器的負擔。況且，大型開發專案存在諸多功能，開發人數也隨之增加，需要依功能分配伺服器，才容易增加、修改、部署程式碼。

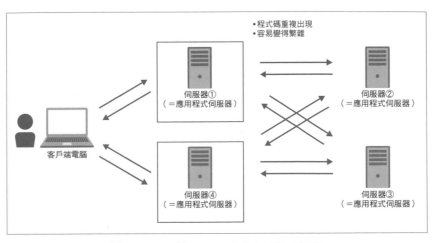

圖 12.3　不使用 API 時的應用程式架構

使用 **API** 的情況

另一方面，使用 API 時的架構，如圖 12.4 所示。

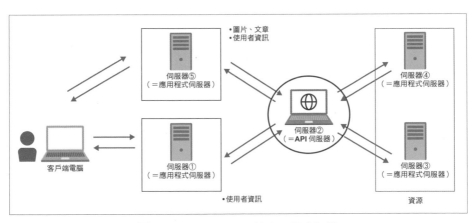

圖 12.4　使用 API 時的應用程式架構

資料庫的資料讀寫、圖片的檔案讀寫等，建立這些程式碼的 API，彼此獨立分開。在此設計中，各應用程式通用連接資料庫、讀寫檔案的程式碼，容易進行增加、修改。

前面說明了 API 的概要，但 API 又有 REST API（Restful API）、GraphQL、SOAP 等種類，各個設計原理不盡相同。本書採用的是 **REST API**。

12.2 表示資源位置的網址功用

如前節範例所示，客戶端和伺服器間傳輸請求和回應時，得互相知道資源所在路徑。各項資源所在路徑，有下述三種描述方法：

- **URI**（Uniform Resource Identifier）──涵蓋 URL 和 URN 的總體概念，用以唯一識別資訊、服務、機器等資源的格式。
- **URL**（Uniform Resource Locator）──遵從 URI 衍生的 Schema（方案），以 Where 和 What 描述各項資源位置。「URL」主要用於網路應用程式。
- **URN**（Uniform Resource Name）──直接描述目標資源本身。

 ## URL

例如，「欲觀看有關電腦的維基百科頁面（`https://zh.wikipedia.org/wiki/電腦`）」的時候，使用 **URL** 傳輸資源的流程，如圖 12.5 所示。

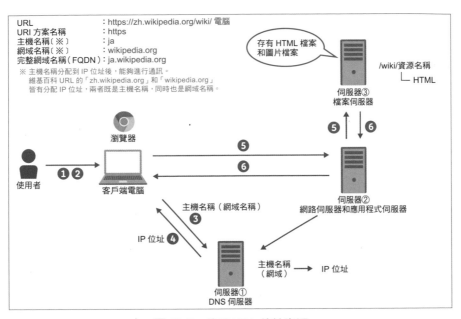

圖 12.5　使用 URL 傳輸資源

❶ 使用者於客戶端電腦開啟瀏覽器。

❷ 在瀏覽器的搜尋欄位輸入 URL (`https://zh.wikipedia.org/wiki/` 電腦)。

❸ 以 URL 中的網域向 DNS 伺服器詢問網路伺服器的 IP 位址。

❹ 由主機名稱使用 DNS 進行名稱解析 (name resolution。由網域名稱轉為 IP 位址),向瀏覽器傳送訪問目的地的 IP 位址。

❺ 瀏覽器向網路伺服器下達命令:「告知有記述電腦的 HTML 檔案和圖片檔案位置」。

❻ 瀏覽器訪問該位址,對 HTML 進行語法分析,並於瀏覽器上顯示圖片檔案和 HTML 中的文章內容。

 URI

URI 利用如圖 12.6 的 Schema,其名稱通常使用 TCP/IP 協定名稱。

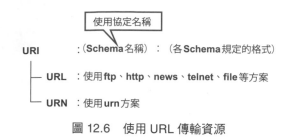

圖 12.6　使用 URL 傳輸資源

使用 ftp、http/https 等一般 RUL，格式如下：

格式 一般 URL

Schema 名稱 ://<user>:<password>@<host>:<port>/<url-path>	
<user>	連接主機時的使用者名稱。可省略。
<password>	使用者名稱對應的密碼。可省略。
<host>	主機名稱（網域名稱）、完整網域名稱或者 IP 位址
<port>	連接目的地的埠號。描述連接主機的哪個埠號。若方案已有預設埠號，則可省略。
<url-path>	主機請求的路徑。可省略。

使用瀏覽器訪問資訊時，一般除 <host> 以外皆會省略。

具體範例

```
http://192.168.16.5/ ── 以 IP 位址編寫「Schema 名稱 ://<host>」
https://www.example.com/ ── 以網域名稱編寫「Schema 名稱 ://<host>」
https://www.example.com/chapter1/ ── 以 chapter1 的文章位置編寫「Schema
                                       名稱 ://<host>/<url-path>」
```

 URN

另一方面，**URN** 採用**巴科斯－諾爾格式（Backus-Naur form, BNF）**，以「< 字串 >::= 定義」的形式，描述有意義的字串與其定義的內容。例如，使用描述「OR」的邏輯或符號「｜」，可如下以 BNF 格式定義「日本」。

< 日本 > ::= < 東日本 > ｜ < 西日本 >

在 BNF 內以大括號（<>）圍起定義的字串，其餘部分視為該字串的定義描述。::=（雙冒號等於）表示，符號右邊為符號左邊的定義內容。

採用上述 BNF 描述的 URN，格式如下：

格式 以 BNF 描述的 URN

```
<URN> ::= urn:<NID>:<NSS>
```

以 `<NID>` 命名空間識別符（Namespace Identifier），與 `<NSS>` 命名空間特定字串（Namespace Specific String）定義 `<URN>`。

例如，《Flask Web Development: Developing Web Applications with Python》[1]書籍的 URN，如下：

```
urn:ISBN:9781491991732
```

`ISBN`（International Standard Book Numbers）是，用以唯一識別書籍的國際識別碼。NSS 沒有記載 ISBN 的規格。

`NID`的 `9781491991732` 就是《Flask Web Development: Developing Web Applications with Python》這本書的識別碼。

在 `amazon.co.jp` 頁面的搜尋欄位，輸入並搜尋 `urn` 的 `ISBN:9781491991732`，搜尋結果會顯示《Flask Web Development: Developing Web Applications with Python》。

然後，Amazon 書籍介紹的登錄資訊中，肯定有 `ISBN` 資訊的 `ID`，各位可自行確認看看（圖 12.7）。

圖 12.7　Amazon 書籍介紹頁面的登錄資訊

以上是 URL、URI、URN 的概要。另外，本書討論的是網路 API，故不使用 URN 而使用 URL。

---

[1]　Miguel Grinberg 著（O'Reilly Media，2018），ISBN：9781491991732。

12.3 HTTP 方法的 CRUD 資源操作

HTTP 方法是，TCP/IP（Transmission Control Protocol/Internet Protocol）協定第四層應用層，以 HTTP 協定通訊時所使用的方法。

具體而言，用來對伺服器端下達如何處理資源，主要有 Create（建立）、Read（加載）、Update（更新）、Delete（刪除）等四種資源操作。

四種操作可簡稱為 CRUD。CRUD 與 HTTP 方法的對應關係，如表 12.2 所示：

表 12.2　CRUD 與 HTTP 方法的對應關係

資源操作	HTTP 方法
Create（建立）	POST / PUT
Read（加載）	GET
Update（更新）	PUT
Delete（刪除）	DELETE

藉由 HTTP 方法可簡化資源操作的處理程序，機器、人類皆容易系統地理解程式碼。

建立資源時，可用 HTTP 方法中的 POST 和 PUT，但基本上僅用到 POST。

本章總結

本章講解了 **Web**、**API**、**URI**、**HTTP 方法**，幫助讀者理解網路 API。

關於開發網路 API 所需的知識，講解了 World Wide Web（網路）和 API 的意義、表示資源位置的網址功用、HTTP 方法的 CRUD 資源操作。理解這些知識後，接著來製作機器學習 API[2]。下一章將會討論本書實作的機器學習 API（物件偵測 API）規格。

12

網路 API 的概要

---

[2] 欲深入了解網路 API 的讀者，建議參閱下述專門書籍：
《網頁相關技術 —— HTTP、URI、HTML 與 REST》，山本陽平著（技術評論社，2014），ISBN：9784774142043。
《Web API: The Good Parts》，水野貴明著（O'Reilly Japan，2014），ISBN：9784873116860。

Flask 實踐 ②

建立／部署物件偵測功能的 API

第 **13** 章

物件偵測 API 的規格

本章內容

13.1 物件偵測 API 的處理流程
13.2 安裝 PyTorch 與儲存已學習模型

在第 2 篇（第 8 章）中，實作了偵測上傳圖片中拍攝到什麼物體的功能。

嵌入應用程式的物件偵測功能，會使用 **PyTorch** 的 **深度學習框架**，與 **torchvision**[1] 套件中的已學習模型。關於 Pytorch 的內容，細節留到第 4 篇（第 16 章）解說。

藉由 Torchvision（`torchvision`）中的已學習模型，利用 **Mask R-CNN**（Mask Regional Convolutional Neural Network）。Mask R-CNN 是一種 **卷積類神經網路**（Convolutional Neural Network, CNN）[2]。關於機器學習、深度學習、監督式學習、類神經網路、卷積類神經網路等專業用語，細節留到第 4 篇（第 16 章）解說。

本章將會說明物件偵測 API 的處理流程，再依序講解安裝 PyTorch 和儲存已學習模型。

※1　http://pytorch.org/vision/stable/index.html

※2　在 CNN 發展體系中，還有下述知名的類神經網路。本書不多加著墨其演算法、模型的學習方法，欲知詳情的讀者請自行參閱各個網址。
- YOLO　https://arxiv.org/abs/1506.02640
　　　　　https://github.com/pjreddie/darknet
- Fast R-CNN　https://arxiv.org/abs/1504.08083
- Faster R-CNN　https://arxiv.org/abs/1506.01497
- SSD（Single Shot MultiBox Detector）https://arxiv.org/abs/1512.02325

13.1 物件偵測 API 的處理流程

物件偵測（Object Detection）是指，偵測圖片、影像中可識別的物體。事前輸入圖片、影像資料，讓機器學習模型學習該物體的定義。

本章實作的物件偵測 API，其偵測流程如圖 13.1 所示。

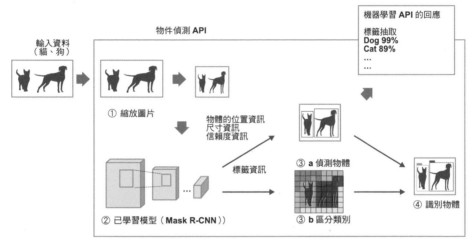

圖 13.1　物件偵測 API 的處理流程

輸入的資料為**圖片資料**；輸出的資料為**標籤**。

這裡的標籤是指，圖片中物體的定義。例如，將有貓和狗的照片輸入物件偵測 API，識別貓和狗後輸出**圖片中該物體的出現機率**。

物件偵測 API 內部的處理流程為，讀取並加工圖片，再將圖片資料輸入卷積類神經網路 Mask R-CNN 的已學習模型。

透過已學習模型，由輸入的圖片資料偵測物體的尺寸、位置，以分類的形式完成物體辨識（Object Recognition），最後輸出識別後的標籤。

物體辨識（Object Recognition）可大致分為**一般物體辨識**和**特定物體辨識**。

- 一般物體辨識——偵測椅子、汽車、老虎等一般的物體範疇（Classification）。
- 特定物體辨識——偵測圖中是否有與特定物體相同的物體（Identification）。

本章討論的物件偵測 API 是，**可辨識一般物體的 API**[※3]。

※3　欲深入了解物體辨識的讀者，建議參閱下述專門書籍：
《圖片辨識》，原田達也著（講談社，2017），ISBN：9784061529120。

13.2 安裝 PyTorch 與 儲存已學習模型

首先，建立 flaskbook_api 目錄，事先準備 venv 環境。

```
$ mkdir flaskbook_api
$ cd flaskbook_api
$ python3 -m venv venv
$ . venv/bin/activate
```

 ## 安裝 PyTorch

在下述 PyTorch 官網頁面，確認各環境適用的 pip 指令，並安裝 PyTorch。

https://pytorch.org/

Linux 的情況

以圖 13.2 的 pip 指令進行安裝。

```
pip3 install torch==1.10.0+cpu torchvision==0.11.1+cpu torchaudio==0.10
.0+cpu -f https://download.pytorch.org/whl/cpu/torch_stable.html
Previous versions of PyTorch
```

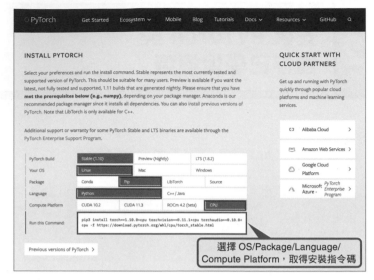

図 13.2　Linux 的 pip 指令
（官方頁面選擇 OS/Package/Language/Compute Platform，取得安裝指令碼）

Mac 的情況

以圖 13.3 的 `pip` 指令進行安裝。

```
pip install torch torchvision torchaudio
```

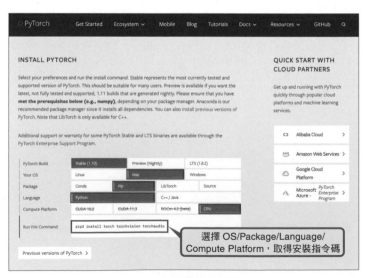

図 13.3　Mac 的 pip 指令
（在官方頁面選擇 OS/Package/Language/Compute Platform，取得安裝指令碼）

Windows 的情況

以圖 13.4 的 pip 指令進行安裝。

```
pip3 install torch torchvision torchaudio
```

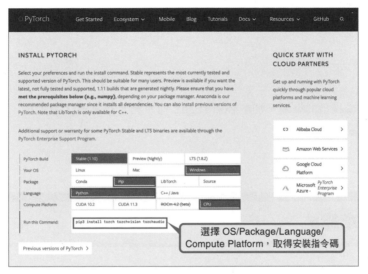

圖 13.4　Windows 的 pip 指令
（官方頁面選擇 OS/Package/Language/Compute Platform，取得安裝指令碼）

🏠 儲存已學習模型

安裝 PyTorch 後，以 Python 互動模式（interactive shell mode）逐行執行下述程式碼。

```
$ python
Python 3.9.7 (v3.9.7:1016ef3790, Aug 30 2021, 16:39:15)
[Clang 6.0 (clang-600.0.57)] on darwin
Type "help", "copyright", "credits" or "license" for more information.

>>> import torch
>>> import torchvision
>>> model = torchvision.models.detection.maskrcnn_resnet50_fpn(pretrained=True)
>>> torch.save(model, "model.pt")
```

機器學習一般得投入大量資料，相對需要非常長的學習時間。有鑑於此，我們會將已學習模型轉為位元組字串（建立字串）等描述，事前存於硬碟、儲存空間，再於推論時加載模型來執行。如此一來，不需要每次推論都進行學習。

儲存已學習模型後，路由目錄會建立 model.pt 檔案，確認是否有這個檔案。.pt 與 .pth（路徑設定檔）是同樣意思的副檔名。

```
$ ls
model.pt
```

這樣就完成模型的準備。加載 model.pt 並將圖片檔案輸入模型後，會輸出識別後的標籤和準確度。

本章總結

本章討論了**物件偵測 API** 的處理流程、安裝 **PyTorch** 和儲存已學習模型。

下一章將會運用第 12 章和本章的內容，實際開發物件偵測 **API**。

第 **14** 章

實作物件偵測 API

本章內容

14.1 物件偵測API的目錄架構與模組
14.2 準備實作
14.3 實作1｜編寫API的啟動程式碼
14.4 實作2｜編寫資料準備／前處理／後處理的程式碼
14.5 實作3｜編寫已學習模型的執行程式碼
14.6 實作4｜實作路由建置

本章將會實作前章準備好的已學習模型 API。

該 API 的目標是建立下述功能：

- 使用 POST 方法接收圖片
- 偵測圖片中的物體
- 回傳物體的標籤名稱與準確率
- 製作附加標籤圖片

實際完成的已識別圖片，如圖 14.1 所示：

圖 14.1　已識別的圖片

然後，建立已學習模型的 API 時，需要編寫下述程式碼：

- API 伺服器的啟動程式碼（14.3 節）
- 資料準備／前處理／後處理的程式碼（14.4 節）
- 已學習模型的執行程式碼（14.5 節）
- 路由配置（14.6 節）

後面將會說明整體的目錄架構與模組，再一一實作上述四項程式碼。

14.1 物件偵測 API 的目錄架構與模組

後續實作的物件偵測 API，目錄架構如圖 14.2 所示。路由目錄為 `flaskbook_api`。

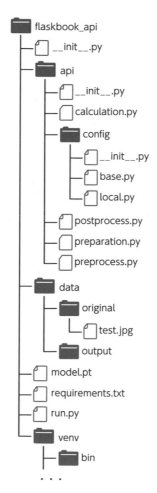

圖 14.2　物件偵測 API 的目錄架構

關於目錄架構的決定方式、模組的命名方法，細節留到第 4 篇（第 17 章）說明。
這裡先統整目錄／模組的名稱與功用（表 14.1）。

表 14.1　目錄／模組的名稱與功用

目錄名稱／模組名稱	功用
flaskbook_api/__init__.py	編寫套件初始化處理的模組。具有搜尋階層模組的標記功用（後續說明）
flaskbook_api/api/__init__.py	與 flaskbook_api/__init__.py 相同
flaskbook_api/api/calculatio.py	執行已學習模型並輸出檢測結果的模組
flaskbook_api/api/config/	啟動 API 時所需設定檔案的儲存目錄
flaskbook_api/api/config/__init__.py	與 flaskbook_api/__init__.py 相同
flaskbook_api/api/config/base.py	啟動 API 時所需的設定模組
flaskbook_api/api/config/local.py	在本地電腦啟動 API 時所需的設定模組
flaskbook_api/api/postprocess.py	進行資料後處理的模組
flaskbook_api/api/preparation.py	進行資料準備的模組
flaskbook_api/api/preprocess.py	進行資料前處理的模組
flaskbook_api/data/output/	已識別圖片資料的儲存目錄
flaskbook_api/data/original/	原圖片資料的儲存目錄
flaskbook_api/data/original/test.jpg	事前儲存的待識別圖片檔案
flaskbook_api/model.pt	前章中已學習模型的檔案
flaskbook_api/requirements.txt	前章中已學習模型的模組
flaskbook_api/run.py	使用 Flask 嵌入式伺服器啟動 API 的模組
flaskbook_api/venv/	虛擬環境的目錄

__init__.py

__int__.py 有兩個功用。

第一個是，**用來搜尋階層模組的標記功用**。Python 可將 __int__.py 所在的
目錄辨識為套件，目錄名稱變為套件名稱，如「父.子.模組」以「.」區隔來指
定，匯入（import）該目錄內的 .py 檔案後，可由其他的 .py 檔案進行利用。

第二個是，**套件初始化處理的功用**。在檔案內部編寫初始化處理，若無需特別處
理也可為空白。匯入時，最先會執行 __int__.py 中的腳本。

Python 執行匯入的時候，會自動將父目錄名稱當作命名空間套件，默認、主動地改變套件名稱。該機制的細節，請參閱 PEP420[1] 和 Python 官網文件「5.2.2. 命名空間套件[2]」。

Python 3.3 以後的版本，沒有 `__int__.py` 的目錄也可當作套件匯入，但它們稱為命名空間套件（Namespace packages），性質與一般套件不同[3]。

然後，關於框架、程式庫、套件、模組、函數的關聯性，細節留到第 4 篇（第 16 章）說明。

這次的目錄架構將會配置 `__int__.py`。因為各個模組匯入其他的模組時，得由路由目錄編寫絕對路徑的匯入述句，明示從哪個目錄的哪個模組利用哪個函數，以便確保程式碼的可讀性。

另外，需要注意的是，開發上容易忘記建立 `__int__.py`，造成啟動應用程式時發生啟動錯誤。

---

[1] https://www.python.org/dev/peps/pep-0420/#differences-between-namespace-packages-and-regular-packages

[2] https://docs.python.org/ja/3/reference/import.html#namespace-packages

[3] 欲知一般套件與命名空間套件細節的讀者，建議參閱下述書籍：
《Python 實踐入門——藉由程式語言的力量提高開發效率》，陶山嶺著（技術評論社，2020），ISBN：9784297111113。

14.2 準備實作

使用第 13 章的 `flaskbook_api` 目錄和已學習模型檔案（`model.py`），事先建立圖 14.2（表 14.1）的目錄和空白模組。

首先，安裝所需的程式庫，再建立 `requirements.txt`。

```
$ cd flaskbook_api
$ . venv/bin/activate
$ pip install flask pillow opencv-python
$ pip freeze > requirements.txt
```

若安裝 `opencv-python` 時發生錯誤[4]，請確認 `opencv-python` 程式庫頁面[5]的資訊。

然後，在 `flaskbook_api` 底下建立所有目錄。

```
$ mkdir api
$ mkdir api/config
$ mkdir data
$ mkdir data/output
$ mkdir data/original
```

所有空白模組也要事先完成準備。

---

[4] 若 macOS 發生「Building wheels for collected packages: opencv-python Building wheel for opencvpython (pyproject.toml)...」的錯誤，無法結束安裝 `opencv-python` 的話，請執行下述指令：

```
$ pip install --no-use-pep517 opencv-python
```

[5] https://pypi.org/project/opencv-python/

```
$ touch ./run.py
$ touch ./__init__.py
$ touch api/__init__.py
$ touch api/preprocess.py
$ touch api/postprocess.py
$ touch api/preparation.py
$ touch api/calculation.py
$ touch api/config/__init__.py
$ touch api/config/base.py
$ touch api/config/local.py
```

以 JPEG 格式（副檔名 .jpg）將待識別的圖片，配置於 data/original 目錄底下。範例圖檔位於 GitHub 上 flaskbook_api 儲存庫（repository）的 data/oroginal 目錄底下，各位讀者可善加利用。

最後，請確認是否建立了所有的目錄和空白模組，架構是否與圖 14.2（p.311）的目錄樹相同。

14.3 | 實作 1 ｜ 編寫 API 的啟動程式碼

本節的目標是，**編寫 Flask 嵌入式伺服器的啟動程式碼**。

後續要實作下述 5 個模組：

- flaskbook_api/run.py
- flaskbook_api/api/__init__.py
- flaskbook_api/api/config/__init__.py
- flaskbook_api/api/config/base.py
- flaskbook_api/api/config/local.py

接著，一一編寫程式碼吧。

加載組態並建立 Flask 應用程式

首先，在環境變數加載 CONFIG 的設定內容，使用以其他模組（flaskbook_api/api/__init__.py）製作的 create_app 函數，完成建立 Flask 應用程式的程式碼。

加載 CONFIG 並呼叫 create_app 函數（flaskbook_api/run.py）

```python
import os

from flaskbook_api.api import create_app

config = os.environ.get("CONFIG", "local")
app = create_app(config)
```

建立 Flask 應用程式的 create_app 函數（flaskbook_api/api/__init__.py）

```python
from flask import Flask, jsonify, request

def create_app(config_name):
    app = Flask(__name__)
```

```
        app.config.from_object(config[config_name])

        return app
```

在 app.config.from_object(config[config_name])，加載後面 config
目錄中，各個環境的常數、資料庫設定等內容。

使用 Blueprint

使用第 3 章提到的 Blueprint（範例 14.1 ～ 14.3）。本章的目錄架構會省略非
必須的 create_app 函數。

範例 14.1　啟動應用程式的程式碼（flaskbook_api/run.py）

```
import os

from flask import Flask

from flaskbook_api.api import api
from flaskbook_api.api.config import config

config_name = os.environ.get("CONFIG", "local")

app = Flask(__name__)
app.config.from_object(config[config_name])
# 將 blueprint 登錄至應用程式
app.register_blueprint(api)
```

範例 14.2　初始化並加載應用程式的程式碼（flaskbook_api/api/__init__.py）

```
from flask import Blueprint, jsonify, request

from flaskbook_api.api import calculation

api = Blueprint("api", __name__)
```

範例 14.3　加載各環境組態的程式碼（flaskbook_api/api/config/__init__.py）

```
from flaskbook_api.api.config import base, local

config = {
    "base": base.Config,
    "local": local.LocalConfig,
}
```

編寫通用的設定內容

base.py 模組是用來編寫**所有環境通用的設定內容**（範例 14.4）[6]。TESTING 和
DEBUG 是 Flask 內建的設定值，其他還有諸多的設定值。在第 1 篇的講解，也有
介紹到部分環境變數的設定值。

範例 14.4　所有環境通用的設定內容（flaskbook_api/api/config/base.py）

```python
class Config:
    TESTING = False
    DEBUG = False
    # 識別標籤
    LABELS = [
            "unlabeled",
            "person",
            "bicycle",
            "car",
            "motorcycle",
            "airplane",
            "bus",
            "train",
            "truck",
            "boat",
            "traffic light",
            "fire hydrant",
            "street sign",
            "stop sign",
            "parking meter",
            "bench",
            "bird",
            "cat",
            "dog",
            ... 省略 ...
            "toothbrush",
    ]
```

※「識別標籤」使用開源資料集 COCO dataset 的標籤。
　https://github.com/amikelive/coco-labels/blob/master/coco-labels-2014_2017.txt

---

※6　請由下述 GitHub 儲存庫複製貼上範例程式碼：
　　　https://github.com/ml-flaskbook/flaskbook/blob/main/flaskbook_api/api/config/base.py

LABELS 是事前定義的識別標籤。`local.py` 模組用來編寫僅本地環境通用的設定內容（範例 14.5），若與 `base.py` 設定的常數相同，則會覆蓋該常數的內容。

範例 14.5　僅本地環境通用的設定內容（flaskbook_api/api/config/local.py）

```python
from flaskbook_api.api.config.base import Config


class LocalConfig(Config):
    TESTING = True
    DEBUG = True
```

除了本地環境外，若還有預備環境和正式環境，按照各環境區分資料庫使用的資料庫名稱、參數的初始值等資訊，如上劃分 `config` 便可非常簡單地增加／修改程式碼。

 ## 確認運作情況

最後，確認是否啟動 Flask 嵌入式伺服器。在確認運作情況的時候，請特別留意輸出結果中帶有顏色的部分。

```
$ export FLASK_APP=run.py
$ export FLASK_ENV=development
$ flask run
 * Serving Flask app "run.py" (lazy loading)
 * Environment: development
 * Debug mode: on
 * Running on http://127.0.0.1:5000/ (Press CTRL+C to quit)
 * Restarting with stat
 * Debugger is active!
 * Debugger PIN: 144-132-005
```

需要注意的是，若忘記編寫「`$ export FLASK_APP=run.py`」會顯示下述錯誤訊息。如第 1 篇利用 `.env` 檔案，可防止忘記設定環境變數的情況。

```
$ flask run
* Environment: production
  WARNING: This is a development server. Do not use it in a ↩
production deployment.
  Use a production WSGI server instead.
* Debug mode: off
Usage: flask run [OPTIONS]

Error: Could not locate a Flask application. You did not provide ↩
the "FLASK_APP" environment variable, and a "wsgi.py" or "app.py" ↩
module was not found in the current directory.
```

若忘記編寫 `$ export FLASK_ENV=development`，則無法啟用 Flask 內部設定的 DEBUG = True 和 TESTING = True，處於 Debug mode: off 的狀態，沒辦法啟動重載器和除錯器。

```
$ export FLASK_APP=run.py
$ flask run
* Serving Flask app "run.py"
* Environment: production
  WARNING: This is a development server. Do not use it in a ↩
production deployment.
  Use a production WSGI server instead.
* Debug mode: off
* Running on http://127.0.0.1:5000/ (Press CTRL+C to quit)
```

14.4 實作 2 ｜編寫資料準備／前處理／後處理的程式碼

本節的目標是**編寫加載圖片資料、轉換數值資料、統整輸出資料型態的函數程式碼**。讓資料容易輸入已學習模型的統整內容，稱為**前處理**；提升已學習模型輸出資料可讀性的統整內容，稱為**後處理**。

後續要實作這三個模組：

- flaskbook_api/api/preparation.py
- flaskbook_api/api/preprocessing.py
- flaskbook_api/api/postprocess.py

接著，一一編寫程式碼吧。

準備資料

在 preparation.py，編寫準備圖片資料的程式碼（範例 14.6）。

範例 14.6　準備圖片資料（flaskbook_api/api/preparation.py）

```python
from pathlib import Path

import PIL

basedir = Path(__file__).parent.parent

def load_image(request, reshaped_size=(256, 256)):
    """加載圖片"""
    filename = request.json["filename"]
    dir_image = str(basedir / "data" / "original" / filename)
```

```
# 建立圖片資料的物件
image_obj = PIL.Image.open(dir_image).convert('RGB')
# 修改圖片資料的尺寸
image = image_obj.resize(reshaped_size)
return image, filename
```

以 Pillow 程式庫[7] 的 `PIL.Image.open` 函數加載圖片，建立圖片檔案的物件，並將圖片尺寸縮小為 256 x 256。

藉由縮小減少像素等資訊量，讓圖片變得容易識別。

 ## 前處理

在 `preprocess.py`，編寫幫助資料輸入已學習模型的「前處理」（範例 14.7）。

範例 14.7　前處理（flaskbook_api/api/preprocess.py）

```
import torchvision

def image_to_tensor(image):
    """ 將圖片資料轉為張量型態的數值資料 """
    image_tensor = torchvision.transforms.functional.to_tensor(image)
    return image_tensor
```

使用 `torchvision` 轉為張量型態[8]。張量型態類似 numpy 的 `ndarray` 型態，是如 GPU 將向量描述轉為陣列描述，以大量資料進行演算的資料型態之一。

雖然本書不會利用 GPU，但會轉為張量型態的資料，以支援使用 PyTorch 的模型。

 ## 後處理

在 `preprocess.py`，編寫提升已學習模型輸出資料可讀性的「後處理」（範例 14.8）。

---

[7]　https://pillow.readthedocs.io/en/stable/

[8]　https://pytorch.org/docs/stable/tensors.html

範例 14.8　後處理（flaskbook_api/api/postprocess.py）

```python
import random

import cv2

def make_color(labels):
    """ 隨機決定框線的顏色 """
    colors = [[random.randint(0, 255) for _ in range(3)] for _ in labels]
    color = random.choice(colors)
    return color

def make_line(result_image):
    """ 產生框線 """
    line = round(0.002 * max(result_image.shape[0:2])) + 1
    return line

def draw_lines(c1, c2, result_image, line, color):
    """ 增加框線 """
    cv2.rectangle(result_image, c1, c2, color, thickness=line)

def draw_texts(result_image, line, c1, color, display_txt):
    """ 圖片增加已識別的文字標籤 """
    # 取得文字大小
    font = max(line - 1, 1)
    t_size = cv2.getTextSize(display_txt, 0, fontScale=line / 3,
                             thickness=font)[0]
    c2 = c1[0] + t_size[0], c1[1] - t_size[1] - 3

    # 增加文字欄位
    cv2.rectangle(result_image, c1, c2, color, -1)
    # 加工文字標籤與文字欄位
    cv2.putText(
        result_image,
        display_txt,
        (c1[0], c1[1] - 2),
        0,
        line / 3,
        [225, 255, 255],
        thickness=font,
        lineType=cv2.LINE_AA,
    )
```

14

實作物件偵測 API

323

已學習模型僅會輸出張量型態的數值資料，建立已識別的圖片時，圖片得增加物體外圍的框線顏色、物體外圍的框線粗細、文字標籤的顏色、文字標籤的字體大小。

使用圖片編輯程式庫 **OpenCV**（Open Souece Computer Vision Library）[※9]來增加內容。OpenCV 原本是 C/C++ 的程式庫，如今也可支援 Python 程式語言。

以上是【實作2】的程式碼。flaskbook_api/api/preparation.py 和 flaskbook_api/api/preprocessing.py 各函數的程式碼量少，可能會覺得沒有必要區分模組建立函數，但為了容易理解程式碼的功用，這裡選擇作成不同的模組。關於這個部分，細節留到第 4 篇說明。

※9　http://labs.eecs.tottori-u.ac.jp/sd/Member/oyamada/OpenCV/html/py_tutorials/py_tutorials.html

14.5 實作 3｜編寫已學習模型的執行程式碼

本節的目標是**編寫執行已學習模型偵測物體的程式碼**。

後續要實作這個模組：

- flaskbook_api/api/calculation.py

在 calculation.py，使用【實作 1】與【實作 2】的函數，將資料輸入至已學習模型，完成後製作模型的輸出（範例 14.9）。

範例 14.9　執行已學習模型（flaskbook_api/api/calculation.py）

```python
from pathlib import Path

import numpy as np
import cv2
import torch
from flask import current_app, jsonify

from flaskbook_api.api.postprocess import draw_lines, draw_texts, ↩
make_color, make_line
from flaskbook_api.api.preparation import load_image
from flaskbook_api.api.preprocess import image_to_tensor

basedir = Path(__file__).parent.parent

def detection(request):
    dict_results = {}
    # 加載標籤
    labels = current_app.config["LABELS"]
    # 加載圖片
    image, filename = load_image(request)
    # 將圖片資料轉為張量型態的數值資料
    image_tensor = image_to_tensor(image)

    # 加載已學習模型
    try:
```

```python
        model = torch.load("model.pt")
    except FileNotFoundError:
        return jsonify("The model is not found"), 404


    # 切換模型的推論模式
    model = model.eval()
    # 執行推論
    output = model([image_tensor])[0]


    result_image = np.array(image.copy())
    # 在已經學習模型識別的物體圖片，增加框線和標籤
    for box, label, score in zip(output["boxes"], ↵
output["labels"], utput["scores"]):
        # 篩選信賴分數大於 0.6 且不重複的標籤
        if score > 0.6 and labels[label] not in dict_results:
            # 決定框線的顏色
            color = make_color(labels)
            # 產生框線
            line = make_line(result_image)
            # 識別圖片與文字標籤的框線位置資訊
            c1 = int(box[0]), int(box[1])
            c2 = int(box[2]), int[box[3])
            # 圖片增加框線
            draw_lines(c1, c2, result_image, line, color)
            # 圖片增加文字標籤
            draw_texts(result_image, line, c1, color, labels[label])
            # 建立已識別標籤與信賴分數的字典
            dict_results[labels[label]] = round(100 * score.item())
    # 建立圖片所在位址的目錄全路徑（full path）
    dir_image = str(basedir / "data" / "output" / filename)


    # 儲存識別後的圖片檔案
    cv2.imwrite(dir_image, cv2.cvtColor(result_image, cv2.COLOR_RGB2BGR))
    return jsonify(dict_results), 201
```

使用 torch.load 函數，加載事前儲存的已學習模型；使用 torch.save 函數，儲存完成學習的模型。

兩者皆是以 Python 標準模組 pickle[※10] 為基礎，雖然使用 pickle 也可存取模型，但需要另外編寫閉包（closure），故使用 PyTorch 時建議採用 torch。

※10 https://docs.python.org/ja/3/library/pickle.html

14.6 實作 4｜實作路由建置

建立【實作 3】calculation.py 的 API 時，需要實作路由建置。因此，本節的目標是編寫在本地伺服器驅動 API，以 HTTP 發送請求並傳送回應的程式碼。

在【實作 1】的下述模組，增加路由建置的程式碼。

- flaskbook_api/api/__init__.py

在物件偵測應用程式，已有實作**路由建置**，用來綁定網址和處理程序。Flask 的路由建置是，用來綁定網址和執行函數。

這裡實作兩個路由建置（範例 14.10）。

範例 14.10 **實作路由建置**（flaskbook_api/api/__init__.py）

```python
from flask import Blueprint, jsonify, request

from flaskbook_api.api import calculation
# 增加通用的前置詞
api = Blueprint("api", __name__)


@api.get("/")
def index():
    return jsonify({"column": "value"}), 201        ❶


@api.post("/detect")
def detection():
    return calculation.detection(request)           ❷
```

❶ 向 http://127.0.0.1:5000 發送請求，在控制台頁面顯示 {"column": "value"} 的回應。

❷ 向 http://127.0.0.1:5000/detect 發送請求，在控制台頁面顯示包含已識別標籤和信賴分數的 JSON 格式回應。

同時，將增加框線和標籤的圖片，存至 flaskbook_api/data/output/ 目錄底下。

這裡的重點是，calculation.detection 函數的引數，設定為 from flask import Flask, jsonify, request 匯入的 request。Flask 中的 request 模組，可存取客戶端向伺服器發送的資料，以及當時收到的請求資訊[11]。因此，request 能夠接收請求中的資料內容。

 ## 確認運作情況

確認物件偵測 API 的運作情況。

首先，啟動物件偵測 API。

```
$ export FLASK_APP=run.py
$ export FLASK_ENV=development
$ flask run

* Serving Flask app "run.py" (lazy loading)
* Environment: development
* Debug mode: on
* Running on http://127.0.0.1:5000/ (Press CTRL+C to quit)
* Restarting with stat
* Debugger is active!
* Debugger PIN: 118-822-590
```

使用下述 curl 指令，透過 POST 方法發送 HTTP 通訊請求，以便識別範例圖片的 test.jpg。

```
$ curl -X POST http://127.0.0.1:5000/detect -H "Content-Type: ↵
application/json" -d '{"filename":"test.jpg"}'
```

※11 欲深入了解為何全域性物件可實踐執行緒安全（Thread-safe）狀態的讀者，請搜尋關鍵字「Flask context 的本地物件」。

若 API 運作沒有問題的話，則會傳送下述回應：

```
response : {"bicycle":98,"dog":99,"truck":84}
```

實際已識別的圖片，如圖 14.3 所示：

圖 14.3　已識別的圖片

由圖可知，偵測到箱型車、腳踏車、狗等物體。藉由縮放輸入已學習模型的圖片，可提升第 2 篇物件偵測應用程式的準確度。

這樣就實際完成物件偵測的 API。

然而，許多人利用物件偵測的產品，發送大量的請求時，經常遇到請求的發送方式出錯、寫進資料庫時失敗等情況。為了預防這類事態，必須實作**錯誤處置器**和**驗證程式碼**，以便形成「容易除錯」、「容易找出失敗原因」的狀態。關於錯誤處置器和驗證程式碼，細節留到第 4 篇（第 17 章）討論。

14

實作物件偵測 API

本章總結

本章使用 torchvision 中的已學習模型,開發了**物件偵測 API**。請嘗試其他圖片資料,或者刻意發送錯誤的請求,確認 API 傳送什麼樣的回應。

然後,在 torchvision 當中,也有 Mask R-CNN 以外的已學習模型、資料集,雖然本書沒有討論,但各位務必嘗試看看。

那麼,這樣就完成開發**物件偵測應用程式**和**物件偵測 API**。其程式碼需要存至伺服器,才能夠讓眾多使用者利用。下一章將會說明**物件偵測應用程式**部署至雲端伺服器的步驟。

第 **3** 篇

Flask 實踐 ②
建立／部署物件偵測功能的 API

第 **15** 章

部署物件偵測
應用程式

本章內容

15.1 Docker 的概要

15.2 Cloud Run 的概要

15.3 Docker 的使用準備

15.4 Cloud Run 的使用準備

15.5 步驟 1 ｜ Google Cloud 的 configuration 初始設定

15.6 步驟 2 ｜ 製作 Dockerfile

15.7 步驟 3 ｜ 建置 Docker 映像檔

15.8 步驟 4 ｜ 將 Docker 映像檔加入 GCR

15.9 步驟 5 ｜ 部署至 Cloud Run

本章將會利用容器技術，將第 2 篇開發的物件偵測應用程式，部署至雲端上的無伺服器環境，公開發布於網際網路。

這裡選擇可利用容器技術的 Docker，而部署目的地的雲端無伺服器環境，則選擇 Google Cloud 中的 Cloud Run。

先依下述順序講解各項技術，最後再將物件偵測應用程式部署至 Cloud Run。

- Docker 的概要
- Cloud Run 的概要
- Docker 的使用準備
- Cloud Run 的使用準備
- 步驟 1 | Google Cloud 的 configuration 初始設定
- 步驟 2 | 製作 Dockerfile
- 步驟 3 | 建置 Docker 映像檔
- 步驟 4 | 將 Docker 映像檔加入 GCR
- 步驟 5 | 部署至 Cloud Run

15.1 Docker 的概要

Docker 是開源的 Container 式虛擬軟體，藉由作業系統層級的虛擬化技術，簡單製作多個名為 **Container**（容器）的應用程式執行環境。

 虛擬化技術

虛擬化技術是指，在單一實體電腦上模擬啟動多台電腦的技術。利用虛擬化技術建置的電腦，稱為**虛擬機器**或者**虛擬電腦**。

在虛擬化技術的說明中，會出現**主機作業系統**和**客機作業系統**等用語。主機作業系統是指，運行虛擬作業系統的虛擬機器環境，亦即當作基層的作業系統。而客機作業系統是指，虛擬機器上運行的虛擬作業系統。

Hypervisor 式與 Container 式

虛擬化技術可大致分為下述兩種。

Hypervisor 式虛擬化技術（硬體層級虛擬化技術）

在當下操作的主機作業系統，利用單一電腦的記憶體等部分系統資源，於虛擬機器上另外架設客機作業系統的虛擬化技術。

例如，在已安裝 macOS 的電腦上，運行 Windows 等作業系統。

Container 式虛擬化技術（作業系統層級虛擬化技術）

在僅只一台電腦的單一主機作業系統，製作多個名為 Container 的獨立空間，並於各個 Container 建構應用程式的技術。Container 透過容器引擎的處理程序，共用主機作業系統的「核心（kernel）」，隔離 CPU、記憶體等資源來建立虛擬空間。

容器當作是主機作業系統上的處理程序，而 Docker 是一種容器管理軟體，扮演主機作業系統與容器間的仲介角色。

Docker 的用例

本書使用 Container 式虛擬化技術的 Docker，其用例如圖 15.1 所示。

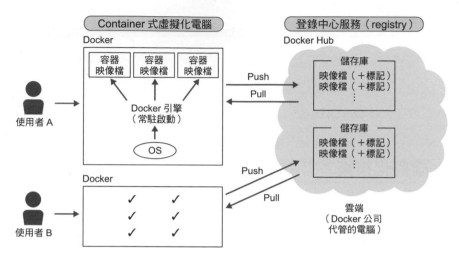

圖 15.1　Docker 的用例

以 docker 指令由**映像檔（image）**製作容器，建置獨立的環境。映像檔是指，於容器內架設什麼環境的容器模板。儲存庫是包含映像檔的用語，附帶各種不同標記（tag）的映像檔集合。因此，儲存庫名稱（＋標記名稱）會是映像檔名稱，若沒有標記名稱，則儲存庫名稱與映像檔名稱相同。

例如，若 Linux 作業系統上需要運行 Python3 系列的容器環境，則先製作描述需要 Linux 作業系統和 Python 的映像檔，再根據該映像檔建立多個 Linux 作業系統上運行 Python3 系列的容器環境。另外，該映像檔可使用線上登錄中心服務 Docker Hub 的共享檔案。

若 Docker Hub 上有 Python 的映像檔，可用 docker 指令下載（pull），建構運行 Python 的容器環境。換言之，不必自己定義或者設定，只要 Docker Hub 上有已發布的映像檔，就可將映像檔下載至本地電腦，不需要安裝也能夠利用 Pyhon。

然後，自行定義 Docker 映像檔的時候，檔案名稱得存成 Dockerfile。

docker 指令的基本用法如圖 15.2 所示，使用這些指令，可由 Dockerfile 於容器內部啟動應用程式。

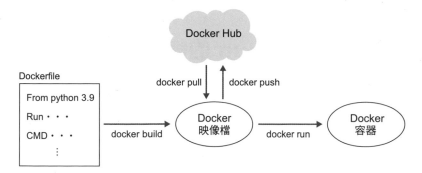

圖 15.2　docker 指令的基本用法

15.2 Cloud Run 的概要

Cloud Run 是可使用容器簡單部署至正式環境，Google Cloud 全方位託管服務（fully managed service）的無伺服器架構（serverless architecture）。

特徵

Google Run 有三大特色：

無伺服器

所謂的**無伺服器**，是指不需自己準備啟動應用程式的網路伺服器。

例如，在 Cloud Run 上運行 Flask 應用程式時，原本應該要自己準備 nginx 等網路伺服器的設定檔，而無伺服器的環境不需自備網路伺服器的設定檔。

容器部署

僅需部署回應 HTTP 請求的 Docker 容器，就可於 Cloud Run 上發布網路服務。換言之，`Dockerfile` 可定義想要靈活製作的應用程式運行環境，使用 Cloud Run 管理由定義映像檔製作的容器。

部署至 Cloud Run 的時候，得先製作 Docker 映像檔，加入 Google Container Registry（GCR）儲存／管理，再於 Cloud Run 上選擇該映像檔部署容器。

將映像檔加入 GCR 後，可於 Google Cloud 控制台頁面以按鈕輕鬆操作，完成如圖 15.3 的容器部署，讓 GCR 負責 Docker Hub 登錄中心的功用。詳細步驟留到後面說明。

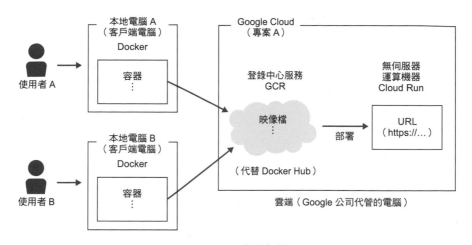

圖 15.3 容器部署

全方位託管

簡單來説，Cloud Run 可代勞運用／管理伺服器、網路。例如，Cloud Run 具有自動調整（autoscale）的功能，依伺服器的負載情況執行外擴／內縮（調整伺服器數量）、擴增／縮減（調整 CPU、記憶體等伺服器的處理能力）[1]。

Cloud Run 會根據部署的容器負載情況，自動增減雲端伺服器的數量，不需要負載平衡器（Load Balancer）。另外，原本需要發行 SSL 憑證，才可設定 HTTPS 通訊，但 Cloud Run 部署完成後，會產生可使用 HTTPS 通訊的獨立網域。

除了上述內容外，Cloud Run 還有多樣的全方位託管功能，且時常進行更新。

15

部署物件偵測應用程式

※1　本書為了簡單起見，將開發的應用程式存於容器內的資料庫，因而無法體會自動調整的恩惠。

15.3　Docker 的使用準備

 安裝 Docker Desktop

安裝 Docker Desktop，以便在本地環境使用 Docker。

macOS

由下述網址安裝 Docker Desktop for Mac[2]。

https://hub.docker.com/editions/community/docker-ce-desktop-mac

Windows

由下述網址安裝 Docker Desktop for Windows。

https://hub.docker.com/editions/community/docker-ce-desktop-windows

Linux

由下述網址安裝作業系統版本支援的 Docker Desktop。

https://hub.docker.com/search?q=&type=edition&offering=community&operating_system=linux

 啟動 Docker Desktop

完成安裝後，啟動 Docker Desktop。macOS 點擊啟動 `Docker.app` 後，由終端機開啟控制台，執行 `docker version` 指令，確認是否啟動。

※2　小型企業（職員人數未滿250人且全年營收未滿1000萬美元）可免費使用Docker Desktop，其餘方案基本上皆需收費。
https://www.docker.com/products/docker-desktop

```
$ docker version
Client: Docker Engine - Community
 Version:           19.03.8
 API version:       1.40
 Go version:        go1.12.17
 Git commit:        afacb8b
 Built:             Wed Mar 11 01:21:11 2020
 OS/Arch:           darwin/amd64
 Experimental:      false

Server: Docker Engine - Community
 Engine:
  Version:          19.03.8
  API version:      1.40 (minimum version 1.12)
  Go version:       go1.12.17
  Git commit:       afacb8b
  Built:            Wed Mar 11 01:29:16 2020
  OS/Arch:          linux/amd64
  Experimental:     false
 containerd:
  Version:          v1.2.13
  GitCommit:        7ad184331fa3e55e52b890ea95e65ba581ae3429
 runc:
  Version:          1.0.0-rc10
  GitCommit:        dc9208a3303feef5b3839f4323d9beb36df0a9dd
 docker-init:
  Version:          0.18.0
  GitCommit:        fec3683
```

這樣就可使用 Docker 和 **docker** 指令。

然後，準備將容器部署至 Cloud Run。

15.4 Cloud Run 的使用準備

依照下述步驟，完成部署的準備：

① 建立 Google Cloud 免費帳戶
② 建立 Google Cloud 的專案
③ 啟用 Cloud Run API 與 Container Registry API
④ 安裝 Cloud SDK

 ## ① 建立 Google Cloud 免費帳戶

訪問 Google Cloud 頁面，點擊【免費試用】（圖 15.4）。

https://cloud.google.com/free/

若是首次使用 Google Cloud，可獲得 $300 美元的抵免額。

圖 15.4　Google Cloud 頁面

點擊後跳轉登入頁面，需要擁有 Google 帳戶。若尚未申請 Google 帳戶，請先前往建立帳戶。

以 Google 帳戶進行登入（圖 15.5）。

圖 15.5　以 Google 帳戶進行登入

🏠 ❷ 建立 Google Cloud 的專案

登入成功後，建立專案（圖 15.6）。

圖 15.6　登入後的資訊主頁

點擊【建立專案】後，如圖 15.7 會隨機產生專案名稱和專案 ID。

圖 15.7　建立專案

後面的步驟也會用到專案名稱，取為簡單易記的名稱，以免忘記或者輸入錯誤。這裡將專案名稱和專案 ID 設為相同的名稱「flaskbook-app」（圖 15.8）[※3]。[譯註]

圖 15.8　設定專案名稱和專案 ID

※3　依照各種狀況、專案多寡、組織體制，專案名稱有不同的取法慣例。這個部分超出本書的講解範圍。
譯註　目前兩者已經無法使用相同名稱。

點擊左上角的「Google Cloud」文字，返回資訊主頁確認是否建立專案（圖 15.9）。

圖 15.9　在資訊主頁確認建立的專案

 ❸ 啟用 Cloud Run API 與 Container Registry API

啟用 API 有下述兩種方法，使用哪種方法都沒有關係。

Ⓐ 由 API 程式庫搜尋來啟用的方法
Ⓑ 直接由 API 服務選單啟用的方法

啟用 Cloud Run

嘗試以Ⓐ方法啟用。

由選單選擇〔API 和服務〕→〔程式庫〕（圖 15.10）。

圖 15.10　選擇〔API 和服務〕→〔程式庫〕

在上面的搜尋欄位檢索「Cloud Run」（圖 15.11）。

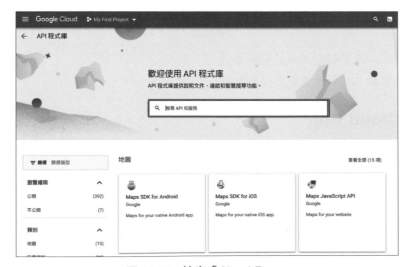

圖 15.11　檢索「Cloud Run」

點擊 Cloud Run API 的【啟用】按鈕後，完成啟用（圖 15.12）。

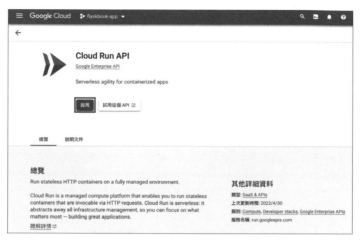

圖 15.12 點擊【啟用】按鈕

啟用 Container Registry

嘗試以 **B** 方法啟用。

由選單選擇〔Container Registry〕→〔映像檔〕（圖 15.13）。

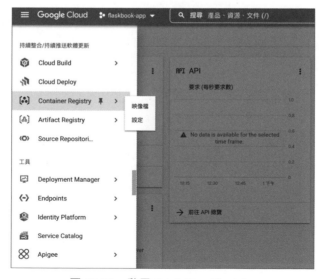

圖 15.13 啟用 Container Registry

點擊【啟用】Container Registry API 按鈕（圖 15.14）。

圖 15.14　點擊【啟用】Container Registry API 按鈕

若顯示圖 15.15 的頁面，則表示完成啟用。

圖 15.15　完成啟用的狀態

❹ 安裝 Cloud SDK

部署至 Cloud Run 時得安裝 Cloud SDK，完成後使用 `gcloud` 指令，由本地電腦訪問 Google Cloud、部署應用程式。

請由下述頁面，根據作業系統環境進行安裝。

https://cloud.google.com/sdk/downloads/

這樣就準備好部署至 Cloud Run 的 Google Cloud。

剩下使用 `docker` 指令和 `gcloud` 指令，實際將物件偵測應用程式的容器部署至 Cloud Run 中。

15.5　步驟 1 │ Google Cloud 的 configuration 初始設定

連接 Google Cloud 的專案名稱、登入的帳戶設定等，完成初始設定。已經有使用 Google Cloud 的讀者，可利用舊有的 configuration 或者指定並建立新的 configuration。

首先，使用下述指令，確認是否已有 configuration。

```
$ gcloud config configurations list
NAME   IS_ACTIVE   ACCOUNT                PROJECT      COMPUTE_DEFAULT_ZONE   COMPUTE_DEFAULT_REGION
```

沒有顯示任何內容，可知尚未建立 configuration。

以下述指令完成初始設定。

```
$ gcloud init
```

如此一來，會顯示下述訊息，輸出是否新建 configuration、是否登入新帳戶等的指示。

請遵照指示新建 configuration，輸入名稱並指定 Y/n 或者編號。

這裡指定名稱為「mygcp」，建立新的 configuration。

```
Welcome! This command will take you through the configuration of gcloud.
  ⋮
Pick configuration to use:
[1] Re-initialize this configuration [default] with new settings
[2] Create a new configuration
Please enter your numeric choice: 2 ─────────── 新建時選擇 2

Choose the account you would like to use to perform operations for
this configuration:
```

```
[1] [自己的郵件位址]
[2] Log in with a new account
Please enter your numeric choice: 1 ─────────────────────  選擇 1

Pick cloud project to use:
[1] [flaskbook-app]
Please enter numeric choice or text value (must exactly match list
item): 1 ──────────────  指定 Google Cloud 剛才建立的專案 id
 ⋮
Your Google Cloud SDK is configured and ready to use!
```

再次確認是否建立名為 mygcp 的 configuration。

```
$ gcloud config configurations list
NAME    IS_ACTIVE  ACCOUNT        PROJECT        COMPUTE_DEFAULT_ZONE COMPUTE_DEFAULT_REGION
mygcp   True       [自己的郵件位址]  flaskbook-app
```

確認 mygcp 的內容。

```
$ gcloud config list
[core]
account = [自己的郵件位址]
disable_usage_reporting = False
project = flaskbook-app
```

確認完成初始設定。disable_usage_reporting 可設定是否傳送報告協助
Google Cloud 改善。

15

部署物件偵測應用程式

15.6 步驟 2 | 製作 Dockerfile

請移動至物件偵測應用程式的目錄。物件偵測應用程式的目錄架構，如圖 15.16 所示。

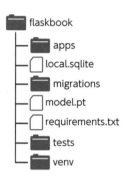

```
flaskbook
├── apps
├── local.sqlite
├── migrations
├── model.pt
├── requirements.txt
├── tests
└── venv
```

圖 15.16 物件偵測應用程式的目錄架構

在物件偵測應用程式的路由目錄，以下述指令建立 Dockerfile。

```
$ touch Dockerfile
```

在 Dockerfile 中編寫範例 15.1 的程式碼。

範例 15.1 Dockerfile

```
# 指定基礎映像檔
FROM python:3.9

# 更新 apt-get 的版本、安裝 SQLite3

RUN apt-get update && apt-get install -y sqlite3 && apt-get install ↵
-y libsqlite3-dev

# 指定容器的工作目錄
WORKDIR /usr/src/
```

```
# 複製目錄和檔案
COPY ./apps /usr/src/apps
COPY ./local.sqlite /usr/src/local.sqlite
COPY ./requirements.txt /usr/src/requirements.txt
COPY ./model.pt /usr/src/model.pt

# 更新 pip 的版本
RUN pip install --upgrade pip

# 執行 Linux 的 Pytorch 安裝指令
RUN pip install torch==1.8.0+cpu torchvision==0.9.0+cpu torchaudio==↵
0.8.0 -f https://download.pytorch.org/whl/torch_stable.html

# 在容器內部環境安裝所需的程式庫
RUN pip install -r requirements.txt

# 顯示 "building..." 的處理程序
RUN echo "building..."

# 設定所需的環境變數
ENV FLASK_APP "apps.app:create_app('local')"
ENV IMAGE_URL "/storage/images/"

# 容器執行時傾聽（listen）特定的網路埠
EXPOSE 5000

# "docker run" 執行時的處理程序
CMD ["flask", "run", "-h", "0.0.0.0"]
```

Docker 會加載 Dockerfile 中的命令碼，建置映像檔。

例如，處理下述 copy 命令碼後，./apps 當前目錄底下的檔案，會複製到建置映像檔中的 /usr/src/apps 目錄底下。

```
...
COPY ./apps /usr/src/apps
...
...
```

上述 Dockerfile 的內容是，將 local.sqlite 和 model.pt 複製到容器內部，以便由應用程式連接資料庫、加載模型。

一般來說，利用 Google Cloud 驅動應用程式的時候，往往是藉由 Cloud SQL 等託管服務，在外部實體上啟動並連接資料庫伺服器。資料庫本身存於容器內部，故不適合長存資料。然後，模型的檔案本身也存於 Google Cloud Storage（GCS）等桶式儲存空間，通常實作成由應用程式端難以讀取的形式。

本書的目標是部署後發布應用程式，不多加著墨長存資料、管理模型的方法。

表 15.1 統整了 Dockerfile 內部常用的指令碼和功用，欲知更多詳情的讀者，請參閱 Docker 的官方文件 [4]。

表 15.1　Dockerfile 內部常用的指令碼與功用

指令碼	功用
FROM	指定基礎映像檔
LABEL	設定標籤
ENV	設定環境變數
RUN	執行指令
COPY	將檔案和目錄複製到容器
ADD	將檔案和目錄複製到容器。可拆解（unpack）本地環境的 .tar 檔案
CMD	向運行中的容器提供指令和引數。每個 Dockerfile 檔案僅可編寫一個 CMD
WORKDIR	設定工作目錄
ARG	定義建置時傳給 Docker 的變數
ENTRYPOINT	向運行中的容器提供指令和引數
EXPOSE	發行連接埠
VOLUME	訪問長存資料，並建立儲存用的目錄掛載點

※4　http://docs.docker.jp/v1.9/engine/reference/builder.html

15.7 步驟 3｜建置 Docker 映像檔

以「docker build -t <儲存庫名稱:<標記名稱>> <Dockerfile所在目錄>」
的指令，依照 Dockerfile 建置映像檔。

```
$ docker build -t detector-app ./
Sending build context to Docker daemon  338.4MB
Step 1/12 : FROM python:3.9
 ---> 7f5b6ccd03e9
Step 2/12 : RUN pip install Flask
 ---> Running in 76bf962e4eb8
Collecting Flask
  Downloading Flask-2.0.2-py2.py3-none-any.whl (94 kB)
⋮
Successfully built f662c59b76f5
Successfully tagged detector-app:latest
```

使用 -t 選項命名儲存庫名稱 detector-app，根據當前目錄 Dockerfile
中的指令碼建置映像檔。< 標記名稱 > 可省略，未指定標記時，預設附加
lastest 標記。

然後，以「docker tag < 映像檔名稱 or 映像檔 ID> < 儲存庫名稱 >:< 標
記 >」的指令，設定為可上傳（push）至 GCR。此指令用來綁定上傳／下載目
的地的儲存庫，與上傳／下載對象的映像檔。

```
$ docker tag detector-app gcr.io/flaskbook-app/detector-app:latest
```

指定 detector-app 映像檔的上傳／下載目的地。

GCR 上傳／下載目的地的儲存庫名稱，編寫成「gcr.io/ 專案 ID/ 容器映像檔
的名稱」。

docker tag 指令中的「:latest」是用來與其他相同映像檔名稱區別的標記。
區別版本、用途的附加標記（tag），基本上與「標籤（label）」同義。

 確認建立的映像檔

使用 docker images 指令，瀏覽已建立的映像檔列表。

```
$ docker images
REPOSITORY                             TAG       IMAGE ID        CREATED          SIZE
detector-app                           latest    f662c59b76f5    17 minutes ago   976MB
gcr.io/flaskbook-app/detector-app      latest    f662c59b76f5    17 minutes ago   976MB
```

REPOSITORY 直列中的 detector-app 是 Docker 託管服務 Docker Hub 上的
儲存庫名稱。由於尚未實際上傳，Docker Hub 沒有名為 detector-app 的儲
存庫。本書未利用 Docker Hub 的儲存庫，而是使用 GCR 來開發，故不會上傳
至 Docker Hub。

而前面以 docker tag 指令綁定的 gcr.io/flaskbook-app/detector-app
是 GCR 上的儲存庫名稱。這個也尚未加入 GCR，請依照下述步驟完成上傳。

15.8 步驟 4 | 將 Docker 映像檔加入 GCR

在【步驟 4】將建置的 Docker 映像檔上傳 GCR 之前，請先執行下述指令。如此一來，可用 `docker push`、`docker pull` 等 `docker` 指令連接 GCR。

```
$ gcloud auth configure-docker
```

驗證資訊存於使用者的主目錄。

- macOS ：`$HOME/.docker/config.json`
- Linux ：`$HOME/.docker/config.json`
- Windows ：`%USERPROFILE%/.docker/config.json`

那麼，以「`docker push <選項> <儲存庫名稱<:標記名稱>>`」的指令，上傳至 GCR。`<選項>` 可省略，若有標記則指定 `<:標記名稱>`，這裡編寫「`detector-app:latest`」。

```
$ docker push gcr.io/flaskbook-app/detector-app:latest
```

 確認上傳情況

實際由 Google Cloud 的控制台頁面，確認是否成功上傳 `detector-app`。

由選單選擇 [Container Registry] 成功上傳至 GCR 的時候，會如圖 15.17 顯示儲存庫名稱 `detector-app`。

圖 15.17　Container Registry 服務的控制台頁面

若點擊 `detector-app` 有出現映像檔，則表示成功加入 GCR（圖 15.18）。

圖 15.18　點擊 detector-app 的狀態

15.9 步驟 5 | 部署至 Cloud Run

直接由 Container Registry 服務的控制台頁面，嘗試部署至 Cloud Run。當然也可使用指令來部署，但直接由控制台頁面部署比較簡單。

點擊最右邊的 ⋮ ，選擇下拉選項中的 [Deploy to Cloud Run]（圖 15.19）。

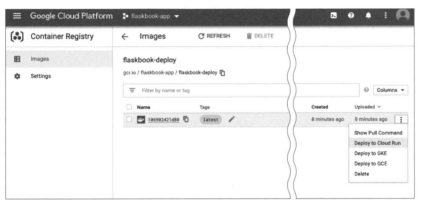

圖 15.19 由 Container Registry 選擇映像檔，再選取部署目的地

在 Service settings 設定頁面（圖 15.20），Region 選擇「tokyo」；service name 選擇「detector-app」；Authentication 選擇任誰都可訪問的「Allow unauthenticated invocations」，完成後點擊 [Next]。

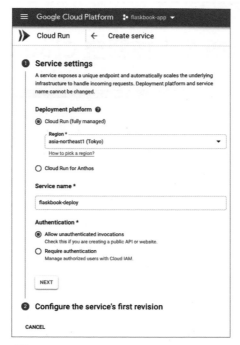

圖 15.20　Service settings 的設定頁面

在 Configure the service's first revision 設定頁面的 Container image URL，選擇已加入 GCR 的映像檔 ID（圖 15.21）。

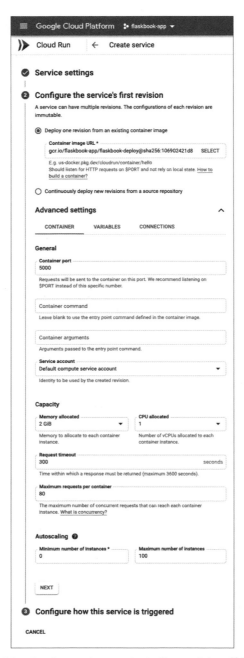

圖 15.21　Configure the service's first revision 的設定 1

點擊「ADVANCED SETTING」，輸入 Dockerfile 中設定的公開埠號「**5000**」
（圖 15.22）。

然後，「Capacity」的「Memory allocated」選擇「2GiB」。

其餘不做更動，點擊 [CREATE] 按鈕就會執行部署。

圖 15.22　Configure the service's first revision 的設定 2

由選單選擇 [Cloud Run]，在 Cloud Run 服務的控制台頁面，確認是否部署至 Cloud Run。

部署至 Cloud Run 後，會自動產生 URL 網址。點擊頁面上反白的網址，若可訪問物件偵測應用程式，則表示完成部署（圖 15.23）。

圖 15.23　Cloud Run 服務的控制台頁面

反白的 URL「`https://detector-app-[ 隨機字串 ].run.app`」是各項服務隨機發行的網址。

最後，點擊「`https://detector-app-[ 隨機字串 ].run.app`」，上傳圖片並確認物件偵測功能（圖 15.24）。

圖 15.24　已識別的圖片

本章總結

本章解説了如何使用 Docker 將第 2 篇的物件偵測應用程式，作成容器部署至無伺服器環境 Cloud Run，公開發布服務的步驟。

第 3 篇實作的物件偵測 API，也可用同樣的步驟完成容器部署。機器學習 API 公開發布後，可由其他環境部署的應用程式利用。各位讀者務必嘗試看看。

第 **4** 篇

開發機器學習 API

本篇內容

第**16**章　機器學習的概要
第**17**章　機器學習API的開發程序與實踐

第 3 篇實作了物件偵測應用程式中物件偵測功能的 API。

第 4 篇會解說如何將分析腳本、研究導向程式碼、原型設計（開發試驗品）、PoC 等產品化前的程式碼，轉為產品級別的 API。**PoC**（Proof of Concept：概念驗證）是開發試驗品的前一階段，實際檢討新概念、理論、原理、想法的可行性。然後，**研究導向程式碼**^{※1} 是指，用來探索最佳模型、演算法的程式碼。

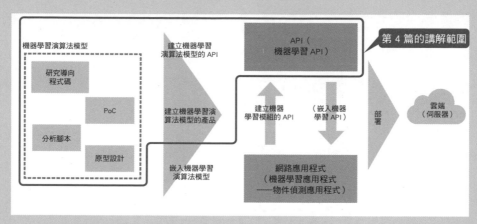

第 4 篇 開發機器學習 API

第 4 篇各章將會闡述機器學習的概要，再搭配程式碼解說如何建立機器學習模型的產品。

- 第 16 章「機器學習的概要」──說明理解機器學習時最基礎的背景用語、知識。
- 第 17 章「機器學習 API 的開發程序與實踐」──實際利用範例資料製作已學習模型，並將其實作成 API。**機器學習**既是解決某項任務的手法，也可指研究該手法的學術領域。

※1　關於研究導向程式碼，可觀看下述影片加深理解：
- Friday Lightning TalksBreak - PyCon 2019 -Research Oriented Code in AI/ML projects Tetsuya Jesse Hirata
  https://www.youtube.com/watch?v=yFcCuinRVnU

第 **16** 章

機器學習的概要

本章內容

16.1 機器學習的相關概念
16.2 機器學習處理的資料
16.3 機器學習處理的任務
16.4 演算法的數學式和程式碼表達
16.5 機器學習利用的 Python 程式庫
16.6 以 Python 程式庫實踐邏輯迴歸

機器學習的大致流程是：**輸入一定數量的資料**，根據該資料**讓機器學習通用的規則、模式**，再將未學習的資料輸入完成學習的機器，**輸出符合該規則、模式的資料**。

這裡的**機器**是指電腦，更正確來說，是指**電腦程式中編寫的演算法／描述模型的函數**。**電腦程式中編寫的演算法／描述模型的函數**，會因機器學習處理的**任務**和**資料**而異。然後，這裡的**學習**是指，運算取得輸出值與期望值誤差最小的函數參數。

嵌入學習取得的參數，這種演算法／模型稱為**已學習模型**。

以上是了解機器學習前應該知道的常見用語。本章將會依序講解下述項目，更加具體地了解機器學習。

- 機器學習的相關概念
- 機器學習處理的資料
- 機器學習處理的任務
- 演算法的數學式和程式碼表達
- 機器學習利用的 Python 程式庫
- 以 Python 程式庫實踐邏輯迴歸

16.1 機器學習的相關概念

機器學習是日新月異的學術領域，目前仍舊沒有確切的定義。

除了學術領域外，機器學習也已用於各商務領域，如圖像辨識、聲音辨識、文件分類、醫療診斷、垃圾郵件檢測、商品推薦等，在廣泛領域發揮重要功用。因此，**機器學習中的用語，其說法與概念會因情境而異，也會因人而異。**

圖 16.1 統整了本書用到的相關概念。

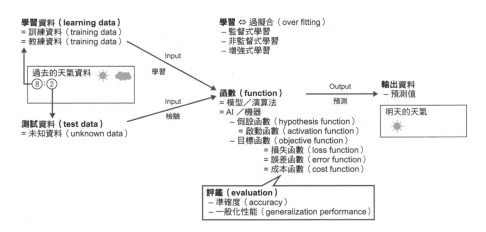

圖 16.1　機器學習的用語概念

函數學習的資料，稱為**學習資料**、**訓練資料**、**教練資料**。

學習資料的方法，主要分為**監督式學習**、**非監督式學習**、**增強式學習**等三種，細節留到後面說明。

另一方面，**過擬合**是指，因過度符合訓練資料，而無法恰當預測、歸納未知資料的狀態。

然後，面對各種測試資料，能否輸出符合期待的資料，稱為「模型的**歸納性能高/低**」或者「模型的**準確度高/低**」、「**準確度好/壞**」。

另外，具體表達模型／演算法、AI／機器的**函數**（function），可分為**假設函數**和**目標函數**兩種。

- **假設函數**（hypothesis function）──設立資料可解決什麼任務的假設，根據該假設建置臨時模型的函數。
- **目標函數**（objective function）──計算假設函數與資料有多少誤差的函數。

假設函數又稱為**啟動函數**，不過假設函數本身已包含啟動函數。

然後，**目標函數**容易與損失函數、誤差函數、成本函數等意思相近的用語混淆，儘管文章脈絡上多少有些差異，但大致都跟目標函數同義。了解「大致都跟目標函數同義」後，再理解下述內容可避免彼此混淆。

- **目標函數**（objective function）──最為廣義的用語，包含下述所有用語。
- **損失函數**（loss function）──與誤差函數相同，包含「平方和誤差」、「交叉熵誤差」等函數。
- **誤差函數**（error function）──與損失函數相同，包含「平方和誤差」、「交叉熵誤差」等函數。
- **成本函數**（cost function）──損失函數（誤差函數）加入正規化項目的函數。正規化是指，抑制過擬合的運算調整。

舉例來說，圖 16.1 天氣預報的處理流程，會將過去天氣陰晴資料的八成當作訓練資料，剩餘的兩成資料當作評鑑驗證模型的測試資料。

將訓練資料輸入假設函數，使用目標函數找尋誤差較小的參數，藉此產生已學習模型。最後，再將剩餘未用於學習的兩成測試資料，輸入已學習模型來輸出測試資料的陰晴預測值。

關於理解機器學習整體樣貌，以及理解機器學習所需的概念，就先說明到這裡。下一節將會討論有關理解處理什麼資料的重要性。

16.2 機器學習處理的資料

機器學習的準確度，深受輸入的資料資訊量和資料格式所影響。

例如，即便有好幾萬件的數值資料，若相似資料佔絕大多數，則從中獲取的資訊可能寥寥無幾。然後，輸入資料的加工方式會因資料格式而異。因此，想要提升機器學習模型的準確度，得事先了解電腦處理什麼樣的資料。

一般來説，資料會以如圖 16.2 的格式儲存、處理。

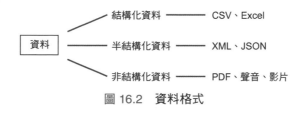

圖 16.2　資料格式

- **結構化資料**——已轉成二維表格形式，或者可轉成二維表格形式的資料
- **半結構化資料**——內部具有可劃分的規則性，但不曉得能否轉成表格形式／轉換方法的資料
- **非結構化資料**——內部不具規則性，無法轉成二維表格形式的資料

這些資料是人和機器以如圖 16.3 的尺度，觀測衡量現實世界發生的事物。

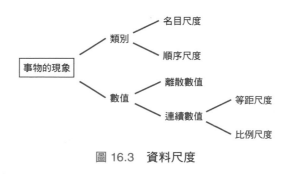

圖 16.3　資料尺度

- **類別資料**（categorical data）──包含名目尺度、順序尺度的用語，又稱為定性資料、質的資料。可想像○○舞蹈、○○音樂等類型、範疇來幫助理解，以該範疇是否具有順序上的意義，區別名目尺度和順序尺度。
- **數值資料**（numbers）──包含離散數值和連續數值的用語，又稱為定量資料、量的資料。以事物數法和可數對象的不同，區別是離散還是連續。

  例如，若以 0、1、2、3 計數 CD 張數，得到全部共有 3 張，則 CD 張數的 3 是連續數值。而若某位藝人發行 3 首樂曲的專輯、6 首樂曲的專輯、8 首樂曲的專輯，則該位藝人各張專輯的曲數 3、6、8 是離散數值。

類別資料包含名目尺度和順序尺度。

- **名目尺度**（nominal scale）──僅用來區別事物，故只有等於／不等於，而沒有大小、倍數之別。

  例）音樂類型（搖滾：1、嘻哈：2、……、高科技舞曲：4）、男女的性別（男性：0、女性：1）
- **順序尺度**（ordinal scale）──具有順序上的意義，間隔分配沒有意義的數值。

  例）Billboard 專輯排行榜（第 1 名、第 2 名、……）

數值資料包含離散數值和連續數值。

- **離散數值**（discrete number）──不連續（非連續）狀態的數值。

  例）骰子的擲出點數、次數
- **連續數值**（continuous number）──等距尺度、比例尺度等的連續數值。0、3、5 的表達方式不是連續數值，而是離散數值。
- **等距尺度**（interval scale）── 刻度間隔相同（假設等間隔）的數值。

  例）攝氏溫度、西元年號
- **比例尺度**（ratio scale）──可由值的大小關係和差距大小／比例獲得資訊，數值 0 具有絕對的意義、本身肯定帶有資訊。

  例）身高、體重、金額、絕對溫度

根據機器學習待解決的問題種類、利用的演算法種類，轉換採用的尺度類型。

16.3 機器學習處理的任務

在研究／理解機器學習時，常會聽到統計方面的內容。兩者皆是由數學衍生而來的學術領域，具有相似手法、概念。

然而，這也妨礙了解哪種任務應該採用哪個學問。有鑑於此，下面將會比較統計和機器學習的目的和手法，同時說明機器學習處理的任務。

統計（Statistics）

注重以數量（統計量）掌握事物的現象。

- **描述統計**（Descriptive Statistics）──便於理解統計資料的特徵、傾向。
- **推論統計**（Inferential Statistics）──由部分資料推測全數資料的整體特徵。
- **貝氏統計**（Bayesian Statistics））──根據「某事態發生的機率（＝事前機率）」更新「某事態發生的機率（＝事後機率）」，推導出事件的機率（主觀機率）。

機器學習（Machine Learning）

由資料歸納規則或者模式，著重於分類、預測未知資料。

- **監督式學習**（Supervised Learning）──由附帶標籤的資料製作假設函數。
- **非監督式學習**（Unsupervised Learning）──由未帶標籤的資料找出資料的模式。

本書將會討論**監督式學習**，解決的任務主要可分為「迴歸」和「分類」。

「**迴歸**（Regression）」任務是指，「**預測**（Prediction）」數值的任務，如預測下個月的營收。因此，需要處理上節說明的**數值資料**。

而「**分類**（Classification）」任務跟迴歸不一樣，不是輸出具體的預測數值，而是劃分至事前決定的類別（附加標籤）。因此，需要處理上節說明的**類別資料**。

例如，根據交通工具的輪胎數量，輪胎數量較少者為單輪車；較多者為雙輪車，像這樣劃分至事前決定的類別（單輪車、雙輪車），就稱為**分類**。

另外，在機器學習的領域中，還有「**識別**（Identification）」、「**判別**（Discriminant）」的任務，但本書會將它們當作分類任務。

根據待解決的任務，會採用不同的演算法。只要知道要解決什麼任務，可在某種程度上篩選出應該使用的模型，但前提是得了解各種演算法[※2]。因此，事先了解演算法的數學式和程式碼表達，有助於加深自己的理解。

※2　欲深入了解機器學習演算法的讀者，建議參閱下述書籍：
　　《零基礎入門的機器學習圖鑑：2 大類機器學習 x 17 種演算法 x Python 基礎教學，讓你輕鬆學以致用》，秋庭伸也、杉山阿聖、寺田學著／加藤公一監修（祥泳社，2019），ISBN：9784798155654。

16.4 演算法的數學式和程式碼表達

提及演算法時，有些人可能聯想到複雜的數學式。對開發人員來說，換成平時編寫的程式碼會比較熟悉、容易理解。例如，請看下面的總和公式：

數學式	Python

$$y = \sum_{i=0}^{N} x_i$$	```y = 0```
	```for i in range(n):```
	  ```y += x[i]```

數學式說明了關聯性，而**程式碼**表達了具體的計算步驟。

❶ 令 y 的初始值為 0。

❷ 將 y 加上 x 的第 i 個要素。

❸ 返回❷。由 0 重複執行到 n。

數學式是宣告性的表達，而程式碼是程序性的表達。

由數學式無法直接看出總和符號的意思、意義。

而寫成程式碼後，可在某種程度上由英文單字的翻譯直接推測意思。

例如，下述的程式碼是，直接以英文表達「由 0 重複執行到 n」的步驟。

```
for i in range(n):
    ...
```

16

機器學習的概要

各個英文單字的翻譯如下：

- i 　：index（目錄、位置）
- for 　：表示「～之間」的前置詞
- range：範圍
- in 　：～之中
- n 　：number（數字）

此外，只要了解 for 保留字（reserved word）的 Python 語法，就可簡單解釋成「在 n 的範圍內，不斷從索引取值直到裡頭沒有數值」。

由於機器學習橫跨了數學的各種領域，使得數學式變得相當複雜。當遇到複雜的數學式時，如上以程式語言寫出數學式的具體步驟，重新寫成程式碼可加深自身的理解。

若本身不熟悉 Python 語法的話，編寫程式碼前建議可先嘗試虛擬碼（pseudo code）。

虛擬碼（pseudo code）是指，説明程式運作機制的簡略表達。

編寫虛擬碼時的重點是，不要寫得過於嚴謹正式。下述例子是以虛擬碼編寫簡單易懂的程序，但實際的程式設計會採用更為複雜的程式碼。

首先，為了幫助理解需要哪些步驟，以條列式等方法列舉程序，重新排序各項處理步驟，決定實際執行的順序（範例 16.A）。完成虛擬碼後，將其重新寫成 Python 的程式碼，就可簡單編寫複雜的處理程序[3]。

範例 16.A　虛擬碼

```
x = 準備接收連續數值陣列的物件
y = 準備輸出的物件

n = 重複次數
for 重複使用的變數 in 重複次數
    將 y 逐次加上變數值所在位置的陣列值
```

Python 的程式碼

```python
x = [1,2,3,4,5]
y = 0

n = len(x)
for i in range(n):
    y += x[i]

>>> y
15
```

16

機器學習的概要

---

[3]　欲深入了解虛擬碼的讀者，建議參閱下述書籍的「第二部分 建立高品質的程式碼」：
《Code Complete 2 中文版：軟體開發實務指南》，Steve McConnell 著。

16.5 機器學習利用的 Python 程式庫

機器學習處理的數學式不僅複雜，且改寫後會變成行數繁多的程式碼。然而，藉由程式庫、軟體框架，就可用寥寥數行完成機器學習。

程式庫與軟體框架

程式庫與軟體框架的定位，如圖 16.4 所示。

```
┌─ 軟體框架 ─────────────────────────────────┐
│ ( test_library… )                         │
│ ( test_library… )  的集合體                 │
│                                           │
│  ┌─ 程式庫 ──────────────────────────────┐ │
│  │ import test                          │ │
│  │ import test_libray (pip install)     │ │
│  │                                      │ │
│  │  ┌─ 套件 ──────────────────────────┐  │ │
│  │  │ test─┬─__init__.py             │  │ │
│  │  │      ├─test_1.py               │  │ │
│  │  │      └─test_2.py               │  │ │
│  │  │                                │  │ │
│  │  │  ┌─ 模組 ─────────────────────┐ │  │ │
│  │  │  │ test.py                   │ │  │ │
│  │  │  │                           │ │  │ │
│  │  │  │  ┌─────────────────────┐  │ │  │ │
│  │  │  │  │ 類別、函數           │  │ │  │ │
│  │  │  │  │ 例 def test()       │  │ │  │ │
│  │  │  │  └─────────────────────┘  │ │  │ │
│  │  │  └───────────────────────────┘ │  │ │
│  │  └────────────────────────────────┘  │ │
│  └──────────────────────────────────────┘ │
└───────────────────────────────────────────┘
```

圖 16.4　程式庫與軟體框架的定位

模組是各個 Python 檔案（ `.py` ），而**套件**是由數個模組集結而成。

程式庫是一次安裝數個套件的綜合軟體，而**軟體框架**是多種程式庫的集合體。

程式庫有下述兩種類型：

- **標準程式庫**──安裝 Python 時一併安裝的程式庫。
- **外部程式庫**──使用 `pip install` 指令，由 PyPI 等第三方儲存庫安裝的程式庫。

本書機器學習的運算使用外部程式庫。

機器學習常用的外部程式庫，有下述幾種：

- NumPy3、pandas、SciPy──主要用於數值運算、資料分析等用途。
- scikit-learn、Keras、PyTorch、TensorFlow──實踐機器學習、深度學習的程式庫。

一部分的程式庫，內部會匯入其他的程式庫。圖 16.5 統整了程式庫間的關係，箭頭前端的程式庫會匯入箭頭尾端的程式庫。

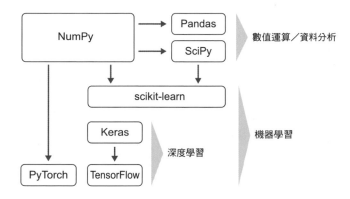

圖 16.5　程式庫間的關係

16

機
器
學
習
的
概
要

NumPy

Numpy（`https://numpy.org/`）是，Python 程式語言中執行高效運算的程式庫，可以 Python 處理高效運算的多維陣列（如向量、矩陣等），並提供操作陣列的大型高階數學函數程式庫。

pandas

pandas（`https://pandas.pydata.org/about/`）是內部使用 NumPy，便於數值運算、資料分析的程式庫，可簡單加載資料、顯示統計量、簡易視覺化、前置處理（讀取資料、清除資料、填補遺漏值、正規化等）。

SciPy

SciPy（`https://www.scipy.org/`）是基於 NumPy 的程式庫，具備陣列物件與其他基本功能。雖然 SciPy 內部使用 NumPy，卻是比 NumPy 更適用各種演算法運算的程式庫，提供統計、最佳化、積分、線性代數、傅立葉轉換、訊號與影像處理、基因演算法、ODE（常微分方程式）解答器、特殊函數、其他模組。

scikit-learn

scikit-learn 是內部使用 NumPy 和 SciPy，提供監督式學習、非監督式學習的模組和套件，並可簡單訓練模型的程式庫。

scikit-learn 可處理下述機器學習演算法[4]。

---

[4] 欲深入了解各機器學習演算法的讀者，建議參閱下述文獻：
- scikit-leran 的官方文件
  https://scikit-learn.org/stable/
- 《零基礎入門的機器學習圖鑑：2 大類機器學習 x 17 種演算法 x Python 基礎教學，讓你輕鬆學以致用》，秋庭伸也、杉山阿聖、寺田學著／加藤公一監修（祥泳社，2019），ISBN：9784798155654。

監督式學習

監督式學習包含下述機器學習演算法：

- 線性迴歸（Generalized Linear Models）
- 線性判斷分析（Linear and Quadratic Discriminant Analysis）
- 嶺迴歸（Kernel ridge regression）
- SVM（Support Vector Machines）
- SGD（Stochastic Gradient Descent）
- 近鄰法／k 近鄰演算法（Nearest Neighbors）
- 高斯過程（Gaussian Processes）
- 互分解演算法（Cross decomposition）
- 樸素貝氏演算法（Naive Bayes）
- 決策樹（Decision Trees）
- 集成學習（Ensemble methods）
- 多類多標籤演算法（Multiclass and multilabel algorithms）
- 特徵選取（Feature selection）
- 半監督式學習（Semi-Supervised）
- 保序迴歸（Isotonic regression）
- 機率校準（Probability calibration）
- 類神經網路模型（Neural network models（supervised））

非監督式學習

非監督式學習包含下述機器學習演算法：

- 高斯混合模型（Gaussian mixture models）
- 流形學習（Manifold learning）
- 聚類演算法（Clustering）
- 雙聚類演算法（Biclustering）
- 主成分分析（Principal component analysis）
- 共變異數估計（Covariance estimation）
- 密度估計（Density Estimation）
- 類神經網路模型（Neural network models）

16

機器學習的概要

前面說明的是機器學習的外部程式庫。接下來要講解的是，實作深度學習演算法時常用的外部程式庫。

深度學習以機器學習演算法為基礎，有時又可直接稱為機器學習。

Tensorflow

Tensorflow（`https://www.tensorflow.org/?hl=ja`）是 Google 開發發布、用於機器學習的開源程式庫，支援機器學習、數值解析、類神經網路（深度學習、深層學習）。Tensorflow 已用於下述產品：

- 臉部辨識
- 聲音辨識
- 物件辨識（電腦視覺）
- 圖片搜尋
- 即時翻譯

- 網路搜尋最佳化
- 郵件分類
- 自動產生回信內容
- 自動駕駛

Keras

Keras（`https://keras.io/`）是 Python 的類神經網路程式庫。根據深度學習、深層學習、監督式學習之一的類神經網路演算法，設計成注重最小化、模組形式、可擴張性，且能夠迅速試驗的程式庫。

Keras 以 Tensorflow 為核心程式庫，除了標準的類神經網路外，也支援卷積類神經網路和迴歸式類神經網路。

PyTorch

PyTorch（https://pytorch.org/）是以用於電腦視覺、自然語言處理的 Torch 為基礎，以 Python 編寫的開源機器學習程式庫[5]。PyTorch 跟 Tensorflow 一樣，主要是建構類神經網路的程式庫。最大的特色是基本操作方式與 NumPy 相似，可以同樣的感覺來利用 PyTorch。

然後，Preferred Networks 股份有限公司雖有自己研發深度學習框架 Chainer，但如今已逐漸投向 PyTorch 的懷抱[6]。

※5　開發商是 Meta Platforms, Inc.（舊稱 Facebook）的人工智慧研究團隊 AI Research lab（FAIR）。
※6　https://preferred.jp/ja/news/pr20191205/

16.6 以 Python 程式庫 實踐邏輯迴歸

接著來看使用前面介紹的程式庫，能夠多麼簡單地實作機器學習吧。

為了幫助不熟悉機器學習的人閱讀，會先說明最基礎的背景用語、數學式，再解說如何使用程式碼表達數學式。建議先了解實際會用到哪些用語、數學式後，再於編寫程式碼隨時調查不懂的地方，逐步加深理解。

邏輯迴歸

以 NumPy 和 scikit-learn 編寫解決**分類任務**的基本模型——邏輯迴歸。

將輸入資料轉為 $0.0 \sim 1.0$ 數值的 **S 型函數**，一般化處理後即為邏輯函數，因與求線性迴歸的公式連結，故又稱為**邏輯迴歸**。這裡所說的一般化，是指將一個輸入資料對應一個輸出的函數，擴張成一定數量的輸入資料對應一定數量的輸出。

S 型函數圖形如圖 16.6 所示，邏輯迴歸描繪出來後，也會是相同的圖形。

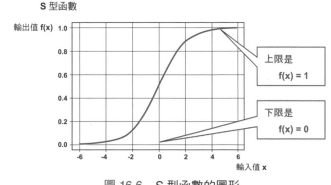

圖 16.6　S 型函數的圖形

將資料一一輸入 S 型函數並畫出各個輸出的點，連線各點會畫出幅度介於 0 到 1 之間的曲線。

邏輯迴歸會將輸入的資料分類為 0 或者 1，亦即二元分類演算法。例如，預測並分類購買或者不購買某項商品。

然後，**S 型函數**不是輸出 0/1 的值，而是輸出買不買的機率。邏輯迴歸是根據 S 型函數的輸出進行二元分類。

本書進行二元分類時，以 S 型函數輸出的機率預測值 0.5 為界線，大於等於 0.5 則分類標籤 1；小於 0.5 則分類標籤 0。

如前節所述，解決機器學習的任務時，得實作假設函數和目標函數。

- 假設函數──使用 S 型函數進行二元分類的函數。
- 目標函數（損失函數、誤差函數）──使用梯度下降法（gradient descent）求最小交叉熵誤差（cross entropy error）的權重。

🏠 S 型函數的數學式

S 型函數的數學式如下：

$$\sigma(z) = \frac{1}{1 + \exp(-z)}$$

σ 唸作 sigma，表示**總和**的意思。跟線性迴歸一樣，**z** 是模型學習權重（weight）的地方。

本書不會討論線性迴歸的細節，其目的是學習線型模型的權重，以表達自變數和應變數的關係。**應變數**是指欲預測的變數，而**自變數**是指作為事物原因的資料，亦即描述欲預測數值的變數。

權重是指係數、參數。藉由學習一定數量資料獲得參數，再建立嵌入該參數的已學習模型。

邏輯迴歸是 S 型函數「1 / 1+exp(-z)」當中，加入線性迴歸（線性多元迴歸）的數學式「y = w0 + w1 × x1 + w2 × x2 + … + wm × xm」。

w0 是截距（intercept）；w1、w2、…、wm 是自變數的係數。

y 是預測值。S 型函數中的 exp(-z) 相當於 e 的 -z 次方，**exp** 意謂以 e 為底數（base）的指數函數（exponential function）。納皮爾常數（Napier's constant）**e** 是數學常數之一，約為 2.718281……的無理數（小數點後無限延續的數）。這裡僅需理解為將數學式轉成容易運算的形式，一種方便的概念就足夠了。

🏠 交叉熵誤差（cross entropy error）的數學式

交叉熵誤差是一種損失函數，用來評估預測值的有效性。

下式是交叉熵誤差的數學式，將模型輸出的預測機率取自然對數的值，乘上正解資料的值，再全部加總起來的損失。

$$E(\theta) = \sum_{n=0}^{N} t_n \, log \, y_n + (1 - t_n) \, log(1 - y_n)$$

y 是對於資料 N 模型輸出的預測機率值，而 **t** 是正解標籤（正確時為 1；錯誤時為 0）。

當預測落於正解範圍的機率，亦即預測值 0.0 ～ 1.0 之間的數值愈高，則損失的值愈低。

換言之，損失的值愈低，該模型輸出的預測值，與實際的正解標籤的差距愈小。

雖然看起來有些複雜，但只要正解（t=1）時討論 log y_n；非正解時（t=0）時計算 log(1 - y_n) 即可。

16

機器學習的概要

梯度下降法的數學式

使用**梯度下降法**（gradient descent）之一的**最陡下降法**（steepest descent）。

梯度是指斜率，亦即函數的微分值。最陡下降法是指，向最傾斜方向下降的方法。

梯度法是指，由函數微分值找尋最小值等的演算法。調整參數的權重，讓交叉熵誤差輸出的損失 θ 降到最低。取損失函數的偏微分，計算斜率找尋最佳權重。

下式是損失函數取偏微分的數學式：

$$\frac{\partial E(\theta)}{\partial \theta e} = \frac{1}{m} \chi^T (\sigma(\chi\theta) - y)$$

- θ（theta）　　　　　　：權重
- χ　　　　　　　　　　　：自變數、輸入資料
- χ^T　　　　　　　　　　：X 的轉置矩陣
- ∂（partial、del）　　　：偏微分

那麼，實際以 NumPy 製作這些演算法，確認使用什麼樣的程式碼來運算吧。

 ## 使用 NumPy 的邏輯迴歸

利用 scikit_learn 知名的資料集 **iris 資料**，解決分類任務。**iris 資料**是鳶尾花的品種資料。

這次使用 **Jupyter Lab** 編寫程式碼[7]。Jupyter Lab 是可以瀏覽器執行 Python、其他語言的程式，儲存共享執行結果的工具。

※7　欲了解詳細用法的讀者，請參閱下述文件：
- Jupyter Lab 的官方文件：
  https://purakaku-python.readthedoc.io/ja/readthedoc/chapter2/src/introduction.html

安裝所需的程式庫

準備目錄（這裡為 ml）並於底下建立虛擬環境，安裝 Jupyter Lab 和所需的程式庫。

```
$ mkdir ml
$ cd ml
$ python3 -m venv venv
$ source venv/bin/activate ─────────  macOS 的資源位置。
                                      Windows（Powershell）環境編寫：
$ python -m pip install --pugrade pip  $ venv\Scripts\Activate.ps1
$ pip install scikit-learn jupyterlab numpy matplotlib
```

啟動 Jupyter Lab

執行下述指令，啟動 Jupyter Lab。

```
$ jupyter lab
```

啟動 Jupyter Lab 後，開啟瀏覽器會顯示圖 16.7 的頁面。

圖 16.7　啟動 Jupyter Lab 的狀態

點擊 Notebook 的 Python 圖示，建立 Untitled.ipynb。選取該檔案並點擊右鍵，選擇〔Rename〕將檔案名稱改為「logi_reg.ipynb」。

確認 iris 資料的內容

準備好 Notebook 檔案後，由 scikit-learn 匯入 iris 資料，並確認看看資料的內容。

由 sklearn 加載 iris 資料集，可從 DESCR(description) 屬性的輸出，確認資料集的說明（範例 16.1）。輸入如圖 16.8 的程式碼，點擊 ▶ 按鈕執行程式碼。

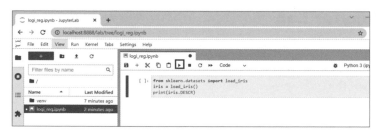

圖 16.8　由 sklearn 加載 iris 資料集

範例 16.1 輸入並執行程式碼

```
from sklearn.datasets import load_iris
iris = load_iris()
print(iris.DESCR)
```

```
.. _iris_dataset:

Iris plants dataset
--------------------

**Data Set Characteristics:**

    :Number of Instances: 150 (50 in each of three classes)
    :Number of Attributes: 4 numeric, predictive attributes and the class
    :Attribute Information:
        - sepal length in cm
        - sepal width in cm
        - petal length in cm
        - petal width in cm
        - class:
                - Iris-Setosa
                - Iris-Versicolour
                - Iris-Virginica

    :Summary Statistics:


    ============== ==== ==== ======= ===== ====================
                   Min  Max  Mean    SD    Class Correlation
    ============== ==== ==== ======= ===== ====================
    sepal length:  4.3  7.9  5.84    0.83    0.7826
    sepal width:   2.0  4.4  3.05    0.43   -0.4194
    petal length:  1.0  6.9  3.76    1.76    0.9490  (high!)
    petal width:   0.1  2.5  1.20    0.76    0.9565  (high!)
    ============== ==== ==== ======= ===== ====================

    :Missing Attribute Values: None
    :Class Distribution: 33.3% for each of 3 classes.
    :Creator: R.A. Fisher
    :Donor: Michael Marshall (MARSHALL%PLU@io.arc.nasa.gov)
    :Date: July, 1988
```

16

機器學習的概要

The famous Iris database, first used by Sir R.A. Fisher. The dataset is taken from Fisher's paper. Note that it's the same as in R, but not as in the UCI Machine Learning Repository, which has two wrong data points.
...
...
...

存在 Iris-Setosa、Iris-Versicolour、Iris-Virginica 三種標籤的鳶尾花種類，各個標籤有 50 行程式碼，共計有 150 行的內容。

另外，還有 sepal length（花萼長度）、sepal width（花萼寬度）、petal length（花瓣長度）、petal width（花瓣寬度）等，四個可作為特徵量的資料。

為了將這份資料當作更單純的二元分類任務，限定為 sepal length（花萼長度）和 sepal width（花萼寬度）兩個特徵量、兩個標籤。

將資料視覺化來討論

那麼，將這些資料視覺化來討論（範例 16.2）。

範例 16.2　繪製 iris 資料的分布圖

```python
import numpy as np
import matplotlib.pyplot as plt
from sklearn import datasets

# 製作資料的散點圖
iris = datasets.load_iris()
# iris.data 是包含花萼長度、花萼寬度、花瓣長度、花瓣寬度的二維陣列 ndarray
X = iris.data[:, :2]
# iris.target 是包含 0(=setosa)、1(=versicolor)、2(=virginica) 的一維陣列
ndarray
y = np.where(iris.target!=0, 1, iris.target)
plt.figure(figsize=(10, 6))
plt.scatter(X[y == 0][:, 0], X[y == 0][:, 1], color='navy', label='0')
plt.scatter(X[y == 1][:, 0], X[y == 1][:, 1], color='brown', label='1')
plt.legend();
```

執行程式碼後，可得到圖 16.9 的分布圖。

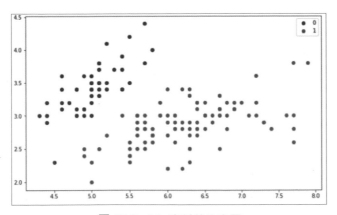

圖 16.9　iris 資料的分布圖

如下所示，變數 X 裡頭包含 sepal length（花萼長度）和 sepal width（花萼寬度）。

X 的資料

```
array([[5.1, 3.5],
       [4.9, 3. ],
       [4.7, 3.2],
       [4.6, 3.1],
       [5. , 3.6],
       [5.4, 3.9],
       [4.6, 3.4],
       [5. , 3.4],
       [4.4, 2.9],
       [4.9, 3.1],
       [5.4, 3.7],
       [4.8, 3.4],
       [4.8, 3. ],
       ...
       ...
       ...
```

變數 y 將 Iris-Setosa、Iris-Versicolour、Iris-Virginica 三標籤的（0, 1, 2）資料，加工成兩種標籤來輸入。此時，Iris-Virginica 標籤的 2 會前置處理成 Iris-Versicolour 標籤的 1。

y 的資料

```
array([0, 0, 0, 0, 0, 0, 0, 0, 0, 0, 0, 0, 0, 0, 0, 0, 0, 0, 0, 0, 0,
       0, 0, 0, 0, 0, 0, 0, 0, 0, 0, 0, 0, 0, 0, 0, 0, 0, 0, 0, 0, 0,
       0, 0, 0, 0, 0, 0, 1, 1, 1, 1, 1, 1, 1, 1, 1, 1, 1, 1, 1, 1, 1,
       1, 1, 1, 1, 1, 1, 1, 1, 1, 1, 1, 1, 1, 1, 1, 1, 1, 1, 1, 1, 1,
       1, 1, 1, 1, 1, 1, 1, 1, 1, 1, 1, 1, 1, 1, 1, 1, 1, 1, 1, 1, 1,
       1, 1, 1, 1, 1, 1, 1, 1, 1, 1, 1, 1, 1, 1, 1, 1, 1, 1, 1, 1, 1,
       1, 1, 1, 1, 1, 1, 1, 1, 1, 1, 1, 1, 1, 1, 1, 1, 1, 1, 1, 1, 1,
       1, 1, 1, 1, 1, 1, 1, 1, 1, 1, 1, 1, 1, 1, 1, 1, 1])
```

範例 16.2 實作了將 X 的資料當作自變數輸入，分類成 0、1 兩個類別的程式碼。

實作 S 型函數與交叉熵誤差函數

接著，實作用來輸出預測值的 S 型函數和交叉熵誤差函數（範例 16.3）。

範例 16.3　S 型函數與交叉熵誤差函數

```python
import numpy as np
from sklearn.datasets import load_iris

def add_intercept(X):
    # 建立計算線性多元迴歸的矩陣
    intercept = np.ones((X.shape[0], 1))
    return np.concatenate((intercept, X), axis=1)

def sigmoid(z):
    # S 型函數
    return 1 / (1 + np.exp(-z))

def cross_entropy(h, y):
    # 交叉熵誤差
    return (-y * np.log(h) - (1 - y) * np.log(1 - h)).mean()

def predict_prob(X, theta):
    # 使用最小交叉熵誤差的最新權重，由 X 的資料輸出機率的預測值
    X = add_intercept(X)
    return sigmoid(np.dot(X, theta))
```

```
def predict(X, theta):
    # S 型函數輸出的機率預測值，大於等於 0.5 分類標籤 1、小於 0.5 分類標籤 0
    return predict_prob(X, theta).round()
```

使用這些函數和 iris 資料（X, y），編寫邏輯迴歸學習權重的程式碼（範例 16.4）。

範例 16.4　邏輯迴歸學習權重

```
# 根據誤差調整 lr
# 調整學習率（learning rate）的同時，更新權重找尋交叉熵誤差無限趨近 0 時的學習率
lr=0.1
iter_nums = 300000


X = add_intercept(X)


# 初始化權重
theta = np.zeros(X.shape[1])


# 最陡下降法
for i in range(iter_nums):
    z = np.dot(X, theta)
    h = sigmoid(z)

    # 計算梯度（＝偏微分項目）
    gradient = np.dot(X.T, (h - y)) / y.size
    # 更新權重
    theta = theta - lr * gradient

    # 儲存交叉熵誤差
    loss = cross_entropy(h, y)
    if(i % 10000 == 0):
        # 輸出交叉熵誤差
        print(f'loss: {loss} \t')

# 預測機率值
iris = load_iris()
X = iris.data[:, :2]
predict_prob(X, theta)
# 使用機率值預測分類標籤
predict(X, theta)
```

範例 16.2「繪製 iris 資料的分布圖」（p.388）的後續程式碼，請加載 p.388 的 y 變數後再執行。

16

機器學習的概要

在最陡下降法的程式碼內，將 loss（交叉熵誤差）無限趨近 0 的 theta（權重），傳給 predict_prob()、predict() 的引數，預測機率值和分類標籤。

分類標籤的輸出如下：

```
array([0., 0., 0., 0., 0., 0., 0., 0., 0., 0., 0., 0., 0., 0., 0., 0., 0.,
       0., 0., 0., 0., 0., 0., 0., 0., 0., 0., 0., 0., 0., 0., 0., 0., 0.,
       0., 0., 0., 0., 0., 0., 0., 0., 0., 0., 0., 0., 0., 0., 0., 0., 1.,
       1., 1., 1., 1., 1., 1., 1., 1., 1., 1., 1., 1., 1., 1., 1., 1., 1.,
       1., 1., 1., 1., 1., 1., 1., 1., 1., 1., 1., 1., 1., 1., 1., 1., 1.,
       1., 1., 1., 1., 1., 1., 1., 1., 1., 1., 1., 1., 1., 1., 1., 1., 1.,
       1., 1., 1., 1., 1., 1., 1., 1., 1., 1., 1., 1., 1., 1., 1., 1., 1.,
       1., 1., 1., 1., 1., 1., 1., 1., 1., 1., 1., 1., 1.])
```

直接使用前面加載的資料（X, y）、算出的權重（theta）和函數（predict_prob），在分布圖上畫出迴歸線（範例 16.5）。執行結果如圖 16.10 所示。

範例 16.5　在分佈圖上畫出迴歸線

```python
import matplotlib.pyplot as plt
import numpy as np

# 將資料畫成散點
plt.figure(figsize=(10, 6))
plt.scatter(X[y == 0][:, 0], X[y == 0][:, 1], color='navy', label='0')
plt.scatter(X[y == 1][:, 0], X[y == 1][:, 1], color='brown', label='1')
plt.legend()

# 定義 x 軸的範圍寬度
x_min, x_max = X[:,0].min(), X[:,0].max()
# 定義 y 軸的範圍寬度
y_min, y_max = X[:,1].min(), X[:,1].max()
# 顯示縱軸與橫軸
xx, yy = np.meshgrid(np.linspace(x_min, x_max), np.linspace(y_min, y_max))
grid = np.c_[xx.ravel(), yy.ravel()]
# 顯示分類後的迴歸線
probs = predict_prob(grid, theta).reshape(xx.shape)
plt.contour(xx, yy, probs, [0.5], linewidths=1, colors='black');
```

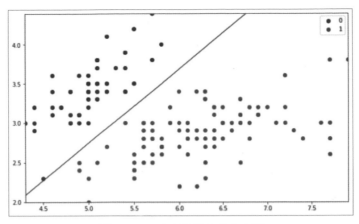

圖 16.10 畫出迴歸線的分布圖

這樣就使用 NumPy 解決了邏輯迴歸的分類任務。

使用 scikit-learn 的邏輯迴歸

使用 NumPy 的邏輯迴歸程式碼，可以 scikit-learn 更簡單地完成實作（範例 16.6）。

範例 16.6　使用 scikit-learn 的邏輯迴歸

```python
import numpy as np
from sklearn.datasets import load_iris
from sklearn.linear_model import LogisticRegression
iris = load_iris()
X = iris.data[:, :2]
y = np.where(iris.target!=0, 1, iris.target)
model = LogisticRegression()
model.fit(X, y)
model.predict(X)
```

```
array([0., 0., 0., 0., 0., 0., 0., 0., 0., 0., 0., 0., 0., 0., 0., 0., 0.,
       0., 0., 0., 0., 0., 0., 0., 0., 0., 0., 0., 0., 0., 0., 0., 0., 0.,
       0., 0., 0., 0., 0., 0., 0., 0., 0., 0., 0., 0., 0., 0., 0., 0., 1.,
```

16

機器學習的概要

```
     1., 1., 1., 1., 1., 1., 1., 1., 1., 1., 1., 1., 1., 1., 1., 1.,
     1., 1., 1., 1., 1., 1., 1., 1., 1., 1., 1., 1., 1., 1., 1., 1.,
     1., 1., 1., 1., 1., 1., 1., 1., 1., 1., 1., 1., 1., 1., 1., 1.,
     1., 1., 1., 1., 1., 1., 1., 1., 1., 1., 1., 1., 1., 1., 1., 1.,
     1., 1., 1., 1., 1., 1., 1., 1., 1., 1., 1., 1., 1., 1., 1., 1.,
     1., 1., 1., 1., 1., 1., 1., 1., 1., 1., 1., 1.])
```

最後得到的結果跟以 NumPy 編寫的程式碼相同。

使用 scikit-learn 的時候，既不需要理解前面的數學式內容，也不必編寫繁多的程式碼，可非常簡單地完成實作。然而，迅速完成實作的反面是，難以說明程式碼的內容。

進行機器學習專案、PoC 的時候，得向不曉得運算方法、模型內容的人簡單地說明，故事前理解程式庫中不明之處非常重要[8]。

難以理解數學式的人，請先使用 scikit-learn 操作，逐步了解如何運作後，再嘗試以 NumPy 重新編寫程式碼。藉由嘗試各種表達方式，不僅可感到新鮮，還能夠加深理解。這個學習方法推薦給對數學式感到棘手的人。

另外，scikit-learn 官方文件[9] 的內容相當充實，讀完肯定能夠加深自身的理解。

本章總結

除了說明理解機器學習時最基礎的背景知識外，本章也解說了如何實際製作並運行機器學習演算法。

在幫助理解的具體例子方面，使用 NumPy、scikit-learn 實作了二元分類任務的邏輯迴歸。然而，光是理解實作方法，**仍無法實際應用於機器學習演算法／模型的產品**。欲讓自己以外的使用者訪問並取得運算結果，尚需要建立 API。

下一章將會實際建立機器學習演算法／模型的 API，說明轉為產品的開發程序。

---

[8] 看完前面內容後欲進一步了解數學的讀者，建議參閱下述書籍：
　・《Python で動かして学ぶ！あたらしい数学の教科書 機械学習・深層学習に必要な基礎知識》，我妻幸長著（翔泳社，2019），ISBN：9784798161174。

[9] https://scikit-learn.org/stable/modules/generated/sklearn.linear_model.LinearRegression.html

第 **17** 章

機器學習 API 的開發
程序與實踐

本章內容

17.1 選定最佳的機器學習演算法／模型
17.2 實作機器學習演算法／模型
17.3 機器學習 API 的規格
17.4 準備開發
17.5 實作程序 1 ｜ 編寫分析腳本的產品程式碼
17.6 實作程序 2 ｜ 建立產品程式碼的 API
17.7 確認正常運作的情況
17.8 由機器學習 API 到機器學習的基礎設施、MLOps

一般的機器學習 API，主要採用下述兩項開發程序：

〔開發程序 1〕選定最佳的機器學習演算法／模型
- 資料蒐集
- 資料分析
- 資料前處理
- 建立模型
- 評鑑

〔開發程序 2〕實作機器學習演算法／模型
- 建立分析腳本的產品程式碼[1]
  - 程式碼解讀／程式碼文字敘述
  - 函數劃分／模組劃分
  - 重新構建
- 建立產品程式碼的 API
  - 路由建置——制定網址（端點）命名規則
  - 錯誤檢查——定義錯誤碼與錯誤訊息
- 請求檢查——實作驗證程式碼

資料科學、AI 近年備受世人注目，有關〔開發程序 1〕的書籍、資訊如雨後春筍般問世。因此，〔開發程序 1〕方面的知識技術，可透過既有的書籍、網站資訊，或者利用 Kaggle[2] 等來學習。

另一方面，有關**如何將選定的最佳演算法／模型，建立成機器學習產品**的資訊，尚未受到大量關注。

有鑑於此，本章將會簡單說明〔開發程序 1〕，再詳細解說〔開發程序 2〕的**實作機器學習演算法／模型**。

※1　服務、應用程式等的產品（製品）原始碼。
※2　選定最佳機器學習演算法／模型，彼此競爭準確度的平台（https://www.kaggle.com/）

17.1 選定最佳的機器學習演算法／模型

對於機器學習可解決的任務，需要依照運算資料的質與量、產品所需的運算量與運算速度等，選定最佳機器學習演算法／模型。

從零證明數學式並建立新的數學模型、從龐大數量的論文中找尋最佳演算法／模型等，選定過程需要耗費相當多的時間。

因此，除了機器學習產品開發的整體行程外，也得考慮是否已有程式庫、軟體框架完成實作、是否已有提供機器學習演算法／模型的 API。

下述的官方文件速查表，統整了以運算資料的質與量為基準，如何選定 scikit-learn 程式庫中的機器學習演算法／模型（圖 17.1）。

- Choosing the right estimator

  https://scikit-learn.org/stable/tutorial/machine_learning_map/index.html

根據這類資料的質與量，找尋選定最佳機器學習演算法／模型的方向。然後，實際製作並加工輸入資料，由輸出資料評鑑模型的有效性。若結果不甚理想，則嘗試不同的加工方法、修改模型。

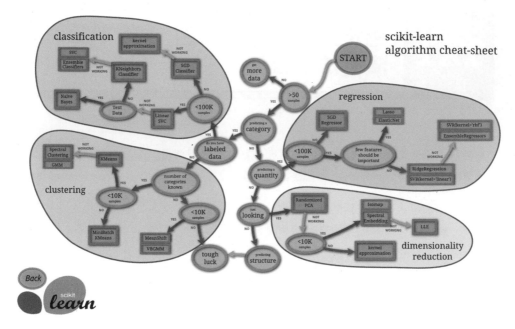

圖 17.1　Choosing the right estimator（scikit-learn 官網文件的速查表）

如圖 17.2 反覆循環嘗試，選擇輸出最高準確度的機器學習演算法／模型。

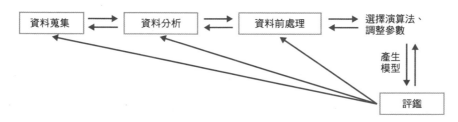

圖 17.2　最佳機器學習演算法／模型的選定過程

各項作業的內容如下：

- **資料蒐集**──由現實世界蒐集資料，並存至資料庫、雲端的資料儲存空間。
- **資料分析**──又可稱為 Exploratory Data Analysis（EDA），取得平均數、變異數、最大值／最小值等描述統計量，藉由將資料視覺化，分析從資料可得到什麼資訊、具有什麼傾向等。

- **資料前處理**——轉換資料格式、填補遺漏值、縮減維度等,以便歸納輸入演算法的特徵量。
- **產生模型**——將完成前置處理的資料輸入各種模型、演算法,不斷反覆調整參數,同時確認輸出什麼結果、獲得什麼預測值,找尋具有準確度的最佳模型。
- **評鑑**——評鑑學習後的模型、評鑑演算法本身、評鑑參數、評鑑資料集、評鑑資料前處理的方式等。

完成上述程序的程式碼,稱為**分析腳本**(Analysis Scripts)、**研究導向程式碼**(Research Oriented Code)。**本書後面統一稱為分析腳本。**

實作分析腳本的主要目的是 PoC、原型設計,往往難以顧及維護性、可讀性。

因此,將分析腳本實作成產品的機器學習 API 時,需要「重新編寫產品程式碼」、「設計 API」、「設計模組」、「嵌入網路應用程式」等作業。

這些是本章開頭提及的〔開發程序 2〕——**實作機器學習演算法／模型**。

17.2 實作機器學習演算法／模型

機器學習演算法／模型的實作程序，包含嵌入網路應用程式、實作成 API、用於機器學習基礎設施等，下面將討論的程序是**建立機器學習演算法／模型的 API**。

實作成網路 API 後，不論哪種語言編寫的應用程式，都可簡單利用機器學習演算法／模型的模組。

為此，分析腳本得當作產品的運作程式碼，亦即重新編寫成產品程式碼並建立 API。

實作程序

建立機器學習演算法／模型的 API，有下述兩項程序：

〔實作程序 1〕編寫分析腳本的產品程式碼
　　1.1 程式碼解讀／程式碼文字敘述
　　1.2 函數劃分／模組劃分
　　1.3 重新構建
〔實作程序 2〕建立產品程式碼的 API
　　2.1 路由建置——制定網址（端點）的命名規則
　　2.2 錯誤檢查——定義錯誤碼與錯誤訊息
　　2.3 請求檢查——實作驗證程式碼

〔實作程序 1〕編寫分析腳本的產品程式碼

此程序會提高可讀性（Readability）和維護性（Maintainability），以便分析腳本達到產品的品質。

可讀性是指，程式碼容不容易理解的指標。

維護性是指，功能容不容易修改／增加的指標。

若可讀性／維護性低的話，其他開發人員得花費時間解讀，也可能成為修改時的錯誤原因。

可讀性低的具體例子

- 程式碼內部的註解過少。
- 未遵循 PEP8、PEP257 格式。
- 變數名稱、函數名稱不適當。
- 縮排未統一。
- 字元常值（character literal）未統一。
- 程式碼類型（程序式程式設計、物件導向程式設計、函數式程式設計）未統一。

維護性低的具體例子

- 單一模組／函數塞進過多功能，造成程式碼過於繁雜。
- 未設置日誌記錄器輸出處理過程的資訊，造成難以除錯。
- 未編寫檢查錯誤的程式碼，造成難以釐清錯誤原因。
- 輸入資料的類型無故未統一。

〔實作程序 2〕建立產品程式碼的 API

這個程序會對機器學習產品的 API 增加所需的功能。

除了機器學習演算法／模型外，機器學習 API 還得實作第 1 篇的「路由建置」、「檢查錯誤的程式碼」、「API 收到請求時確認其正確性的驗證程式碼」。

只要先實作路由建置，就可讓 API 運作。然而，僅實作路由建置的 API，當接收包含錯誤資料的請求時，會將不需要留存的資料存至資料庫中，可能造成資料的不一致性、未發現程式不正常運作。因此，為了確保程式的維護性，得增加實作檢查錯誤的程式碼，與進行檢查請求的驗證程式碼。

後面將會根據上述課題，來說明各項實作程序。

17

機器學習 API 的開發程序與實踐

關於 PEP1、PEP8、PEP20、PEP257、PEP484

PEP 是 **Python Enhancement Proposal**（**Python 增強建議書**）的簡稱，Python 開發人員發布的官方文件，裡頭統整了功能擴充建議書、規格書。除了記載 PEP 內容的 **PEP1**[※3] 外，還有下述文件：

PEP8

PEP8[※4] 收錄了 Python 的程式碼格式指引。

以檢查程式碼類型的工具 **flake8**[※5]，確認寫法是否沿循 PEP8 格式，藉由 **autopep8**[※6] 工具，可將原始碼自動修改符合 PEP8。

PEP20

PEP20[※7] 內有名為 **Zen of Python** 的「編寫 Python 程式碼時應該注意的 19 個原則」。程式碼具有 Python 形式稱為 Pythonic，什麼樣的寫法符合 Pythonic 並沒有嚴謹的基準，但讀完 **Zen of Python** 後，可大致掌握 Pythonic 的意義。

在 Python 控制台上，執行 `import this` 可確認 Zen of Python 的內容。

```
>>> import this
The Zen of Python, by Tim Peters

Beautiful is better than ugly.
Explicit is better than implicit.
Simple is better than complex.
Complex is better than complicated.
Flat is better than nested.
Sparse is better than dense.
Readability counts.
Special cases aren't special enough to break the rules.
Although practicality beats purity.
```

※3　https://www.python.org/dev/peps/pep-0001/#id31
※4　https://pep8-ja.readthedocs.io/ja/latest/
※5　https://pypi.org/project/flake8/
※6　https://pypi.org/project/autopep8/
※7　https://www.python.org/dev/peps/pep-0020/

```
Errors should never pass silently.
Unless explicitly silenced.
In the face of ambiguity, refuse the temptation to guess.
There should be one-- and preferably only one --obvious way to do it.
Although that way may not be obvious at first unless you're Dutch.
Now is better than never.
Although never is often better than *right* now.
If the implementation is hard to explain, it's a bad idea.
If the implementation is easy to explain, it may be a good idea.
Namespaces are one honking great idea -- let's do more of those!
```

PEP257

PEP257[8] 統整了文字檔字串的格式指引。**文字檔字串（docstring）**是指，模組、函數、類別、方法的定義中，開頭編寫的字串常數（`"""` ～ `"""`）。

```
def load_filenames(dir_name, included_ext=INCLUDED_EXTENTION):
    """ 由手寫文字圖片的所在位置取得檔案名稱、建立列表 """
```

在各個模組、函數、類別、方法，一般會編寫進行什麼處理？發揮什麼功能？文字檔字串的寫法有 Google 樣式、NumPy 樣式、reStructuredText 樣式等。

文字檔字串的優點是，可一目了然程式碼的處理內容，方便其他開發人員閱讀程式碼。

然而，文字檔字串的缺點是內容冗長，可能跟程式碼的量相同甚至更多，造成修改文字檔字串的次數、處所也跟著增加，添增了維護程式碼的難度。

PEP484

PEP484[9] 統整了類型提示（**Type Hints**）的格式指引。

類型提示是 Python 版本 3.5 後增加的規格，可附加類型的相關註釋（類型註解）。

17

機器學習 API 的開發程序與實踐

※8　https://www.python.org/dev/peps/pep-0257/

※9　https://www.python.org/dev/peps/pep-0484/

例如，如下事先定義引數 name 的資料類型，與 return 回傳變數 name 的資料類型，其他開發人員可迅速理解使用哪種資料。

```
def greeting(name: str) -> str:
    return "Hello" + name
```

當遇到文字檔字串過多，造成程式碼的可讀性與維護性低落，或者整體感覺過於冗長等情況，建議可善加利用類型提示來精簡內容。

Column　　大泥球

若開發時未意識可讀性、維護性，可能作出宛若「**大泥球**（Big ball of mud）」的軟體系統。

「大泥球」濫觴於 Brian Foote、Joseph Yoder 在 1997 年發表的《Big ball of mud》[10] 論文，該詞後來廣為流傳。在論文中，如下描述了「大泥球」的意義：

> 它通常是長期開發的軟體，由不同人員開發、建構各種組件，再由未完整學過程式架構、程式設計的人員架設系統。孕育這類軟體的其他原因還有，管理人員對開發人員施加壓力，未給予解決問題的明確說明，直接指示依照增加的要求，修改系統的部分程式碼。

抄譯自：Brian Foote and Joseph Yoder(1997), "Big Ball of Mud"[10]

實際上，無論團隊開發還是獨自開發，開發機器學習產品時，經常碰到這類情況。例如，在團隊開發的情況下，資料科學人員、研究人員、機器學習開發人員、資料工程人員等，各種軟體工程人員一同進行開發時，往往難以詳細共享預測值不變的機器學習模型的運算內容，造成彼此在分析腳本上產生不一樣的解釋。

※10 Brian Foote and Joseph Yoder (1997), "Big Ball of Mud", Fourth Conference on Patterns Languages of Programs (PLoP '97/EuroPLoP '97) Monticello, Illinois.
https://teaching.csse.uwa.edu.au/courses/CITS1200/resources/mud.pdf

然後，即便同樣是 Python 程式碼，採用的格式、資料類型、程式庫也不盡相同。機器學習產品的開發專案多會進行 PoC，但隨著測試次數增加，程式碼、資料往往也變得雜亂無章。PoC 的目的到底僅是驗證結果，而不是開發產品，故容易輕視程式碼的品質。

在這樣的背景下，忽視 p.400 兩項實作程序，強硬將分析腳本組進產品中，就會產生「大泥球」產品（圖 17.A）。

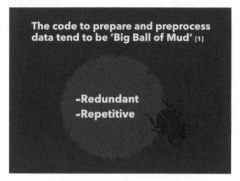

圖 17.A　最佳機器學習演算法／模型的選定過程

資料來源：Tetsuya Jesse Hirata- TransformationFromResearchOrientedCodeIntoMLAPIswithPython|
PyData Global 2020
https://www.youtube.com/watch?v=wcnJru03yLY

第 16 章講解了常見的**分類任務**——**二元分類**。本章將會討論以邏輯迴歸解決**識別任務**中的**手寫文字辨識**。

透過〔實作程序 1〕和〔實作程序 2〕，**建立手寫文字辨識分析腳本的機器學習 API**。由分析腳本實作機器學習 API，其規格如圖 17.3 所示：

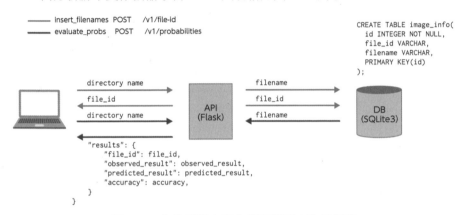

圖 17.3 由分析腳本實作機器學習 API 的規格

使用 Flask 實作機器學習 API，回傳某目錄底下手寫文字圖片檔案的識別結果。其中，兩個端點如下：

```
Endpoint        Methods   Rule
-------------   -------   ------------------------
file_id         POST      /v1/file-id
probabilities   POST      /v1/probabilities
```

指定圖片資料所在的目錄名稱，當作請求資料傳至 `/v1/file-id`，再由 API 回傳產生的 `file id`。將該 `file id` 當作請求資料傳至 `/v1/probabilities`，再回傳識別結果，顯示可識別多少 `file id` 綁定的手寫文字圖片資料。

17.4 準備開發

🏠 安裝程式庫

首先，準備虛擬環境，安裝本章所需的程式庫。

```
$ python3 -m venv venv
$ source venv/bin/activate ──────  macOS 的資源位置。
$ python -m pip install --upgrade pip   Windows（Powershell）環境編寫：
$ pip install numpy                     $ venv\Scripts\Activate.ps1
$ pip install pillow
$ pip install scikit-learn
$ pip install jupyterlab
$ pip install flask
$ pip install Flask-Migrate
$ pip install Flask-SQLAlchemy
$ pip install flake8
$ pip install black
$ pip install isort
$ pip install mypy
$ pip install pytest
$ pip install jsonschema
```

已安裝的程式庫，如表 17.1 所示：

表 17.1　使用的程式庫

程式庫名稱	用途
numpy	數值運算
pillow	前置處理圖片資料 （https://pillow.readthedocs.io/en/stable/#）
scikit-learn	使用邏輯迴歸和手寫文字資料集
jupyterlab	開發時的編輯器 Jupyter Lab
flask	用來建立分析腳本的 API
Flask-Migrate	使用 `models.py` 建立／管理資料庫的 Schema
Flask-SQLAlchemy	用來建立查詢式分析腳本的 O/R 對映。

程式庫名稱	用途
flake8	自動檢查是否為 PEP8 格式的程式碼 （https://flake8.pycqa.org/en/latest/#）
black	自動改為 PEP8 格式的程式碼 （https://black.readthedocs.io/en/stable/）
isort	自動將匯入述句改為 PEP8 格式 （https://pycqa.github.io/isort/）
mypy	檢查類型提示的內容 （https://mypy.readthedocs.io/en/stable/）
pytest	實作並執行測試程式碼
jsonschema	以 JSON Schema 檢查 JSON 格式的資料 （https://python-jsonschema.readthedocs.io/en/latest/）

在〔實作程序 1〕的「1.1 程式碼解讀／程式碼文字敘述」和「1.2 函數劃分／模組劃分」，會以 **Jupyter Lab**（jupyterlab）使用 **.ipynb 檔案**。自「1.3 重新構建」之後，會實作 **.py 檔案**來建立機器學習 API。

然後，重新建構的過程會降低可讀性，可能發生不曉得怎麼修改、不知道修改前後哪個才正確等情況。在重新建構的時候，若覺得程式碼修改許多地方，建議適當地使用下述工具。關於各工具的用法，請參閱官方文件。

❶ 以 flake8 檢查是否遵循 PEP8 格式。

❷ 以 isort 取代 import 述句。

❸ 以 black 自動改為 PEP8 格式。

❹ 視需要增加修改類型提示。

❺ 以 mypy 確認、修改各函數的引數，與回傳值的資料類型。

❻ 以 pytest 執行測試程式碼，確認是否與修改前的輸入和輸出不一樣。若有不一樣的話，修改測試程式碼。

🏠 確認目錄

接著，對 GitHub 的範例程式碼執行 **git clone**，確認目錄的內容。

```
$ git clone https://github.com/ml-flaskbook/flaskbook.git
```

路由目錄變成 ml_api 目錄（圖 17.4）。

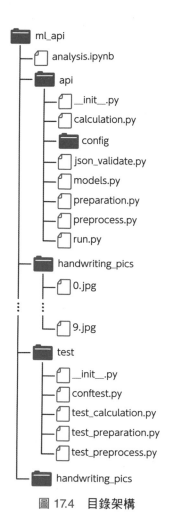

圖 17.4　目錄架構

在〔實作程序 1〕的「1.1 程式碼解讀／程式碼文字敘述」和「1.2 函數劃分／模組劃分」，會討論 **analysis.ipynb**。自「1.3 重新構建」之後，會根據 **analysis.ipynb** 的程式碼，於 **api** 目錄底下實作各個模組。

事前準備 0 ～ 9 的手寫數值，將這 10 張圖片資料當作推論對象，配置於 **handwriting_pics** 目錄底下。

訓練資料使用 scikit-learn 中的手寫數字。加載該資料集當作訓練資料，使用其中的一半讓**邏輯迴歸**學習。

實作程序 1 ｜
編寫分析腳本的產品程式碼

此程序目的是，**提升可讀性和維護性**。編寫分析腳本的產品程式碼時，包含下述三個步驟：

1.1 程式碼解讀／程式碼文字敘述
1.2 函數劃分／模組劃分
1.3 重新構建

在「1.1 程式碼解讀／程式碼文字敘述」，得理解程式碼的內容並留下註解，以便決定何處需要修改、應該怎麼修改。

在「1.2 函數劃分／模組劃分」，會作成程式碼容易修改的狀態。

在「1.3 重新構建」，會修改程式碼來提升可讀性／維護性。

 ## 1.1　程式碼解讀／程式碼文字敘述

首先，先來理解分析腳本的特徵。

如同字面上的意思，**程式碼解讀**是指閱讀程式碼的行為，事先了解分析腳本的目的和**程式碼類型**，有助於加深理解。

程式碼文字敘述是指，註解、文字檔字串、類型提升等，寫於程式碼內的文字說明。

在分析腳本與產品程式碼中，目的、程式碼類型有下述差異：

分析腳本
- 目的：選定最佳的機器學習模型與演算法。
- 程式碼類型：容易增加修改、容易追蹤。

產品程式碼

- 目的：在伺服器上準確可靠地運行，能夠向使用者提供服務。
- 程式碼類型：運算速度快速、可讀性高、容易編寫測試程式碼。

另外，分析腳本與機器學習 API，主要是由具有下述三項功能的程式碼、模組所構成。

❶ 訪問資料的程式碼

由 RDB、BigQuery 等資料庫／資料處存空間，匯入資料的程式碼。

❷ 資料前處理的程式碼

建立、交換、篩選、刪除、替代等，進行資料操作的程式碼。

❸ 學習／預測／運算資料的程式碼

將前置處理後的資料匯入演算法，讓其進行學習、運算的程式碼。

首先，閱讀下述手寫文字辨識的分析腳本，同時在程式碼內留下註解，並尋找上述三項功能的程式碼。

那麼，使用下述指令啟動 Jupyter Lab，查看 `analysis.ipynb` 的內容（範例 17.1）。

```
$ cd ml_api
$ jupyter lab
```

範例 17.1　整個分析腳本（analysis.ipynb）

```
import os
import numpy as np
from PIL import Image
import sqlite3
from sklearn.datasets import load_digits
from sklearn.linear_model import LogisticRegression
from sklearn.model_selection import train_test_split

INCLUDED_EXTENTION = [".png", ".jpg"]


dbname = 'images.db'
conn = sqlite3.connect(dbname)
cur = conn.cursor()
cur.execute('DROP TABLE image_info')
```

```python
cur.execute('CREATE TABLE image_info (id INTEGER PRIMARY KEY ⏎
AUTOINCREMENT, filename STRING)')
conn.commit()
conn.close()


conn = sqlite3.connect(dbname)
cur = conn.cursor()
filenames = sorted(os.listdir('handwriting_pics'))
for filename in filenames:
    base, ext = os.path.splitext(filename)
    if ext not in INCLUDED_EXTENTION:
        continue
    cur.execute('INSERT INTO image_info(filename) values(?)', ⏎
(filename,))
conn.commit()
cur.close()
conn.close()


conn = sqlite3.connect(dbname)
cur = conn.cursor()
cur.execute('SELECT * FROM image_info')
pics_info = cur.fetchall()
cur.close()
conn.close()

img_test = np.empty((0, 64))
for pic_info in pics_info:
    filename = pic_info[1]
    base, ext = os.path.splitext(filename)
    if ext not in INCLUDED_EXTENTION:
        continue
    img = Image.open(f'handwriting_pics/{filename}').convert('L')
    img_data256 = 255 - np.array(img.resize((8, 8)))

    min_bright = img_data256.min()
    max_bright = img_data256.max()
    img_data16 = (img_data256 - min_bright) / (max_bright - ⏎
min_bright) * 16
    img_test = np.r_[img_test, img_data16.astype(np.uint8).
reshape(1, ⏎-1)]

digits = load_digits()
X = digits.data
```

```
y = digits.target
X_train, X_test, y_train, y_test = train_test_split(X, y, test_⏎
size=0.5, random_state=0)
logreg = LogisticRegression(max_iter=2000)
logreg_model = logreg.fit(X_train, y_train)

X_true = []
for filename in filenames:
    base, ext = os.path.splitext(filename)
    if ext not in INCLUDED_EXTENTION:
        continue
    X_true = X_true + [int(filename[:1])]
X_true = np.array(X_true)
pred_logreg = logreg_model.predict(img_test)

print('手寫文字的識別結果')
print('觀測結果:', X_true)
print('預測結果:', pred_logreg)
print('正確率:', logreg_model.score(img_test, X_true))
```

可看出是**程序式程式設計**，由上而下依序執行的程式碼。

不採用列表推導格式（list comprehension），而以 `for` 述句寫成可插入 `import pdb;pdb.set_trace()`、`breakpoint()` 方便除錯的程式碼。然而，哪個程式碼進行什麼處理、應該從哪邊開始修改，難以一目了然。

對上述程式碼附加註解，分成「❶ **訪問資料的程式碼**」、「❷ **資料前處理的程式碼**」、「❸ **學習／預測／運算資料的程式碼**」等用途，一一討論這三種程式碼。

❶訪問資料的程式碼

範例 17.2 是附加註解的「**訪問資料的程式碼**」。

範例 17.2　訪問資料的程式碼（附加註解）

```
INCLUDED_EXTENTION = [".png", ".jpg"]

# 指定圖片所在資料夾，取得其中的檔案名稱
# 新增 images.db。若 images.db 已經存在，則進行連結
dbname = 'images.db'
# 建立指向資料庫的連結物件
conn = sqlite3.connect(dbname)
# 建立操作 sqlite 的游標物件
cur = conn.cursor()
# 初始化資料庫
cur.execute('DROP TABLE image_info')
# 建立名為 image_info 的表格
cur.execute('CREATE TABLE image_info (id INTEGER PRIMARY KEY ⤸
AUTOINCREMENT, filename STRING)')
# 提交至資料庫，並儲存修改的內容
conn.commit()
conn.close()


# 將圖片的檔案名稱插入資料庫
conn = sqlite3.connect(dbname)
cur = conn.cursor()
filenames = sorted(os.listdir('handwriting_pics'))
for filename in filenames:
    base, ext = os.path.splitext(filename)
    if ext not in INCLUDED_EXTENTION:
        continue
    cur.execute('INSERT INTO image_info(filename) values(?)', (filename,))
conn.commit()
cur.close()
conn.close()


# 取得 table 的內容
conn = sqlite3.connect(dbname)
cur = conn.cursor()
cur.execute('SELECT * FROM image_info')
# 使用 fetchall() 取得所有內容
pics_info = cur.fetchall()
cur.close()
conn.close()
```

使用 SQLite3 建立資料庫,並製作名為 `image_info` 的表格。

由前面手寫文字圖片所在的 `handwriting_pics` 目錄,取得其中的檔案名稱列表,再將檔案名稱儲存至 `image_info` 表格。完成後,由資料庫取得所有的檔案名稱。

❷資料前處理的程式碼

範例 17.3 是附加註解的「資料前處理的程式碼」。

範例 17.3　資料前處理的程式碼(附加註解)

```
In [2]: img_test = np.empty((0, 64))
# 建立資料夾內全部圖片的資料
for pic_info in pics_info:
    filename = pic_info[1]
    # 取得圖片檔案,轉成灰階並改變尺寸
    base, ext = os.path.splitext(filename)
    if ext not in INCLUDED_EXTENTION:
        continue
    img = Image.open(f'handwriting_pics/{filename}').convert('L')
    img_data256 = 255 - np.array(img.resize((8, 8)))

    # 調整運算,使圖片資料內的最小值為 0、最大值為 16
    min_bright = img_data256.min()
    max_bright = img_data256.max()
    img_data16 = (img_data256 - min_bright) / (max_bright - min_bright) * 16
    # 統整加工後圖片資料的陣列
    img_test = np.r_[img_test, img_data16.astype(np.uint8).reshape(1, -1)]
```

取得檔案名稱的列表後,檢查各個檔案名稱的副檔名。然後,將圖片檔案加工成相同尺寸、相同明暗度。

❸學習／預測／運算資料的程式碼

範例 17.4 是附加註解的「學習／預測／運算資料的程式碼」。

範例 17.4　學習／預測／運算資料的程式碼（附加註解）

```
# 加載資料
digits = load_digits()
# 由 sklearn 資料集取得資料，區分成應變數 x 和自變數 y
X = digits.data
y = digits.target
# 區分成訓練資料和測試資料
X_train, X_test, y_train, y_test = train_test_split(X, y, test_↵
size=0.5, random_state=0)
# 建立邏輯迴歸的模型，並使用訓練資料進行學習
logreg = LogisticRegression(max_iter=2000)
logreg_model = logreg.fit(X_train, y_train)


# 識別圖片資料
# 建立圖片資料正解的陣列
X_true = []
for filename in filenames:
    base, ext = os.path.splitext(filename)
    if ext not in INCLUDED_EXTENTION:
        continue
    X_true = X_true + [int(filename[:1])]
X_true = np.array(X_true)


# 輸入邏輯迴歸的已學習模型，識別圖片資料
pred_logreg = logreg_model.predict(img_test)

print(' 手寫文字的識別結果 ')
print(' 觀測結果 :', X_true)
print(' 預測結果 :', pred_logreg)
print(' 正解率 :', logreg_model.score(img_test, X_true))
```

首先，以 load_digits() 準備 sklearn 中的手寫文字資料集。

然後，將該資料集分成訓練資料和測試資料，讓邏輯迴歸學習訓練資料，建立已學習模型。

接著，以前面的❶訪問資料的程式碼和❷資料前處理的程式碼，加載準備好的圖片資料，再輸入已學習模型，識別該圖片是否為手寫文字。

藉由像這樣劃分三項功能的程式碼，邊解讀程式碼邊留下相關註解，可幫助理解程式碼的編寫內容、知道該如何修改。

然後，根據各程式碼的功能劃分模組，依照各項註解建立函數。

1.2 函數劃分／模組劃分

此程序的主要目的是，**作成更容易解讀程式碼、易於編寫測試程式碼、可重新建構的狀態**。

在最佳機器學習模型與演算法的選定程序，反覆嘗試的次數愈多，各項程式碼往往沒有區分功能，甚至不會省略建立函數。有鑑於此，需要藉由函數劃分／模組劃分，**將緊密耦合（tight coupling）的分析腳本轉成寬鬆耦合（loose coupling）**。

從緊密耦合的分析腳本，找出❶**訪問資料的程式碼**、❷**資料前處理的程式碼**、❸**學習／預測／運算資料的程式碼**等三個程式碼，一一建立單元後，劃分成適當名稱的函數。

然後，轉為寬鬆耦合的過程中，經常會碰到**重複的程式碼**。這類程式碼直接取相同的函數名稱，劃分函數後刪除其中一邊。

進行函數劃分時，需要注意三點：

- 輸入什麼樣的資料
- 輸出什麼樣的資料
- 建立什麼樣的函數

若上述三點模糊不清，請重新定義釐清。

劃分函數也可加深對程式碼的理解，不妨使用文字檔字串，立即描述建立了什麼樣的函數。然後，執行各項程式碼、劃分函數的同時，搭配三個雙引號（"""）編寫文字檔字串，簡易描述該函數的功用。

完成函數劃分後，可簡單地建立模組（.py 檔案）。

那麼，來看三個程式碼的函數劃分吧。

〔函數劃分〕❶訪問資料的程式碼

範例 17.5 是完成函數劃分、增加文字檔字串的程式碼。

範例 17.5 訪問資料的程式碼（函數劃分）

```
INCLUDED_EXTENTION = [".png", ".jpg"]
dbname = 'images.db'
dir_name = 'handwriting_pics'

def load_filenames(dir_name, included_ext=INCLUDED_EXTENTION):
    """ 由手寫文字圖片所在路徑，取得檔案名稱並建立列表 """
    files = []
    filenames = sorted(os.listdir(dir_name))
    for filename in filenames:
        base, ext = os.path.splitext(filename)
        if ext not in included_ext:
            continue
        files.append(filename)
    return files


def create_table(dbname):
    """ 建立表格的函數 """
    conn = sqlite3.connect(dbname)
    cur = conn.cursor()
    cur.execute('DROP TABLE image_info')
    cur.execute( 'CREATE TABLE image_info (id INTEGER PRIMARY KEY ↵
AUTOINCREMENT, filename STRING)')
    conn.commit()
    conn.close()
    print("table is successully created")


def insert_filenames(dbname, dir_name):
    """ 將手寫文字圖像的檔案名稱存至資料庫 """
    filenames = load_filenames(dir_name)
    conn = sqlite3.connect(dbname)
    cur = conn.cursor()
    for filename in filenames:
        cur.execute('INSERT INTO image_info(filename) values(?)', (filename,))
    conn.commit()
    cur.close()
    conn.close()
    print("image file names are successfully inserted")
```

```
def extract_filenames(dbname):
    """ 由資料庫取得手寫文字圖片的檔案名稱 """
    conn = sqlite3.connect(dbname)
    cur = conn.cursor()
    cur.execute( 'SELECT * FROM image_info')
    filenames = cur.fetchall()
    cur.close()
    conn.close()
```

在**訪問資料的程式碼**，確認輸入、輸出、函數的內容。

輸入是，`handwriting_pics` 目錄中的手寫文字檔案路徑。

輸出是，`print` 函數是否執行成功的輸出結果，與 `extract_filenames` 函數回傳值的檔案名稱。該列表資料包含資料庫中的各檔案 ID 與檔案名稱的複數元組。

輸出

```
create_table(dbname)
insert_filenames(dbname, dir_name)
extract_filenames(dbname)
```

```
table is successully created
image file names are successully inserted
[(1, '0.jpg'),
 (2, '1.jpg'),
 (3, '2.jpg'),
 (4, '3.jpg'),
 (5, '4.jpg'),
 (6, '5.jpg'),
 (7, '6.jpg'),
 (8, '7.jpg'),
 (9, '8.jpg'),
 (10, '9.jpg')]
```

17

機器學習 API 的開發程序與實踐

然後，由訪問資料的程式碼，可得到下述四個函數：

- `load_filenames`——由手寫文字圖片所在路徑，取得檔案名稱並建立列表。
- `create_table`——建立表格的函數。
- `insert_filenames`——將手寫文字圖片的檔案名稱存至資料庫。
- `extract_filenames`——由資料庫取出手寫文字圖片的檔案名稱。

〔函數劃分〕❷資料前處理的程式碼

範例 17.6 是完成函數劃分、增加文字檔字串的程式碼。

範例 17.6　資料前處理的程式碼（函數劃分）

```python
def load_filenames(dir_name, included_ext=INCLUDED_EXTENTION):
    """ 由手寫文字圖片所在路徑，取得檔案名稱並建立列表的函數 """
    files = []
    filenames = sorted(os.listdir(dir_name))
    for filename in filenames:
        base, ext = os.path.splitext(filename)
        if ext not in included_ext:
            continue
        files.append(filename)
    return files


def get_grayscale(dir_name):
    """ 將加載的手寫文字圖片轉為灰階的函數 """
    filenames = load_filenames(dir_name)
    for filename in filenames:
        img = Image.open(f'{dir_name}/{filename}').convert('L')
        yield img


def get_shrinked_img(dir_name):
    """ 尺寸統一成 8×8 像素大小、明暗度轉成 16 級灰階黑白圖片的函數 """
    img_test = np.empty((0, 64))
    crop_size = 8
    for img in get_grayscale(dir_name):
        img_data256 = 255 - np.array(img.resize((crop_size, crop_size)))
        min_bright, max_bright = img_data256.min(), img_data256.max()
```

```
        img_data16 = (img_data256 - min_bright) / (max_bright - min_bright) * 16
        img_test = np.r_[img_test, img_data16.astype(np.uint8).reshape(1, -1)]
    return img_test
```

輸入是，`handwriting_pics` 目錄中的手寫文字檔案路徑。

輸出是，64 像素（8×8 像素）的 16 級灰階[11] 圖片中，以 0 ～ 16 表示各像素深淺的數值列表。此列表與 Python 的列表不同，屬於 NumPy 的 `ndarray` 型態。

輸出

```
get_shrinked_img(dir_name)
```

```
array([[ 0.,  0.,  0.,  0.,  0.,  0.,  0.,  0.,  0.,  0.,  0.,  0.,  0.,
         0.,  0.,  0.,  0.,  0.,  0.,  8., 16.,  0.,  0.,  0.,  0.,  0.,
         0., 16., 16.,  8.,  0.,  0.,  0.,  0.,  0.,  8.,  8.,  8.,  0.,
         0.,  0.,  0.,  0.,  8., 16.,  0.,  0.,  0.,  0.,  0.,  0.,  0.,
         0.,  0.,  0.,  0.,  0.,  0.,  0.,  0.,  0.,  0.,  0.],
       [ 0.,  0.,  0.,  0.,  0.,  0.,  0.,  0.,  0.,  0.,  0.,  0.,  0.,
         0.,  0.,  0.,  0.,  0., 16.,  0.,  0.,  0.,  0.,  0.,  0.,  0.,
         0.,  8.,  0.,  0.,  0.,  0.,  0.,  0.,  8.,  0.,  0.,  0.,  0.,
         0.,  0.,  0.,  0.,  0.,  0.,  0.,  0.,  0.,  0.,  0.,  0.,  0.,
         0.,  0.,  0.,  0.,  0.,  0.,  0.,  0.,  0.,  0.,  0.],
       [ 0.,  0.,  0.,  0.,  0.,  0.,  0.,  0.,  0.,  0.,  0.,  3.,  3.,
         0.,  0.,  0.,  0.,  0.,  0.,  6.,  3.,  0.,  0.,  0.,  0.,  0.,
         3.,  3.,  3.,  0.,  0.,  0.,  0.,  0.,  9.,  3.,  0.,
         0.,  0.,  0.,  0.,  3., 16.,  9.,  6.,  0.,  0.,  0.,  0.,  3.,  3.,
         0.,  0.,  0.,  0.,  0.,  0.,  0.,  0.,  0.,  0.,  0.], ...])
```

然後，由**資料前處理的程式碼**，可取得下述函數：

- `load_filenames`──由手寫文字圖片所在路徑，取得檔案名稱並建立列表的函數。

---

[11] 灰階是區分顏色深淺明暗的技法。

- get_grayscale──將加載的手寫文字圖片轉為灰階的函數。
- get_shrinked_img──尺寸統一成 8×8 像素大小、明暗度轉成 16 級灰階黑白圖片的函數。

在前面**訪問資料的程式碼**中，也有出現 load_filenames 函數。由於函數彼此重複，故會在後續程序刪除訪問資料的程式碼的 load_filenames 函數。

〔函數劃分〕❸學習／預測／運算資料的程式碼

範例 17.7 是完成函數劃分、增加文字檔字串的程式碼。

範例 17.7　學習／預測／運算資料的程式碼（函數劃分）

```python
import os
import numpy as np
from PIL import Image
from sklearn.datasets import load_digits
from sklearn.linear_model import LogisticRegression
from sklearn.model_selection import train_test_split

def load_filenames(dir_name, included_ext=INCLUDED_EXTENTION):
    """ 由手寫文字圖片所在路徑，取得檔案名稱並建立列表 """
    files = []
    filenames = sorted(os.listdir(dir_name))
    for filename in filenames:
        base, ext = os.path.splitext(filename)
        if ext not in included_ext:
            continue
        files.append(filename)
    return files

def create_logreg_model():
    """ 建立邏輯迴歸的已學習模型 """
    digits = load_digits()
    X = digits.data
    y = digits.target
    X_train, X_test, y_train, y_test = train_test_split(X, y, test_↵
size=0.5, random_state=0)
    logreg = LogisticRegression(max_iter=2000)
    logreg_model = logreg.fit(X_train, y_train)
    return logreg_model
```

```
def evaluate_probs(dir_name, img_test, logreg_model):
    """ 使用測試資料評鑑邏輯迴歸的已學習模型輸出 """
    filenames = load_filenames(dir_name)
    X_true = [int(filename[:1]) for filename in filenames]
    X_true = np.array(X_true)
    pred_logreg = logreg_model.predict(img_test)

    print(' 手寫文字的識別結果 ')
    print(' 觀測結果 :', X_true)
    print(' 預測結果 :', pred_logreg)
    print(' 正確率 :', logreg_model.score(img_test, X_true))
    return "Propability calculation is successfully finished"
```

輸入是，`handwriting_pics` 目錄中的手寫文字檔案路徑。這次輸入的是寫有 0 ～ 9 數字的圖片資料（JPEG 檔案）。

輸出結果如下所示：

輸出

```
logreg_model = create_logreg_model()
evaluate_probs(dir_name, img_test, logreg_model)
```

手寫文字的識別結果

```
觀測結果 : [0 1 2 3 4 5 6 7 8 9]
預測結果 : [4 4 4 4 4 4 4 7 4 4]
正確率 : 0.2

'Propability calculation is successfully finished'
```

輸出下述三項內容：

- **觀測結果**──手寫文字圖片中的數字。
- **預測結果**──針對輸入的手寫數字，已學習模型輸出預測的數字。
- **正確率**──已學習模型成功識別多少手寫文字圖片中的數字。

由**預測結果**可知，僅成功識別 4 和 7。

然後，**正確率**為 2/10，故輸出「0.2」的機率數值。後續會設定精確率（precision）、召回率（recall）、F1、ROC、AUC 等評鑑指標，藉由**交叉驗證**（Cross Validation）提升準確率[12]。

由**學習／預測／運算資料的程式碼**，可得到下述函數：

- `load_filenames`──由手寫文字圖片所在路徑，取得檔案名稱並建立列表。
- `create_logreg_model`──建立邏輯迴歸的已學習模型。
- `evaluate_probs`──使用測試資料評鑑邏輯迴歸的已學習模型輸出。

在**資料前處理的程式碼**和**訪問資料的程式碼**中，也有出現 `load_filenames` 函數。其功用同樣是**訪問資料**，故刪除**學習／預測／運算資料的程式碼**的 `load_filenames` 函數。

模組劃分

分別劃分三個函數後，接著進行模組劃分。根據各程式碼功用取名，建立下述模組。

- 訪問資料的程式碼　　　　➡ `preparation.py`
- 資料前處理的程式碼　　　➡ `preprocessing.py`
- 學習／預測／運算資料的程式碼 ➡ `calculation.py`

---

[12] 本書並非資料科學的相關書籍，不多加著墨這類評鑑方法。欲了解監督式學習模型評鑑方法的讀者，建議參閱下述書籍：
　・《東京大學的資料科學人員培訓講座 從做中學 Python 的資料分析》，塚本邦尊、山田典一、大澤文孝著，中山浩太郎監修，松尾豐協助（Mynavi 出版，2019），ISBN：9784839965259。

然後，針對各個模組，事前準備測試程式碼。第 2 篇（第 11 章）已有說明測試程式碼的寫法、細節，故這裡不再多加贅述。GitHub 中有手寫文字辨識的測試程式碼，讀者可參照裡頭的內容。

https://github.com/ml-flaskbook/flaskbook/tree/main/ml_api/test

劃分模組後的目錄架構，如圖 17.5 所示。

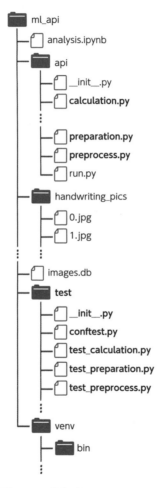

圖 17.5　模組劃分後的目錄架構

這樣就準備好進行重新建構。

🏠 1.3 重新構建

前面討論了**輸入、輸出、函數的功用**，並且完成函數劃分、模組劃分。

閱讀至此肯定對程式碼有一番理解，接著就來實際重新建構。

首先，意識下述事項能夠提升可讀性／維護性[13]。在分析腳本的重新建構上，會頻繁遇到這類改寫。

- 將程式碼改寫成 PEP8 格式。
- 刪除或者共享功能、內容重複的程式碼。
- 檢討「不修改格式」、「改為列表推導格式」、「劃分程式碼」、「改變資料的架構」，以其中一種重構方針修改 for 述句。
- 將 SQL 的查詢述句改寫為 ORM 對映。

在重新建構之前，使用下述指令，將程式碼自動改寫成 PEP8 格式。

```
$ isort preparation.py preprocess.py calculation.py
$ black preparation.py preprocess.py calculation.py
```

後面會比較並討論**重新建構前後**的程式碼。**重新建構前**的程式碼是，各個模組直接複製貼上前面的 .ipynb 內容。

在比較討論重新建構前後的程式碼時，由於 black 和 isort 包含修改前的內容，故也要意識哪邊遵循 PEP8 格式。

另外，**重新建構後**的程式碼會視需要增加**類型提示**，故也要一併確認類型提示的格式。

---

[13] 這裡僅舉例特別重要的內容、要點，雖然還有其他細微的注意事項、重點，但本書不會多加著墨，欲知詳情的人可參閱下述書籍：
  ・《Effective Python 中文版：寫出良好 Python 程式的 90 個具體做法 (第二版)》，Brett Slatkin 著，黃銘偉譯，碁峰資訊出版，ISBN：978-986-502-632-5。

重新建構訪問資料的程式碼

重新建構前的程式碼，如範例 17.8 所示。

範例 17.8 〔重新建構前〕訪問資料的程式碼（preparation.py）

```
import os
import sqlite3

INCLUDED_EXTENTION = [".png", ".jpg"]
dbname = 'images.db'
dir_name = 'handwriting_pics'

def load_filenames(dir_name, included_ext=INCLUDED_EXTENTION):
    """ 由手寫文字圖片所在路徑，取得檔案名稱並建立列表 """
    files = []
    filenames = sorted(os.listdir(dir_name))
    for filename in filenames:
        base, ext = os.path.splitext(filename)
        if ext not in included_ext:
            continue
        files.append(filename)
    return files

def create_table(dbname):
    """ 建立表格的函數 """
    conn = sqlite3.connect(dbname)
    cur = conn.cursor()
    cur.execute('DROP TABLE image_info')
    cur.execute( 'CREATE TABLE image_info (id INTEGER PRIMARY KEY ⤸
AUTOINCREMENT, filename STRING)')
    conn.commit()
    conn.close()
    print("table is successully created")

def insert_filenames(dbname, dir_name):
    """ 將手寫文字圖片的檔案名稱存至資料庫 """
    filenames = load_filenames(dir_name)
    conn = sqlite3.connect(dbname)
    cur = conn.cursor()
    for filename in filenames:
        cur.execute('INSERT INTO image_info(filename) values(?)', (filename,))
```

```
        conn.commit()
    cur.close()
    conn.close()
    print("image file names are successully inserted")

def extract_filenames(dbname):
    """ 由資料庫取得手寫文字圖片的檔案名稱 """
    conn = sqlite3.connect(dbname)
    cur = conn.cursor()
    cur.execute('SELECT * FROM image_info')
    filenames = cur.fetchall()
    cur.close()
    conn.close()
    return filenames
```

增加功能後，欲另外增加一個表格時，需要編寫下述程式碼：

```
cur.execute( 'CREATE TABLE image_info (id INTEGER PRIMARY KEY ↵
AUTOINCREMENT, filename STRING)')
```

然而，哪個表格名稱包含哪些直欄內容、取得什麼樣的資料，難以一目了然。

接著，來看**重新建構後**的程式碼吧（範例 17.9）。

範例 17.9 〔重新建構後〕訪問資料的程式碼（preparation.py）

```
from pathlib import Path
import uuid

from flask import abort, current_app, jsonify
from sqlalchemy.exc import SQLAlchemyError

from api.models import ImageInfo, db

def load_filenames(dir_name: str) -> list[str]:
    """ 由手寫文字圖片所在路徑，取得檔案名稱並建立列表 """
    included_ext = current_app.config["INCLUDED_EXTENTION"]
    dir_path = Path(__file__).resolve().parent.parent / dir_name
    files = Path(dir_path).iterdir()
    filenames = sorted(
        [
```

```
            Path(str(file)).name
            for file in files
            if Path(str(file)).suffix in included_ext
        ]
    )
    return filenames


def insert_filenames(request) -> tuple:
    """ 將手寫文字圖片的檔案名稱存至資料庫 """
    dir_name = request.json["dir_name"]
    filenames = load_filenames(dir_name)
    file_id = str(uuid.uuid4())
    for filename in filenames:
        db.session.add(ImageInfo(file_id=file_id,
filename=filename))
    try:
        db.session.commit()
    except SQLAlchemyError as error:
        db.session.rollback()
        abort(500, {"error_message": str(error)})
    return jsonify({"file_id": file_id}), 201


def extract_filenames(file_id: str) -> list[str]:
    """ 由資料庫取得手寫文字圖片的檔案名稱 """
    img_obj = db.session.query(ImageInfo).filter(ImageInfo.file_id == ↵
file_id)
    filenames = [img.filename for img in img_obj if img.filename]
    if not filenames:
        return jsonify({"message": "filenames are not found in ↵
database", "result": 400}), 400
    return filenames
```

①

重新建構後的程式碼使用 O/R 對映的 `sqlalchemy`，共享建立表格的內容，作成易於新增、修改表格的形式。在 **models.py** 模組統整了通用的程式碼，藉由 O/R 對映精簡資料庫內訪問資料的程式碼。

然後，將 `for` 述句改為列表推導格式。

重新建構資料前處理的程式碼

重新建構前的程式碼，如範例 17.10 所示。

範例 17.10 〔重新建構前〕資料前處理的程式碼（preprocess.py）

```python
import numpy as np
from PIL import Image

INCLUDED_EXTENTION = [".png", ".jpg"]
dbname = 'images.db'
dir_name = 'handwriting_pics'

def load_filenames(dir_name, included_ext=INCLUDED_EXTENTION):
    """ 由手寫文字圖片所在路徑，取得檔案名稱並建立列表的函數 """
    files = []
    filenames = sorted(os.listdir(dir_name))
    for filename in filenames:
        base, ext = os.path.splitext(filename)
        if ext not in included_ext:
            continue
        files.append(filename)
    return files


def get_grayscale(dir_name):

    """ 將加載的手寫文字圖片轉為灰階的函數（灰階是區分顏色深淺明暗的技法）"""

    filenames = load_filenames(dir_name)
    for filename in filenames:
        img = Image.open(dir_name / filename).convert('L')
        yield img


def get_shrinked_img(dir_name):

    """ 尺寸統一成 8×8 像素大小、明暗度轉成 16 級灰階黑白圖片的函數 """

    img_test = np.empty((0, 64))
    crop_size = 8
    for img in get_grayscale(dir_name):
        img_data256 = 255 - np.array(img.resize((crop_size, crop_size)))
        min_bright, max_bright = img_data256.min(),  img_data256.max()
```

```
        img_data16 = (img_data256 - min_bright) / (max_bright - min_↵
bright) * 16
        img_test = np.r_[img_test, img_data16.astype(np.uint8).↵
reshape(1, -1)]
    return img_test
```

由於程式碼直接編寫常數，重新建構前的 `preparation.py` 比較容易閱讀。

然而，由於僅以 `resize` 前置處理，任何圖片尺寸皆會縮小為 8×8 像素。若輸入留白較多的圖片，縮小後得到的資訊量甚少，可能形成數字識別不穩定的模型。

接著，來看**重新建構後**的程式碼吧（範例 17.11）。

範例 17.11　〔重新建構後〕資料前處理的程式碼（preprocess.py）

```python
from pathlib import Path

import numpy as np
from flask import current_app
from PIL import Image

def get_grayscale(filenames: list[str]):
    """將加載的手寫文字圖片轉為灰階的函數（灰階是區分顏色深淺明暗的技法）"""
    dir_name = current_app.config["DIR_NAME"]
    dir_path = Path(__file__).resolve().parent.parent / dir_name
    for filename in filenames:
        img = Image.open(dir_path / filename).convert("L")
        yield img

def shrink_image(
    img, offset=5, crop_size: int = 8, pixel_size: int = 255,
    max_size: int = 16
):
    """尺寸統一成 8×8 像素大小、明暗度轉成 16 級灰階黑白圖片的函數"""
    img_array = np.asarray(img)
    h_indxis = np.where(img_array.min(axis=0) < 255)
    v_indxis = np.where(img_array.min(axis=1) < 255)
    h_min, h_max = h_indxis[0].min(), h_indxis[0].max()
    v_min, v_max = v_indxis[0].min(), v_indxis[0].max()
    width, hight = h_max - h_min, v_max - v_min
```

```python
    if width > hight:
        center = (v_max + v_min) // 2
        left = h_min - offset
        upper = (center - width // 2) - 1 - offset
        right = h_max + offset
        lower = (center + width // 2) + offset
    else:
        center = (h_max + h_min + 1) // 2
        left = (center - hight // 2) - 1 - offset
        upper = v_min - offset
        right = (center + hight // 2) + offset
        lower = v_max + offset

    img_croped = img.crop((left, upper, right, lower)).resize((crop_size, crop_size))
    img_data256 = pixel_size - np.asarray(img_croped)

    min_bright, max_bright = img_data256.min(), img_data256.max()
    img_data16 = (img_data256 - min_bright) / (max_bright - min_bright) * max_size
    return img_data16


def get_shrinked_img(filenames: list[str]):
    """ 建立輸入模型的圖片數值資料列表的函數 """
    img_test = np.empty((0, 64))
    for img in get_grayscale(filenames):
        img_data16 = shrink_image(img)
        img_test = np.r_[img_test, img_data16.astype(np.uint8).reshape(1, -1)]
    return img_test
```

在 config 檔案編寫檔案路徑直接加載，可刪除 load_filenames 函數。

然後，將**重新建構前**程式碼中的 get_shrinked_img 函數，劃分成 get_shrinked_img 函數和 shrink_image 函數。get_shrinked_img 函數的功用是，將前置處理後的圖片改為可輸入機器學習演算法的形式。與此相對，shrink_image 函數僅進行前置處理，切除圖片中數字以外的留白後，重新調整大小。

另外，將 crop_size、pixel_size、max_size 也設為函數的預設引數，更容易理解數值意義，方便修改預設值。

重新建構學習／預測／運算資料的程式碼

重新建構前的程式碼，如範例 17.12 所示。

範例 17.12 〔重新建構前〕學習／預測／運算資料的程式碼（calculation.py）

```python
import os
import numpy as np
from PIL import Image
from sklearn.datasets import load_digits
from sklearn.linear_model import LogisticRegression
from sklearn.model_selection import train_test_split

def load_filenames(dir_name, included_ext=INCLUDED_EXTENTION):
    """ 由手寫文字圖片所在路徑，取得檔案名稱並建立列表 """
    files = []
    filenames = sorted(os.listdir(dir_name))
    for filename in filenames:
        base, ext = os.path.splitext(filename)
        if ext not in included_ext:
            continue
        files.append(filename)
    return files

def create_logreg_model():
    """ 建立邏輯迴歸的已學習模型 """
    digits = load_digits()
    X = digits.data
    y = digits.target
    X_train, X_test, y_train, y_test = train_test_split(X, y, test_↩
size=0.5, random_state=0)
    logreg = LogisticRegression(max_iter=2000)
    logreg_model = logreg.fit(X_train, y_train)
    return logreg_model

def evaluate_probs(dir_name, img_test, logreg_model):
    """ 使用測試資料評鑑邏輯迴歸的已學習模型輸出 """
    filenames = load_filenames(dir_name)
    X_true = [int(filename[:1]) for filename in filenames]
    X_true = np.array(X_true)
    pred_logreg = logreg_model.predict(img_test)

    print(' 手寫文字的識別結果 ')
```

```
    print('觀測結果:', X_true)
    print('預測結果:', pred_logreg)
    print('正確率:', logreg_model.score(img_test, X_true))
    return "Propability calculation is successfully finished"
```

在**學習／預測／運算資料的程式碼**，基本上包含輸出 API 最終結果的程式碼。以 JSON 格式傳輸資料時，必須統整介面。

然後，考量到已學習函數的更新、替換，重新建構時也要修改變數名稱、函數名稱。

當訓練資料的內容改變才必須再次學習，故訓練程式碼不編寫於 `ml_api`，而是事前建立已學習模型來儲存。因此，匯入述句刪除 `sklearn` 模組的內容。

接著，來看**重新建構後**的程式碼吧（範例 17.13）。

範例 17.13 〔重新建構後〕學習／預測／運算資料的程式碼（calculation.py）

```
import pickle

import numpy as np
from flask import jsonify
from sklearn.datasets import load_digits                         ┐
from sklearn.linear_model import LogisticRegression             │ 刪除
from sklearn.model_selection import train_test_split            ┘

from api.preparation import extract_filenames
from api.preprocess import get_shrinked_img

def evaluate_probs(request) -> tuple:
    """ 使用測試資料評鑑邏輯迴歸的已學習模型輸出 """
    file_id = request.json["file_id"]
    filenames = extract_filenames(file_id)
    img_test = get_shrinked_img(filenames)

    with open("model.pickle", mode="rb") as fp:
        model = pickle.load(fp)

    X_true = [int(filename[:1]) for filename in filenames]
    X_true = np.array(X_true)
```

```
predicted_result = model.predict(img_test).tolist()
accuracy = model.score(img_test, X_true).tolist()
observed_result = X_true.tolist()

return jsonify(
    {
        "results": {
            "file_id": file_id,
            "observed_result": observed_result,
            "predicted_result": predicted_result,
            "accuracy": accuracy,
        }
    },
    201,
)
```

為了以 JSON 格式傳輸資料，`evaluate_probs` 函數中 `print` 函數的輸出，得如下改成 JSON 的格式。

```
{
    # 手寫文字的識別結果
    "results": {
        # 檔案 ID
        "file_id": file_id,
        # 觀測結果
        "observed_result": observed_result,
        # 預測結果
        "predicted_result": predicted_result,
        # 正確率
        "accuracy": accuracy,
    }
# 狀態碼
}, 201
```

`logreg_model` 的變數名稱改為 `model`，以便對應邏輯迴歸以外的模型。

然後，`create_logreg_model` 函數的功用是，返回 Jupyter Notebook 事前建立已學習模型，並且存至 `api` 底下。

17

機器學習 API 的開發程序與實踐

使用 Python 標準程式庫 pickle，將已學習模型存至外部儲存空間，再使用 evaluate_probs 讀取存於 pickle 的已學習模型，形成輸出預測值的程式碼。

實際運行 ml_api 的時候，得執行範例 17.14 的程式碼，事前建立已學習模型。

範例 17.14　建立已學習模型

```python
import pickle
from sklearn.datasets import load_digits
from sklearn.linear_model import LogisticRegression
from sklearn.model_selection import train_test_split


digits = load_digits()
X = digits.data
y = digits.target
X_train, X_test, y_train, y_test = train_test_split(X, y, test_↩
size=0.5, random_state=0)
logreg = LogisticRegression(max_iter=2000)
model = logreg.fit(X_train, y_train)

with open('./api/model.pickle', mode='wb') as fp:
    pickle.dump(model, fp)
```

藉由分離學習資料的 create_logreg_model 函數，可設計成「在其他伺服器批次處理模型學習的程式碼，資料更新後再定期讓模型重新學習。」模型學習與輸出預測值的頻率鮮少一致，兩者往往不會實作於相同 API 內。

這樣就做完一輪的重新建構。

然而，**重新建構沒有盡頭，想要編寫得更好的話，要花費多少時間提升可讀性／維護性皆沒有問題**。然而，一直投入時間改進程式碼，不管到何時都沒有辦法完成專案。因此，本書僅篩選重新建構中最為重要的要點來講解。

在下一節的〔實作程序 2〕，會將前面的產品程式碼建立成 API。

實作程序 2 ｜
建立產品程式碼的 API

通用化產品應用程式，亦即**不管哪種程式語言、哪個應用程式，只要訪問端點就可使用 API**。

例如，建立某項功能的 API 後，可使用 JavaScript 前端技術，將其他程式語言編寫的功能嵌入應用程式。

本節處理的 API 會定義**端點**（網址），在收到訪問該網址的請求時傳送回應。

向 API 的端點發送請求後，在向端點執行路由建置的函數之前，會先檢查請求中傳送的內容。若函數內部發生問題，則回傳錯誤（圖 17.6）。

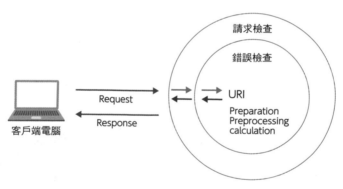

圖 17.6　請求的驗證

資料來源：Tetsuya Jesse Hirata- TransformationFromResearchOrientedCodeIntoMLAPIswithPython|
PyData Global 2020
https://www.youtube.com/watch?v=wcnJru03yLY

後面將會說明**建立產品程式碼 API** 時的三個步驟。

- 2.1　路由建置——制定網址（端點）的命名規則
- 2.2　錯誤檢查——定義錯誤碼與錯誤訊息
- 2.3　請求檢查——實作驗證程式碼

在 api/__init__.py 模組，實作所有的端點（範例 17.15）。

範例 17.15　產品程式碼 API 的程式碼（api/__init__.py）

```
import json

from flask import Blueprint, jsonify, request

from api import calculation, preparation

from .json_validate import validate_json, validate_schema

api = Blueprint("api", __name__, url_prefix="/v1")

@api.post("/file-id")
@validate_json                              ──── 檢查有無 json schema 的裝飾器
@validate_schema("check_dir_name")          ──── 檢查是否符合 json
def file_id():                                   schema 定義的裝飾器
    return preparation.insert_filenames(request)

@api.post("/probabilities")
@validate_json
@validate_schema("check_file_id")
def probabilities():
    return calculation.evaluate_probs(request)

@api.post("/check-schema")
@validate_json                              ──── 檢查有無 json schema 的裝飾器
@validate_schema("check_file_schema")       ──── 檢查是否符合 json
def check_schema():                              schema 定義的裝飾器
    data = json.loads(request.data)
    print(data["file_id"])
    print(data["file_name"])
    d = data["file_name"]
    return f"Successfully get {d}"

@api.errorhandler(400)
@api.errorhandler(404)
@api.errorhandler(500)                                              ① 
def error_handler(error)
    response = jsonify(
```

```
        {"error_message": error.description["error_message"], ↵
"result": error.code}
    )
    return response, error.code
```
①

接著一一討論吧。

🏠 2.1 路由建置——制定網址（端點）的命名規則

怎麼命名網址、函數、變數等的名稱，是程式設計時任誰都會感到困難、煩惱的部分。

依照下述步驟，就可不迷惘地完成命名[14]。

❶ 確認**學習／預測／運算資料的程式碼**輸入和輸出什麼樣的資料。
❷ 找尋可用 1 個名詞表達輸出資料的英文單字。
❸ 端點名稱包含 API 的版本。

名稱包含 API 版本的理由是，方便修改或者更新 API 功能（如預測模型的演算法）後，能夠判斷是使用哪種演算法。

函數的命名規則

首先，函數的命名規則主要有三種：

- 及物動詞（後面帶有受詞的動詞）＋名詞
- 函數輸出資料的名詞
- 表示該函數功能的名詞

例如，`insert_filenames` 函數是將圖片檔案名稱存至資料庫，故使用底線連接及物動詞 `insert`（插入）與複數型態的名詞 `filenames`（檔案名稱）。

17

機器學習 API 的開發程序與實踐

※14 建議參閱 Google 發布的 REST API 設計指引：
https://cloud.google.com/apis/design/

evaluate_probs 函數也是同樣的道理，使用底線連接及物動詞 evaluate（評鑑）與 probabilities 複數型態的簡寫名詞 probs（機率）。

之所以採用複數型態，是因為輸入多筆圖片資料、輸出多筆資料。

這次實作的 API 功能有產生 file id，與藉此回傳手寫文字圖片的識別結果。

關於 insert_filenames 函數和 evaluate_probs 函數的輸入資料、輸出資料、端點，整理後如下：

insert_filenames 函數

- 輸入資料：手寫文字圖片所在的目錄名稱
- 輸出資料：各個目錄產生的檔案 ID
- 端　　點："/v1/file-id"

evaluate_probs 函數

- 輸入資料：檔案 ID
- 輸出資料：圖片中手寫文字的識別結果
- 端　　點："/v1/probabilities"

端點的命名規則

端點的命名規則有三種模式：

〔模式 1〕端點名稱與函數名稱相同

```
@api.post("/v1/probabilities")
def probabilities():
    return evaluate_probs()
```

〔模式 2〕端點名稱與函數名稱不同，函數名稱為及物動詞＋名詞

```
@api.post("/v1/probabilities")
def calc_probs():
    return evaluate_probs()
```

〔模式 3〕端點名稱與函數名稱不同，函數名稱僅有名詞

```python
@api.post("/v1/probabilities")
def calculation():
    return evaluate_probs()
```

〔模式 1〕是端點名稱和路由建置函數的名稱一樣，可省下思考命名規則的麻煩，採用適當簡單且一目了然端點功用的名稱。

另外，在 Blueprint 的引數 url_prefix，設定各個端點通用的詞頭，可縮短端點名稱並定義至路由建置。例如，如下處理後，當存在許多版本時，有助於個別管理模組。

module_v1.py

```python
api = Blueprint("api", __name__, url_prefix="/v1")

@app.post("/probabilities")
def probabilities():
    return evaluate_probs()
```

module_v2.py

```python
api = Blueprint("api", __name__, url_prefix="/v2")

@app.post("/probabilities")
def probabilities():
    return evaluate_probs()
```

雖然本書不會建立多版本的模組，但可藉由〔模式 1〕的端點命名規則和 Blueprint 實作路由建置。

🏠 2.2 錯誤檢查──定義錯誤碼與錯誤訊息

錯誤碼是指，表 17.2 中 200、201 以外的狀態碼。

錯誤訊息用來定義，無法光由 HTTP 狀態碼交代清楚的錯誤細節。

實作成回傳錯誤碼和錯誤訊息，對開發人員最大的好處是「容易找到何處發生什麼問題」。

表 17.2　常見的 HTTP 狀態碼列表

狀態碼	名稱	說明
200	OK	請求成功，傳送回應與請求的資源
201	CREATED	請求完成並建立新的資源。Location 標頭含有新建資源的網址。可使用 POST 方法
204	NO CONTENT	沒有內容。請求受理後沒有適當結果時，回傳的狀態碼。可使用 PUT、POST、DELETE 等
303	SEE OTHER	參見其他網址。請求受理後傳送其他網址時，回傳的狀態碼。Location 的標頭顯示跳轉目的地的網址
400	BAD REQUEST	請求不合法。使用未定義的方法等，客戶端請求不恰當時，回傳的狀態碼
401	UNAUTHORIZED	需要驗證。用於進行 Basic 驗證、Digest 驗證的時候
404	NOT FOUND	未找到資源。沒有找到請求的資源
405	METHOD NOT ALLOWED	非法的方法。使用未經許可的方法
409	CONFLICT	發生衝突。請求與當前資源衝突，無法結束程序
500	INTERNAL SERVER ERROR	伺服器內部錯誤。伺服器內部發生錯誤時，回傳的狀態碼
506	SERVICE UNAVAILABLE	無法使用服務。因暫時負載過量、正在維護，沒辦法使用服務

顯示錯誤碼與錯誤訊息

呼叫 Flask 框架中定義的 errorhandler 函數，當作裝飾器加到回傳 error 的函數，引數填寫表 17.2 中任意的狀態碼。

實際實作的結果，如下所示（範例 17.15 ❶）。

顯示錯誤碼與錯誤訊息（api/__init__.py）

```
... 省略 ...

@app.errorhandler(400)
@app.errorhandler(404)
@app.errorhandler(500)
def error_handler(error):
    response = jsonify(
        {"error_message": error.description["error_message"], ↩
"result": error.code}
    )
    return response, error.code
```

此程式碼使用 flask 的 abort 函數，顯示遇到請求不合法（400）、未找到資源（404）、伺服器內部發生錯誤（500）時的錯誤碼和錯誤訊息。呼叫 abort 函數後，於該處停止處理程序。

當資料庫內部找不到檔案名稱時，各個錯誤訊息和錯誤碼會傳至 error_handler 函數的引數，以 JSON 格式顯示回應內容。

使用 abort 停止程序的情況（api/preparation.py）

```
... 省略 ...

def extract_filenames(file_id: str) -> list[str]:
    """ 由資料庫取得手寫文字圖片的檔案名稱 """
    img_obj = db.session.query(ImageInfo).filter(ImageInfo. ⤸
file_id == file_id)
    filenames = [img.filename for img in img_obj if img.filename]
    if not filenames:
        abort(404, {"error_message": "filenames are not found in database"})
    return filenames
```

abort 會停止處理程序，若不想要中斷執行的話，則不使用 abort 和錯誤處置器，來顯示錯誤訊息和錯誤碼。然而，這樣得直接建置路由並實作回傳錯誤的程式碼，該函數利用於其他函數當中時，會回傳 jsonify 編寫的內容，直接在函數內部發生錯誤。若此做法會對規格造成影響，則還是選擇使用 abort 來停止程序吧。

下述程式碼是，在 calculation.py 的 evaluate_probs 函數使用 extract_filenames 函數，故會發生錯誤且錯誤處置器沒有反應。

不使用 abort 停止程序而實作 jsonify 的情況（api/preparation.py）

```
... 省略 ...

def extract_filenames(file_id: str) -> list[str]:
    """ 由資料庫取得手寫文字圖片的檔案名稱 """
    img_obj = db.session.query(ImageInfo).filter(ImageInfo.file_id ⤸
== file_id)
    filenames = [img.filename for img in img_obj if img.filename]
    if not filenames:
        return jsonify({"message": "filenames are not found in ⤸
database", "result": 400}), 400
    return filenames
```

確認輸出結果

確認上述**使用 abort 停止處理程序時**的輸出結果，與**不使用 abort 停止程序而實作 jsonify 時**的輸出結果。實際使用 curl 指令，請求資料庫中沒有的 file id──dummy，確認執行結果。

```
$ export FLASK_APP=run.py
$ cd api
$ flask db init
$ flask db migrate
$ flask db upgrade
$ flask run
curl http://127.0.0.1:5000/v1/probabilities -X POST -H "Content-Type: ↵
application/json" -d '{"file_id": "dummy"}'
```

使用 abort 停止程序時的輸出結果，如下所示。abort 停止處理程序，error handler 捕捉到錯誤，回傳錯誤碼和錯誤訊息。立即知道錯誤原因是，資料庫中沒有符合的檔案。

使用 abort 停止程序時的輸出結果

```
{"error_message":"filenames are not found in database","result":404}
```

與此相對，**不使用 abort 停止程序而實作 jsonify 時**的輸出結果，如下所示。

不以使用 abort 停止程序而實作 jsonify 時的輸出結果

```
<!DOCTYPE HTML PUBLIC "-//W3C//DTD HTML 3.2 Final//EN">
<title>500 Internal Server Error</title>
<h1>Internal Server Error</h1>
<p>The server encountered an internal error and was unable to
complete your request. Either the server is overloaded or there is
an error in the application.</p>
```

處理程序不會停止、error handler 也沒有捕捉到錯誤，直接由伺服器端回傳 500 錯誤。因此，由這個錯誤訊息無法得知哪邊發生問題。

如前所述，事先定義錯誤訊息和錯誤碼，並實作錯誤處置器，發生錯誤時可立即知道哪邊遇到什麼問題。

2.3 請求檢查——實作驗證程式碼

確認客戶端請求的 JSON 內容，亦即**檢查是否輸入符合預期的資料。**

例如，客戶端疏失發送了錯誤的請求內容，API 端點收到後執行程式碼，沒有捕捉到問題直接將錯誤的資料存至資料庫，可能造成資料的不一致性、演變成嚴重的故障。

另外，若未在輸入資料前捕捉到問題，則難以判別是 API 端的錯誤，還是客戶端的疏失。

因此，請求抵達端點前需要檢查是否有錯誤，亦即**進行輸入資料的驗證（verification）。**

實作驗證程式碼

請求內容需要確認「資料格式是否為 JSON ？」，驗證請求的**檔案名稱、檔案類型、檔案長度。**

在 **JSON Schema** 的 JSON 檔案，如範例 17.16 定義請求的驗證程式碼。在 JSON Schema 裡頭，編寫針對請求中 body 內容的驗證項目。

範例 17.16　JSON Schema（api/config/json-schemas/check_file_schema.json）

```json
{
    "$schema": "http://json-schema.org/draft-04/schema#",
    "type": "object",
    "properties": {
        "file_id": {
            "type": "integer",
        },
        "file_name": {
            "type": "string",
            "maximum": 120,
            "minimum": 1
```

> 資料型態為 int　*此外也有 number 型態，但這包含浮點小數、指數的數值

```
        }
    },
    "required": [
    "file_id",
    "file_name"
 ]
}
```

實作檢查 JSON Schema 的裝飾器

接著，實作檢查有無 JSON 資料的裝飾器（`validate_json` 函數），與檢查是否符合 JSON Schema 內容的裝飾器（`validate_schema` 函數）（範例 17.17）。使用 JSON Schema 時，得事前執行 `$pip install jsonschema`。

範例 17.17　檢查 JSON Schema 的裝飾器（api/json_validate.py）

```python
from functools import wraps
from flask import (
    current_app,
    jsonify,
    request,
)
from jsonschema import validate, ValidationError
from werkzeug.exceptions import BadRequest


def validate_json(f):
    @wraps(f)
    def wrapper(*args, **kw):
        # 檢查請求內容的格式是否為 JSON
        ctype = request.headers.get("Content-Type")
        method_ = request.headers.get("X-HTTP-Method-Override",
                                      request.method)
        if method_.lower() == request.method.lower() and "json" in ctype:
            try:
                # 檢查是否有 body 內文
                request.json
            except BadRequest as e:
                msg = "This is an invalid json"
                return jsonify({"error": msg}), 400
            return f(*args, **kw)
    return wrapper
```

```
def validate_schema(schema_name):
    def decorator(f):
        @wraps(f)
        def wrapper(*args, **kw):
            try:

                # 檢查是否如同前面定義的 json 檔案來傳送 json 的 body 內文

                validate(request.json, current_app.config[schema_name])
            except ValidationError as e:
                return jsonify({"error": e.message}), 400
            return f(*args, **kw)
        return wrapper

    return decorator
```

實作裝飾器後，在端點底下編寫「@ + 函數名稱」（範例 17.18）。如此一來，在執行端點函數的 check_schema() 之前，會先執行 validate_json 函數和 validate_schema('check_file_schema') 函數。

範例 17.18　先執行驗證函數（api/__init__.py）

```
... 省略 ...

@api.post("/check-schema")
# 檢查有無 json schema 的裝飾器
@validate_json
# 檢查是否符合 json schema 內容的裝飾器
@validate_schema("check_file_schema")
def check_schema():
    data = json.loads(request.data)
    print(data["file_id"])
    print(data["file_name"])
    d = data["file_name"]
    return f"Successfully get {d}"


@app.errorhandler(400)
@app.errorhandler(404)
@app.errorhandler(500)
def error_handler(error):
    response = jsonify(
```

```
        {"error_message": error.description["error_message"], ⏎
"result": error.code}
    )
    return response, error.code
return app
```

在訪問 /v1/check-schema 端點時，若請求傳送的 JSON 資料不符合 check_
file_schema 中定義的格式、資料型態，則上述程式碼不會執行 check_
schema()。

確認運作情況

確認是否正常運作。執行下述 curl 指令，若正常傳送請求，則會回傳下述訊
息：

```
$ cd api
$ export FLASK_APP=run.py
$ flask db init
$ flask db migrate
$ flask db upgrade
$ flask run
$ curl http://127.0.0.1:5000/v1/check-schema -X POST -H ⏎
"Content-Type: application/json" -d '{"file_id": 1 , "file_name": ⏎
"handwriting"}'
```

```
1
handwriting
127.0.0.1 - - [11/Oct/2020 21:13:15] "POST /v1/check-schema HTTP/1.1" 200 -
```

POST 方法回應的狀態碼為 200，表示 print(data["file_id"]) 和 print
(data["file_name"]) 成功送達請求。

API 的輸出結果如下所示，回傳了如同預期的字句。

```
Successfully get handwriting
```

接著，確認傳送的請求不是 `string` 型態，而是 `int` 型態「12345」的情況。

```
$ curl http://127.0.0.1:5000/v1/check-schema -X POST -H "Content-Type: ↵
application/json" -d '{"file_id": 1 , "file_name": 12345}'
```

```
127.0.0.1 - - [11/Oct/2020 22:41:42] "POST /v1/check-schema HTTP/1.1" 400 -
```

回傳了 400 錯誤的狀態碼。

然後，與 api/config/json-schemas/make_file_name.json 中定義的資料型態不同，故回傳錯誤訊息。

```
{
  "error": "12345 is not of type 'string'"
}
```

這樣就完成檢查請求的驗證程式碼了。

這 次 的 /v1/file-id 和 /v1/probabilities 端 點，也 有 實 作 JSON Schema，試著傳送自己沒有定義的資料，確認請求結果。

前面依照分析腳本完成了機器學習 API，最後來確認正常運作的情況。

將 handwriting_pics 目錄底下的圖片存至資料庫，取得檔案 ID 的回應。

```
$ curl http://127.0.0.1:5000/v1/file-id -X POST -H "Content-Type: ↵
application/json" -d '{"dir_name": "handwriting_pics"}'
```

輸出

```
{
  "file_id": "685136a0-6575-4568-9561-68209a7aacb5"
}
```

根據取得的檔案 ID 發送請求，得到「手寫圖像（observed_result）的數字」、「模型識別的數字（predicted_result）」、「成功識別的正確率（accuracy）」等回應。

```
$ curl http://127.0.0.1:5000/v1/probabilities -X POST -H "Content- ↵
Type: application/json" -d '{"file_id": "685136a0-6575-4568-9561- ↵
68209a7aacb5"}'
```

輸出

```
[
  {
    "results": {
      "accuracy": 0.3,
      "file_id": "685136a0-6575-4568-9561-68209a7aacb5",
      "observed_result": [
        0,
        1,
        2,
        3,
```

```
            4,
            5,
            6,
            7,
            8,
            9
        ],
        "predicted_result": [
            3,
            3,
            4,
            9,
            4,
            3,
            6,
            7,
            3,
            4
        ]
    }
  },
  201
]
```

比較分析腳本，得知增加了 1 個成功識別的數字，原因可能是修改了圖片前處理的邏輯。

這樣就完成了可識別手寫文字圖片的 API。

17.8 由機器學習 API 到機器學習的基礎設施、MLOps

這次實作的機器學習 API，是使用 scikit-learn 已有的訓練資料。

然而，實際情況得使用資料庫中的資料讓模型學習。然後，每當資料的質與量有所改變，也得同時更新已學習模型。

由於模型未必一直維持最佳的準確度，必須不斷評鑑、監管更新後的模型。然後，模型也要做好備份，以便準確度降低時立即換成先前的版本。

考量到這些情況，整體架構如圖 17.7 所示。灰色背景的地方是增加的項目。

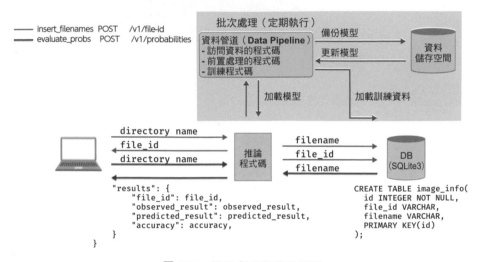

圖 17.7　批次處理與備份模型

由**學習／預測／運算資料的程式碼**，取得輸出預測值的推論程式碼、讀寫最低必要限度資料的程式碼、啟動程式碼，藉此建立成 API。

其他程式碼定期進行批次處理。每當網路應用程式收到請求，裡頭的推論程式碼 API 就會執行處理。

另一方面，批次處理的程式碼運行，會使用第 3 篇中的 **Cloud Run** 等無伺服器服務；更新模型時，則利用可定期執行的 Google Cloud 等雲端服務。

當然，就地部署（on-premise）、AWS、Azure 也是不錯的選擇。然後，當遇到資料量過多，定期執行的批次處理來不及消化時，則得考慮細分程式碼來平行處理。

如上使用各家公用雲的託管服務、開源工具，自動執行批次處理、更新模型、備份模型、部署軟體等，這樣的建設稱為**機器學習的基礎設施**。雖然自動化處理非常方便，但相對得維運基礎設施本身[15]。機器學習基礎設施的維運，稱為 **Machine Learning Operations（MLOps）**。

然而，這類機器學習產品的設計，必須了解哪個程式碼發揮何種功能、給予什麼樣的輸入、獲得什麼樣的輸出，才有辦法完成實作。

而且，編寫機器學習 API 的程式碼，得先了解源頭的分析腳本。因此，筆者認為，比起了解更多的設計類型，本章應該學習更為根本的內容。

由分析腳本設計機器學習產品的時候，請由「哪個部分的程式碼可通用」、「如何將程式碼轉為寬鬆耦合」、「哪個部分可換成雲端服務」、「能否自動化處理」等觀點來思考。

※15 對機器學習的系統設計感興趣的讀者，建議參閱下述書籍：
　　‧《機器學習｜工作現場的評估、導入與實作》有賀康顯、中山心太、西林孝著，許郁文譯，碁峰資訊出版，ISBN：978-986-476-899-8。

本章總結

機器學習 API 有下述兩個開發程序，本章說明了〔開發程序 2〕的內容。

- 〔開發程序 1〕選定最佳的機器學習演算法／模型
- 〔開發程序 2〕實作機器學習演算法／模型

如本章所述，**實作機器學習演算法／模型**包含下述兩個程序：

- 〔實作程序 1〕編寫分析腳本的產品程式碼
- 〔實作程序 2〕建立產品程式碼的 API

〔實作程序 1〕解說了提升分析腳本維護性／可用性的步驟，〔實作程序 2〕講解了機器學習 API 所需的實作項目。

為何需要本章提及的程序呢？因為開發機器學習 API 時，通常是由編寫分析腳本的資料科學人員，與 API 的開發人員協力合作，各自的程式碼類型、編寫目的不盡相同。若兩者皆能夠**選定最佳的機器學習演算法／模型**，與**實作機器學習演算法／模型**，即便不了解程序與協作方式，也可獨自完成開發。

然後，市面上有關**實作機器學習演算法／模型**的具體資訊、見解甚少，故本書不由資料科學的角度出發，而是側重於講解如何開發機器學習演算法、提升準確率等[16]。

正與開發人員與資料科學人員一同共事的人，推薦閱讀**編寫分析腳本的產品程式碼**（17.5 節）中，以手寫文字識別任務為題材的開發內容。

---

[16] 欲全方位了解如何運用機器學習等手法解決商務課題的讀者，建議閱讀下述書籍：
 ・《AI、資料分析專案的〔商務能力×技術能力＝創造價值〕》，大城信晃、Masked Analyze、伊藤徹郎、小西哲平、西原成輝、油井志郎著（技術評論社，2020），ISBN：9784297117580。

INDEX

符號

@app.route()	39
在 Rule 指定變數	42
@login_required	154, 238
.env	34, 36
.flaskenv	34
.gitignore	24
σ	382
__init__.py	312
{{ form.csrf_token }}	118
{{ form.hidden() }}	118
{% for %}	122

A

analysis.ipynb	409
API	291, 299
app_data	268
app.logger.setLevel	66
app.register_error_handler	255, 256
assert	264
autopep8	402

B

black	19
設定	21
Blueprint	87, 89
Blueprint 類別	88
bootstrap	175
Bottle	7

C

calculation.detection	328
Cloud SDK	347
Cloud Run	336, 453
使用準備	340
啟用	343
Container Registry（GCR）	336
啟用	345
Container 式虛擬化技術	333
Cookie	76
create_app	86, 316
CRUD	85

CSRF

CSRF	56
～對策	112, 113
csrf.init_app	113
CSRFProtect	113
current_app	49

D

DebugToolbarExtension	67
decode	275
Django	6
Docker	333, 334
使用準備	338
Docker Desktop	338
Dockerfile	335
～內常用的指令和功用	352
作成	350
docker 指令	335
docker build	353
docker images	354
docker push	355
docker tag	353
docker version	338
docstring	403

E

EmailNotValidError	63
email_validator	115
Endpoint	15
～命名	40
executer	104

F

FastAPI	8
flake8	19, 402
設定	20
flash	61
Flash 訊息	61, 65
增加驗證	61
flask	13
Flask	4
安裝	11, 12
環境架設	9

FLASK_APP 31
   密碼修改 91
flask db downgrade 102
flask db init 101
flask db migrate 102
flask db upgrade 102
flask-debugtoolbar 67
FLASK_ENV 31, 33
   未指定～時的警告 32
FlaskForm 114, 115
flask-login 147, 148
flask-mail 68, 70
flask-migrate 96, 97
flask routes 15, 40
flask run 13, 32
   常見選項 15
flask shell 16
flask-sqlalchemy 96, 97
flask-wtf 112
from_envvar 137
from_file 139
from_object 134
from_pyfile 138
from_mapping 137

G

g 49
gcloud 347, 355
GET 40, 54
get_flashed_messages 61, 64
generate_password_hash 100

H

HTTP 方法 40, 299
   指定允許的～ 41
HTML 表單 40
Hypervisor 式虛擬化技術 333

I

iris 資料 384
is_authenticated 161
isort 19
   設定 22

J

Jinja2 .... 13, 43
   建立通用模板 130

用法 45
JSON 291
JSON Schema 445
Jupyter Lab 385, 408

K

Keras 380

L

logging 66
LoginForm 157
logout_user 160

M

Machine Learning Operations 453
Mail 71
make_response 79, 80
Mask R-CNN 302
Migrate 97
migrations 101
MLOps 453
Model 28
modelpt 308
modelspy 429
MVT 28
mypy 19
   設定 23

N

NumPy 378
   使用～的邏輯迴歸 384

O

Path 97
OpenCV 324
O/R 對映 96
os 71

P

pandas 380
PEP1 402
PEP8 402
PEP20 402
PEP257 403
PEP484 403
pickle 326
PoC 364

pop 50
POST 40, 54
 取得～的表單值 60
PRG 模式 54
pseudo code 377
push 50
pytest 263
 夾具 268, 269
pytest-cov 281
Python 9
python-dotenv 34
Python Enhancement Proposal 402
Python 增強建議書................................. 402
Python 擴充套件 17
Python 的網路框架................................... 6
PyTorch 224, 302, 382

Q

query filter 104

R

redirect 54
REDIRECT 54
register_blueprint 87, 88
render_template 43
request 54, 55, 76, 328
Request 290
response 76
Response 290
REST API.. 293

S

scikit-learn 378
 使用～的邏輯迴歸 393
SciPy.. 378
SECRET_KEY 61
send_from_directory 210
session 77, 79
signup 277
SQLAlchemy 96, 97
 進行 DELETE 111
 使用 executer 進行 SELECT 104
 進行 INSERT 110
 query filter 與 executer 104
 使用 query filter 進行 SELECT 108
 輸出 SQL 日誌 104
 進行 UPDATE 111

SQLALCHEMY_DATABASE_URI 98
SQLALCHEMY_TRACK_MODIFICATIONS 98
SQLite 97
S 型函數 381, 382

T

Template 28
template_folder 89
Tensorflow 382
test_index 275
test_request_context 47, 51
torchvision 302, 322
torch.load 326
torch.save.. 326
Type Hints.. 403

U

UPLOAD_FOLDER 209, 215
UploadImageForm 215
URI 294, 295, 299
URL 294
url_for 46, 47
URN 294
UserForm 117
UserImage 模型 183
UserImageTags 模型 221
UserMixin 149
User 模型 99
 更新～ 149
UUID 43

V

validate_email 63, 64
venv 10
View 28
Visual Studio Code 16
 套用 Python 虛擬環境 23
 確認資料庫 103

W

Web 289, 299
Web API 288
Web 框架 6
werkzeug.security 100
with 64
World Wide Web 289
WTF_CSRF_SECRET_KEY 113

WTForms（wtforms）.................... 114, 115
wtforms.validators 115
WWW 289

Y

yield 272, 274

Z

z 382
Zen of Python 402

一劃

一般物體辨識 304

兩劃

二元分類 406

三劃

大泥球 404
已學習模型 366

四劃

內文.........................16, 49, 51
　生命週期 51
分析腳本 399, 410
分頁（pagination）................ 107
分類 372
分類任務 384, 406
巴科斯－諾爾格式（BNF）........ 296
手寫文字辨識 406
文字檔字串 403
日誌級別 66
日誌記錄（Logging）.............. 66
日誌記錄器（logger）.............. 66

五劃

主機作業系統 333
半結構化資料 369
可讀性 400
外部程式庫 377
目標函數 368, 382
目標變數 382

六劃

交叉熵誤差 383
交叉驗證 424
任務.............................. 366

名目尺度 370
回應 78, 290
回應物件 76, 78
成本函數 368
自訂錯誤頁面 172, 253
　建立端點 255
　建立模板 257
自變數 382

七劃

伺服器 289, 290
判別 374
刪除使用者 128
　端點 128
夾具（fixture）................268, 269
貝氏統計 371

八劃

使用者列表頁面 121
　端點 121
　使用通用模板 131
　建立模板 121
函數.............................. 368
初始化資料庫 101
卷積類神經網路 302
物件 82
物體辨識 304
物件偵測 303
物件偵測 API 303, 304
　目錄架構與模組 311, 312
　實作～ 309
物件偵測功能 220, 303
　建立 UserImageTags 模組 221
　建立端點 226
　建立～的表單類別 223
　設置～的程式庫 224
　物件偵測處理 226
物件偵測頁面 170, 219
物件偵測應用程式（detector）........164, 168
　測試～ ....→單元測試
　目錄架構 173
　部署 331
表單.............................. 40
非結構化資料 369
非監督式學習 367, 371, 379

九劃

建立工作目錄 11
新增使用者頁面 113, 116
　端點 116
　使用通用模板 132
　建立模板 117
編輯使用者頁面 123, 128
　端點 124
　使用通用模板 132
　建立模板 125
　增加刪除使用者表單的模板 128
資料庫應用程式（crud） 84, 112
　端點 91
　目錄架構 85
　模板加載 CSS 93
　建立模板 92
　驗證功能 142, 143
　顯示使用者列表 121
　新增使用者 113
　刪除使用者 128
　編輯使用者 123
前處理 321
客戶端 289
客機作業系統 333
建立實體 82
建構子 82
後處理 321
研究導向程式碼 364, 399
重新導向 54

十劃

修改為必須登入 154
套件 35, 376
容器（Container） 333
容器部署 336
框架 376
特定物體辨識 304
訓練資料 367
迴歸 372
除錯模式 33

十一劃

假設函數 368, 382
啟動函數 368
啟動應用程式 30
啟動應用程式 86
堆疊 50
張量型態 322
推論統計 371
教練資料 367
梯度 384
梯度下降法 384
梯度法 384
深度學習框架 302
產生模型 399
產品程式碼 411
組態 61
　flask-mail 68, 71
　from_envvar 137
　from_file 139
　from_object 134
　from_pyfile 138
　from_mapping 137
　SECRET_KEY 61
　設定～ 134
　重新導向 67
統計 371
部署 286

十二劃

單元測試 262
　自訂錯誤頁面 281
　圖片上傳頁面 276
　圖片列表頁面 274
　圖片刪除功能 280
　目錄架構與命名規則 263
　輸出測試覆蓋率 281, 282
　設定測試用的圖片上傳目錄 272
　執行測試 264
　物件偵測應用程式 271
　物件偵測與標記搜尋功能 279
描述統計 371
最基礎的應用程式（minimalapp） 29
最陡下降法 384
無伺服器 336
無狀態 77
登入功能 156
　端點 157, 202
　建立模板 157, 203
登出功能 160
　端點 160
程式庫 376, 377
程式碼 373
程式碼文字敘述 410

程式碼解讀 410
程式碼檢查器、格式器 18, 19
程序式 413
結構化資料 369
虛擬化技術 333
虛擬電腦 333
虛擬碼 375
虛擬機器 333
虛擬環境 10
註冊功能 147
　　端點 151, 197
　　建立通用標頭 198
　　建立模板 153, 200
評鑑 399
順序尺度 370

十三劃

傳送郵件 68
　　使用 Gmail 傳送郵件的準備 69
　　建立模板 73
　　實作～的功能 70, 72
微型網路框架 4
損失函數 368, 382
會談（Session） 77
裝飾器 39
資料 366
資料前處理 398
資料蒐集 398
資源 289
跨站請求偽造 56
路由建置 39, 327
　　確認～的資訊 40
過擬合 367
預測 372
預測結果 424

十四劃

圖片上傳頁面 169, 207, 208
　　建立端點 214
　　增加～的連結與圖片列表 212
　　指定圖片上傳位置 209
　　建立顯示圖片的端點 210
　　建立模板 216
　　建立類別表單 213
圖片刪除功能 237
　　建立端點 237
　　建立～的表單類別 237

圖片列表頁面 168, 181
　　端點 174, 185
　　端點增加刪除表單 238
　　在～顯示〔刪除〕按鈕 239
　　顯示〔檢測〕按鈕與標記資訊 234
　　顯示標記資訊 232
　　建立模板 175, 186
圖片搜尋功能 171
　　建立端點 245
　　建立模組 248
圖片搜尋頁面 171, 243
圖片資料 303
監督式學習 367, 371, 379
端點 15, 438
　　～命名 40
　　建立～ 55, 91
維護性 400
誤差函數 368, 382

十五劃

增強式學習 367
數值資料 370, 372
數學式 373
標準程式庫 377
標籤 303
模板 43
　　～的通用化與繼承 130
模板引擎 43
模型 99
模型物件 106
模組 35, 376
樣式表 48, 122
請求 54, 290
請求內文 51
請求物件 54, 55, 76
遷移（migration） 96, 101

十六劃

學習 366
學習資料 367
導覽列 198, 248
操作資料庫 99
機器 366
機器學習 364, 371
　　～處理的任務 371
　　～處理的資料 369
　　～使用的 Python 程式庫 376

～的相關概念 367
機器學習 API 396
機器學習的基礎設施 453
機器學習演算法 378
　　以 Python 程式庫編寫邏輯迴歸 381
　　以數學式和程式碼表達演算法 373
　　準備開發 407
　　～的開發程序 396
　　～的規格 406
　　實作機器學習演算法／模型 400
　　選定最佳的機器學習演算法／模型 ... 397
　　實作程序 400
諮詢表單（contact）............................. 53
　　端點 55
　　建立模板 57
輸入檢測 62
錯誤訊息 441
錯誤處置器 329
錯誤碼 441
靜態檔案 48

十七劃

應用程式內文 49
應用程式日誌 66
應用程式路由 35
　　修改 37
環境架設 9
環境變數 31
　　使用 .env 設定 34
總和 382

十八劃

覆蓋率 281

十九劃

離散數值 371
識別 374
識別任務 406
類別 82
類別資料 370, 372
類型提示 426

二十二劃

權重 382

二十三劃

邏輯迴歸 381, 382, 409

使用 NumPy 的～ 384
使用 scikit-learn 的～ 393
顯示登入狀態 160
驗證 61
驗證功能 142, 143
　　端點 145
　　製作確認用的模板 145
　　目錄架構 143
　　「確認驗證頁面內容」的頁面 146
驗證頁面 169, 141
驗證程式碼 329
驗證器 113, 115
　　自行製作 116

461

作者

佐藤昌基

隸屬 Techtouch 股份有限公司。從 Sler 轉到 Allied Architects 服務後，曾經開發網路廣告／SNS 問卷相關的網路服務，身為科技主席／敏捷大師，參與並完成多數網路服務。歷經不動產科技新創事業的 CTO 後，進入目前的公司就職，主要負責後端開發。共同著作有《使用 React、Angular、Vuejs、React Native 學習前端開發入門》（技術評論社）。

平田哲也

隸屬 Classi 股份有限公司。曾於 E-learning 事業公司，負責維運／開發大型資格學校的 LMS。後來出國深造，就讀倫敦大學學院教育研究院（UCL IOE）Knowledge Lab 研究所，專攻 Learning Analytics。回國後，進入目前的公司就職，主要使用 Python、Flask、Google Cloud（Google Cloud Platform：GCP），從事 AI/ML 產品開發、基礎設施架構、MLOps。曾於 Python Conference Taiwan、Python Conference US 等海外會議，登台演講。

監修者簡介

寺田學

一般社團法人 PyCon JP 的理事長、Plone Foundation Ambassador、CMS Communications 股份有限公司的代表人、NVDA 日本語團隊成員、一般社團法人 Python 開發人員培訓推廣協會的顧問理事、PSF Fellow Member 2019 Q3 & Contributing member。主要從事 Python 網路相關業務的諮詢顧問、構築架設，熱心投入 Python 的相關教育、演講。自 2010 年積極參與日本國內的 Python 社群，致力於舉辦 PyCon JP，亦從事其他的 OSS 活動。作為 Plone 的核心技術專家（Committer），也有參與 Plone 的開發。

實戰 Python Flask 開發｜基礎知識 x 物件偵測 x 機器學習應用

作　　　者：佐藤昌基 / 平田哲也 / 寺田學
裝　　　訂：轟木亜紀子（Top Studio Co.,）
文字設計：宮﨑夏子（Top Studio Co.,）
譯　　　者：衛宮紘
企劃編輯：莊吳行世
文字編輯：王雅雯
設計裝幀：張寶莉
發 行 人：廖文良

發 行 所：碁峰資訊股份有限公司
地　　　址：台北市南港區三重路 66 號 7 樓之 6
電　　　話：(02)2788-2408
傳　　　真：(02)8192-4433
網　　　站：www.gotop.com.tw
書　　　號：ACN037400
版　　　次：2022 年 11 月初版
建議售價：NT$620

國家圖書館出版品預行編目資料

實戰 Python Flask 開發：基礎知識 x 物件偵測 x 機器學習應用 /
　佐藤昌基，平田哲也，寺田學原著；衛宮紘譯. -- 初版. -- 臺北
　市：碁峰資訊，2022.11
　　面；　公分
　　ISBN 978-626-324-349-1(平裝)
　　1.CST：Python(電腦程式語言)
312.32P97　　　　　　　　　　　　　　　　111017431

讀者服務

● 感謝您購買碁峰圖書，如果您
對本書的內容或表達上有不清
楚的地方或其他建議，請至碁
峰網站：「聯絡我們」\「圖書問
題」留下您所購買之書籍及問
題。(請註明購買書籍之書號及
書名，以及問題頁數，以便能
儘快為您處理)
http://www.gotop.com.tw

● 售後服務僅限書籍本身內容，
若是軟、硬體問題，請您直接
與軟體廠商聯絡。

● 若於購買書籍後發現有破損、
缺頁、裝訂錯誤之問題，請直
接將書寄回更換，並註明您的
姓名、連絡電話及地址，將有
專人與您連絡補寄商品。